矿 井 通 风

贺高旺 主编

山西出版传媒集团
山西人民出版社
山西科学技术出版社

图书在版编目（CIP）数据

矿井通风 / 贺高旺主编. -- 太原 ：山西人民出版社，山西科学技术出版社 2014. 6

山西省煤炭中等职业教育系列教材

ISBN 978-7-203-08519-5

Ⅰ. ①矿… Ⅱ. ①贺… Ⅲ. ①煤矿-矿山通风-岗位培训-教材 Ⅳ. ①TD72

中国版本图书馆CIP数据核字(2014)第081493号

矿井通风

主　　编：贺高旺
责任编辑：武　静

出 版 者：山西出版传媒集团·山西人民出版社·山西科学技术出版社
地　　址：太原市建设南路21号
邮　　编：030012
发行营销：0351-4922220　4955996　4956039
　　　　　0351-4922127　（传真）　4956038(邮购)
E-mail：　sxskcb@163.com　发行部
　　　　　sxskcb@126.com　总编室
网　　址：www.sxskcb.com

经 销 者：山西出版传媒集团·山西人民出版社
承 印 厂：山西惠民印务有限公司

开　　本：787mm×1092mm　1/16
印　　张：15.25
字　　数：350千字
印　　数：1—3000册
版　　次：2014年6月 第1版
印　　次：2014年6月 第1次印刷
书　　号：ISBN 978-7-203-08519-5
定　　价：42.00元

如有印装质量问题请与本社联系调换

《山西省煤炭中等职业教育系列教材》编委会

前　言

为认真落实山西省政府、山西省煤炭厅对煤炭行业从业人员素质提升的指示精神，适应山西省煤炭资源整合、企业兼并重组后现代化矿井建设对技术技能型人才的迫切需求，推进全省煤矿从业人员“人本安全、培训教育、素质提升”工程实施，促进煤矿企业人才队伍“变招工为招生”素质专业化目标实现，按照课程改革、课堂教学改革方案的要求，加快中等职业教育“送教下矿”培养模式的教材改革，使之适应煤炭工业机械化、信息化、现代化建设的人才需求，按照煤矿生产、建设、安全管理实际和对从业人员的具体要求，在认真调研、广泛征求意见的基础上，我们组织骨干教师对2010版山西省煤矿关键岗位从业人员中等职业教材进行了重新修订。

本系列教材在编写修订过程中着重突出以下特点：1.参照教学计划和教学大纲执行两个课改方案要求；2.新技术、新装备、新工艺单独成章，提高学生对现代化矿井的综合认知；3.将“山西省煤矿六个标准”按各专业要求编入其中，并融入“人人都是通风员”的思想理念；4.编入了企业现场实用的系统知识、技能、工艺；5.教材每章均按系统理论、核心知识点、专业技能训练三部分编写，突出技能训练内容，同时编有复习题，新增了讨论题，力求实现理论联系实际的教学目的；6.本系列教材力求简洁、实用、通俗易懂。

本书主编：贺高旺

编写人员在教材修订过程中，得到了有关领导和专家的支持、帮助，并参考了大量的文献资料和煤矿企业技术资料。在此，向提供帮助的有关专家、领导及企业表示诚挚的感谢！

希望各位教师、企业工程技术人员、专家能够结合煤矿企业发展现状，将更为先进的、适用的专业技术内容提供给我们。

由于时间仓促，编者水平有限，书中难免有不妥之处，恳请广大师生、企业工程技术人员批评指正。

目　录

第一章　矿井空气

第二章　矿井通风压力

第三章　矿井通风阻力

第四章　通风动力

第五章　矿井通风系统

第六章　矿井风量调节

第七章　掘进通风

第八章 矿井通风设计

第九章 矿井通风新技术在生产中的应用

第十章 山西省煤矿“六个标准”涉及内容

第一章　矿井空气

第一部分　系统理论知识

矿井通风即利用通风设备、设施将地面空气源源不断地送入井下，它的主要任务是：(1)供给井下人员呼吸，每人每分钟供风量不少于$4m^3$。(2)将井下各种有毒有害气体和粉尘的浓度降到《煤矿安全规程》(以下简称规程)规定值以下，并排至地面。(3)创造良好的气候条件。(4)提高矿井的防灾、抗灾能力，减小灾害事故范围。

矿井空气即进入井下的地面空气，分为新鲜风流和污浊风流，流经采掘工作面或其他用风地点的矿井空气称为污浊风流或乏风；未经过采掘工作面或其他用风地点的矿井空气称为新鲜风流或新风。

本章重点阐述矿井空气的主要成分，井下常见有害气体的性质，安全标准及测定方法，矿井气候条件，风速、风量的测定等主要内容。

第一节　矿井空气主要成分

一、概述

地面空气又称为大气，是由多种气体和水蒸气组成的混合气体。一般来说，大气中除了水蒸气的比例随地区和季节变化较大以外，其他化学成分(见表1-1)尽管时间、地点和海拔高度有所变化，但相对稳定，变化不大。一般将不含水蒸气的空气称为干空气。有粉尘、有害气体和高温气体污染的地区属于局部地区。因此，《规程》第111条规定：进风井口必须布置在粉尘、有害气体和高温气体不能侵入的地方。已布置在粉尘、有害气体和高温气体能侵入的地点的，应制定安全措施。

二、矿井空气的主要成分

地面空气进入井下后发生了一系列物理、化学变化，但主要成分仍然是地面空气。由氧气、氮气和二氧化碳等组成。

(一)地面空气进入井下后所发生的变化

1.物理变化

地面空气进入井下后发生的物理变化有：

气体混入——甲烷(CH_4)、二氧化碳(CO_2)、氧化氮(NO_2和N_2O_5)、硫化氢(H_2S)和氨气(NH_3)等气体混入到矿井空气中。

固体混入——井下各生产环节、运输环节所产生的煤、岩尘和其他粉尘混入到矿井空气中。

气象变化——地面空气进入井下后，在温度、湿度和气压等方面也发生了变化，引起空气的体积和浓度发生变化。

2.化学变化

地面空气进入井下后发生的化学变化有：

井下物质(煤、岩石、坑木等)的氧化、爆破工作、各类火灾和人员呼吸等都会产生CO_2；瓦斯爆炸、煤尘爆炸、井下火灾、润滑油高温分解等都会产生CO；井下自然发火火区和含硫物的水解都会产生H_2S；井下自然发火火区和含硫物的氧化都会产生SO_2；井下爆破会产生NO_2或N_2O_5；井下充电硐室的电解会产生H_2；火区氧化会产生NH_3。

以上物理、化学变化的结果是矿井空气中的成分种类增多，浓度发生变化主要表现在O_2浓度下降，粉尘、有害气体浓度增大。

就煤矿而言，矿井空气中的成分种类共有氧气(O_2)、二氧化碳(CO_2)、氮气(N_2)、甲烷(CH_4)、一氧化碳(CO)、硫化氢(H_2S)、二氧化硫(SO_2)、二氧化氮(NO_2)或五氧化二氮(N_2O_5)、氢气(H_2)、氨气(NH_3)、水蒸气和粉尘12种。

表1-1 **地面空气的主要成分**

气体名称	在空气中所占比例	
	按体积计算/%	按质量计算/%
氧气	20.90	23.14
氮气	78.13	75.53
二氧化碳	0.03	0.05
氦、氖、氩、氪、氙等惰性气体	0.94	1.28
合计	100	100

(二)矿井空气的主要成分及其性质

1.氧气(O_2)

氧气是一种无色、无味、无嗅的气体，对空气的相对密度为1.11，相对分子量为32。氧气是很活跃的化学元素，易使多种元素氧化，能助燃。

氧气是维持人体正常生理机能所不可缺少的气体。人类之所以能够在地球上生存，是因为人体内不断汲取食物和吸入氧气，通过氧化作用，进行细胞的新陈代谢作用而维持的。人体维持正常生命过程所需的氧气量，取决于人的体质、精神状态和劳动强度等。一般情况下，人在休息时的需氧量为0.2L/min-0.4L/min；在工作时的需氧量为1L/min-3L/min。

空气中的氧气浓度直接影响着人体健康和生命安全，当氧气浓度降低时，人体就会产生各种不良反应，严重者会因缺氧窒息甚至死亡。人体缺氧症状与空气中氧气浓度的关系见表1-2。

表1–2　人体缺氧症状与空气中氧浓度的关系

氧气浓度(体积)/%	主要症状
17	静止时无影响,工作时引起喘息和呼吸困难
15	呼吸及心跳急促,耳鸣目眩,感觉和判断力降低,失去劳动能力
10–12	失去理智,时间稍长有生命危险
6–9	失去知觉,停止呼吸,如不及时抢救几分钟内可能死亡
3	立即死亡

矿井空气中氧气浓度降低的原因有:坑木、煤、岩石和其他有机物的氧化,爆破工作,井下工作人员的呼吸,井下火灾,瓦斯、煤尘爆炸;煤岩中放出和生产中产生的有害气体均可使氧气浓度相对降低。

在正常通风的井巷和采掘工作面中,氧气浓度与地面相比一般变化不大,不会对人体造成太大影响。但在井下盲巷(深度超过6m没有通风的独头巷道)、通风不良的巷道,或发生火灾应特别注意对氧气浓度的检查。

《规程》第100条规定:采掘工作面的进风流中,氧气浓度不低于20%。

2.氮气(N_2)

氮气是无色、无味、无臭的惰性气体,对空气的相对密度0.97,相对分子质量为28,标准状态下的密度为1.25kg/ m^3,微溶于水,不助燃,无毒,不能供人呼吸。在高温高压状态下能与氧化合成二氧化氮(NO_2)。在正常情况下,氮气对人无害;但在井下有限空间里,将相对地降低氧气浓度,人会因缺氧而窒息。

矿井空气中氮气增大的主要原因有:爆破工作、有机物的腐烂、天然的氮气从煤岩层中涌出等。

3.二氧化碳(CO_2)

二氧化碳是无色、略带酸臭味的气体,对空气的相对密度为1.52,相对分子质量为44,俗称"重气",易溶于水、不助燃,也不能供人呼吸,略带毒性,在标准状况下的密度为1.976kg/ m^3。新鲜空气中含有的微量二氧化碳对人体是无害的,但二氧化碳对人体的呼吸有刺激作用,所以,为中毒或窒息的人员输氧时,常常要在氧气中加入5%的二氧化碳,以促使患者加强呼吸。当空气中的二氧化碳浓度过高时,会使氧气浓度相对降低,轻则使人呼吸加快,呼吸量增加,严重时也能造成人员中毒或窒息。空气中的二氧化碳浓度变化对人体的影响详见表1–3。

表1–3　空气中二氧化碳浓度变化对人体的影响

空气中二氧化碳的浓度/%	人体的反应
1	感到呼吸急促
3	呼吸增大2倍,易发生疲劳现象
4~5	呼吸增大3倍,呼吸感到困难,且有较重耳鸣,太阳穴血管出现剧烈跳动现象
6	出现强烈喘息和虚弱现象
10~20	发生昏迷状态,人失去知觉
20~25	立刻中毒(窒息)死亡

二氧化碳的来源：人的呼吸，井下爆破，煤及含碳层的氧化，有机物的氧化，煤、岩层中释放，瓦斯、煤尘爆炸。

《规程》第100条规定：采掘工作面的进风流中，二氧化碳浓度不超过0.5%。

《规程》第135条规定：矿井总回风巷或一翼回风巷中二氧化碳浓度超过0.75%时，必须立即查明原因，进行处理。

《规程》第136条规定：采区回风巷、采掘工作面回风巷风流中二氧化碳浓度超过1.5%时，必须停止工作，撤出人员，采取措施，进行处理。

《规程》第139条规定：采掘工作面风流中二氧化碳浓度达到1.5%时，必须停止工作，撤出人员，查明原因，制定措施，进行处理。

第二节 矿井空气中的有害气体和粉尘

一、矿井空气中常见的有害气体及粉尘的基本性质、对人体危害、来源及防治措施

(一)一氧化碳

1.基本性质

一氧化碳的化学分子式为CO，相对分子质量为28，一氧化碳是一种无色、无味的气体，相对密度为0.97，微溶于水，有燃爆性，能与空气均匀混合。在正常温度下，一氧化碳的化学性质不活跃，当空气中的一氧化碳在13%~75%时，遇火能引起燃烧和爆炸，浓度达到30%时，爆炸最为强烈。

2.对人体的危害

一氧化碳有剧毒。人体血液内红血球所含血色素对它的亲和力比它与氧气的亲和力大250~300倍(血色素是人体血液中携带氧气和排出二氧化碳的细胞)。一旦一氧化碳进入人体细胞，首先与血液中的血色素相结合，因而减少了氧气与血色素结合的机会，使血色素失去了输送氧气的功能，从而造成人体血液“窒息”，使人体各组织和细胞缺氧，引起窒息和中毒以致死亡。由于一氧化碳与血色素结合后，产生鲜红色的碳氧血色素，故一氧化碳中毒最显著的特征是中毒者黏膜和皮肤均呈樱桃红色。一氧化碳的中毒程度与中毒浓度、中毒时间、呼吸频率和深度及人的体质有关。一氧化碳的中毒程度与空气中一氧化碳浓度和时间关系如表1-4所示。

表1-4 一氧化碳中毒程度与浓度和时间关系

一氧化碳浓度(体积)/%	主要症状
0.016	数小时有头疼、心跳、耳鸣等轻微中毒症状
0.048	1h后有头疼、心跳、耳鸣等轻微中毒症状
0.128	0.5h~1h引起意识迟钝、丧失行动能力等严重中毒症状
0.40	短时间失去知觉，有抽筋、假死现象；29~30min即可死亡

3.矿井空气中一氧化碳的来源

井下火灾和瓦斯、煤尘爆炸；井下爆破工作；煤的缓慢氧化。井下发生煤尘、瓦斯爆炸是

产生大量一氧化碳的最主要原因,据统计,约70%~75%井下人员因瓦斯、煤尘爆炸后产生的一氧化碳中毒死亡。因此,在进入有瓦斯和煤尘爆炸危险的矿井时,所有人员必须佩带自救器,以减少人员伤亡。

4.防治一氧化碳中毒的措施

防止煤炭自然发火和瓦斯、煤尘爆炸的发生;爆破时喷洒水;加强通风。

(二)硫化氢

1.基本性质

硫化氢的化学分子式为H_2S。相对分子质量为34。硫化氢是无色、微甜、有臭鸡蛋味的气体,与空气的相对密度为1.19,易溶于水,有燃爆性,爆炸浓度范围为4.3%~46%。能使瓦斯检测探头"中毒"而失效。

2.对人体的危害

硫化氢有强烈的毒性,能使人体血液中毒,对眼睛黏膜及呼吸系统有强烈的刺激作用,能引起鼻炎、气管炎和肺水肿。空气中的硫化氢浓度达到0.0001%时,人就能嗅到它的气味;当浓度较高时(0.005%~0.01%),会因嗅觉神经中毒麻痹,臭味"减弱"或"消失",反而嗅不到,达到0.1%时,人在极短时间内立即死亡。

硫化氢的中毒程度与浓度的关系如表1-5所示。

表1-5　硫化氢的中毒程度与浓度的关系

硫化氢的浓度(体积)/%	主要症状
0.0001	有强烈臭鸡蛋味
0.01	流唾液和清鼻涕、瞳孔放大、呼吸困难
0.05	0.5h~1h严重中毒、失去知觉、抽筋、瞳孔变大,甚至死亡
0.1	短时间内死亡

3.空气中硫化氢的来源

坑木的腐烂;含硫矿物(黄铁矿、石膏等)与水分解;从废旧巷道的涌水中或从煤层和围岩中放出;爆破工作。

4.防治硫化氢中毒的措施

向煤层内注入石灰水,如水力采煤时向水中加石灰;加强通风。

(三)二氧化硫

1.基本性质

二氧化硫的化学分子式为SO_2,相对分子质量为64。二氧化硫是一种无色,并有类似硫磺燃烧时发出的臭味气体,性质极毒,与空气的相对密度为2.32,易溶于水,溶于水的程度相当于氧气的1400倍,相当于二氧化碳的46倍,在常温、常压下1个体积的水可溶解4个体积的二氧化硫,是井下有害气体中密度最大的,常常积聚在井下巷道的底部。

2.对人体的危害

二氧化硫遇水后生成硫酸,对眼睛及呼吸系统黏膜有强烈的刺激作用,俗称"瞎眼气体",可引起喉炎和肺气肿。二氧化硫的中毒程度与浓度的关系如表1-6所示。

表1-6　二氧化硫的中毒程度与浓度的关系

二氧化硫浓度(体积)/%	主要症状
0.0005	嗅到刺激性气味
0.002	头痛、眼睛红肿、喉痛
0.05	引起急性支气管炎和肺水肿,短时间内有生命危险

3.空气中二氧化硫的来源

含硫化合物的缓慢氧化或自燃;从煤层或岩层中放出;在含硫矿物中进行爆破工作。

4.预防二氧化硫危害的措施

预防矿内各种火灾的发生;加强通风。

(四)二氧化氮

1.基本性质

二氧化氮的分子式是NO_2,相对分子质量为46。二氧化氮为红褐色的气体,有强烈的刺激性气味,与空气的相对密度为1.57,极易溶于水。

2.对人体的危害

二氧化氮是井下毒性最大的有害气体。它与水结合成硝酸,对眼睛、鼻腔、呼吸道有强烈的刺激作用,对肺部组织起破坏作用,引起肺部水肿。因此,对二氧化氮中毒人员进行人工呼吸急救时不能采用压胸法或压背法,只能采用口对口呼吸法,否则会使中毒人员中毒更深更快。二氧化氮中毒的特征:二氧化氮中毒有潜伏期,有的在严重时尚无明显感觉,还可坚持工作。但经过6h或更长的时间后发作,出现中毒症状。即使在危险浓度中毒后,开始也只是呼吸道受刺激、头痛、咳嗽加重,经过20~30h后,就会发生严重的支气管炎,呼吸困难,手指及头发变黄,吐出黄色痰液,肺部水肿,呕吐甚至死亡。二氧化氮中毒程度与浓度的关系如表1-7所示。

表1-7　二氧化氮中毒程度与浓度的关系

二氧化氮浓度(体积)/%	主要症状
0.004	2h~4h内不致显著中毒,6h后出现中毒症状,咳嗽
0.006	短时间内感到喉咙刺激、咳嗽,胸疼
0.01	出现严重中毒症状、神经麻痹、严重咳嗽、恶心、呕吐、腹泻
0.025	短时间内可能出现死亡

3.空气中二氧化氮的主要来源

井下空气中的二氧化氮主要由爆破产生。爆破后首先产生一氧化氮,而一氧化氮极不稳定,遇到空气中的氧气,即转化为二氧化氮。因此井下爆破后应加强通风,将二氧化氮冲淡排出后,人员方可进入工作面。

(五)氢气

氢气的分子式是H_2,相对分子质量为2。氢气是无色、无味、无嗅、无毒的气体,不能维持人的呼吸,与空气的相对密度为0.07,是气体中最轻的一种,且在水中的溶解度很小。当空气中氢气的浓度小于4%时,在与高温热源接触后能燃烧,燃烧时发生的火焰几乎是白色的。引燃氢气的火源温度是150℃~200℃。当空气中氢气浓度为4%~74%时有爆炸危险。

2.空气中氢气的主要来源

井下蓄电池充电时可放出氢气;有些中等变质的煤层中有氢气涌出;用水直接扑灭火灾时,在火源附近可能产生大量氢气。

(六)氨气

1.基本性质

氨气的分子式是NH_3,相对分子质量为17。氨气是一种无色、具有强烈的刺激臭味的气体,与空气的相对密度为0.59,易溶于水,空气中氨气浓度达到30%时,遇火有爆炸性。

2.对人体的危害

这种气体毒性很强,对人的上呼吸道黏膜有较大的刺激作用,严重时可致肺部水肿。氨气中毒程度与浓度的关系如表1-8所示。

表1-8　氨气中毒程度与浓度的关系

氨气的浓度(体积)/%	主要症状
0.004	人可以嗅到气味
0.008	对人体有明显的刺激作用
0.05	对人有强烈的刺激作用,时间稍长能引起贫血、体重下降、抵抗力减弱、产生肺水肿,甚至死亡。

3.空气中氨气的主要来源

盛氨气容器漏气或溢漏出氨水,挥发到空气中;井下煤炭自然发火时,煤炭在高温干馏状态下能产生出大量的氨气;爆破工作;用水灭火时;部分岩层中也有氨气涌出。

4.预防氨气危害的措施

加强对氨气的使用管理;加强通风;当接近高温火源时,应预防氨气中毒。

除了上述有害气体之外矿井空气中最主要的有害气体是甲烷(CH_4),它是一种具有窒息性、燃爆性、扩散性和渗透性的气体。它对煤矿安全生产的威胁最大。

《矿井通风与安全》教材的安全部分对它做了详细介绍,在此不做叙述。

瓦斯是指以甲烷为主的井下所有有毒有害气体的总称。

以上矿井空气成分中(包括上一节介绍的3种气体),除了氧气为人体呼吸所必须的气体外其他9种气体为有毒有害气体。其中:

(1)有窒息性的气体4种:H_2、CH_4、N_2、CO_2;

(2)有毒性的气体5种:NH_3、H_2S、NO_2、SO_2、CO;

(3)有燃爆性的气体5种:H_2、CH_4、NH_3、CO、H_2S;

(4)既有燃爆性又有毒性的气体3种:NH_3、CO、H_2S;

(5)相对密度小于1的气体(比空气轻)5种:H_2、CH_4、NH_3、N_2、CO;

(6)相对密度大于1的气体(比空气重)4种:H_2S、CO_2、NO_2、SO_2;

(7)有臭味的气体4种:H_2S(臭鸡蛋味)、CO_2(微酸味)、NH_3(特臭)、SO_2(硫酸臭味);

(8)有颜色的气体1种:NO_2(红褐色);

(9)有溶水性的气体5种,溶水性由小到大依次为:NO_2、NH_3、CO_2、H_2S、SO_2。

(七)粉尘

1.粉尘的定义

粉尘是指矿井在生产和建设过程中所产生的煤、岩微粒的总称,又称矿尘。

2.粉尘的分类

(1)按矿尘的成分划分主要包括煤尘和岩尘2种。

(2)按矿尘的存在状态划分主要包括浮游矿尘和沉积矿尘2种。

(3)按煤尘有无爆炸性划分主要包括有爆炸性煤尘和无爆炸性煤尘2种。

(4)按对人体危害性大小划分为呼吸性粉尘(≤5μm)和非呼吸性粉尘(>5μm)2类。

3.粉尘的危害

(1)对人体的危害:人在粉尘浓度较高的作业环境中长期作业时,容易得尘肺病(煤肺病、矽肺病、煤矽肺病)。

(2)煤尘的爆炸:有的煤尘具有爆炸性,煤尘爆炸会产生高温、高压、冲击波和有害气体,有积沉煤尘的巷道可能发生连续爆炸。

4.防治粉尘危害的措施

(1)减、降尘措施 :煤层注水、湿式打眼、使用水炮泥、通风防尘、喷雾洒水、刷洗岩帮等。

(2)防止煤尘引燃的措施。

(3)隔绝煤尘爆炸的措施:设置隔爆水棚、岩粉棚、自动隔爆棚、撒布岩粉带。

我国目前主要采用隔爆水棚,煤矿井下隔爆水棚按架设地点的不同分为主要隔爆棚和辅助隔爆棚2种。

辅助隔爆棚架设于采煤工作面进风顺槽、采煤工作面回风顺槽、采区内煤巷掘进巷;主要隔爆棚架设在除上述三条巷道外的采区以上巷道内。

辅助隔爆棚,每组总水量不少于200l/m²,总长度不少于20m。主要隔爆棚,每组总水量不少于400l/m²,总长度不少于30m。

架设隔爆水棚质量要求:

①隔爆水袋下端距离底板(有轨道的距轨面)高度不得小于1.8m。

②每排中心距为1.2-3m。

③每排最外面的水袋距巷道壁不大于15cm。

④每排隔爆水袋总间隙长度不大于1.5m。

⑤工作面隔爆水棚,距工作面为60~200m。

二、矿井空气中有害气体的安全浓度标准

将井下空气中有毒、有害气体及粉尘浓度降低到对人体和安全生产没有危害的浓度值叫做安全浓度值或允许浓度值。《规程》对主要有害气体及粉尘的安全浓度标准做了明确规定,主要有害气体的浓度标准如表1-9所示。粉尘的浓度标准如表1-10所示。

表1-9 矿井空气中有害气体最高允许浓度

有害气体名称	符号	最高允许浓度/%
一氧化碳	CO	0.0024
氨气	NH_3	0.004
氧化氮(换算成二氧化氮)	NO_2	0.00025
二氧化硫	SO_2	0.0005
硫化氢	H_2S	0.00066
氢气	H_2	0.5

表1-10 作业场所空气中粉尘浓度标准

空气中游离 SiO_2 含量/%	最高允许浓度(mg/m³)	
	总粉尘	呼吸性粉尘
<10	10	3.5
≤10~<50	2	1
≤50~<80	2	0.5
≥80	2	0.3

三、有害气体的检测方法

目前,煤矿安全装备水平不断提高。所有井工煤矿都安装了瓦斯监控系统,有害气体的监控手段日益完善,检测矿井空气成分及其浓度的方式主要有人工定点、定时检测和自动检测。在人工检测方法中,一种是取样化验分析法,另一种是快速测定法。煤矿主要使用快速测定法。

(一)检定管及其检测原理

1.检定管的结构

检定管的结构如图1-1所示。它由外壳1、堵塞物2、保护胶3、隔离层4及指示胶5等组成。其中外壳是用中性玻璃管加工而成的。堵塞物用的是玻璃丝布、防声棉或耐酸涤纶,它对管内物质起固定作用。保护胶是用硅胶作载体吸附试剂而成的,其用途是除去对指示胶变色有干扰的气体。指示胶是以活性硅胶为载体吸附化学试剂经加工处理而制成的。隔离层一般用的是有色玻璃粉或其他惰性有色颗粒物质,它对指示胶起界限作用。

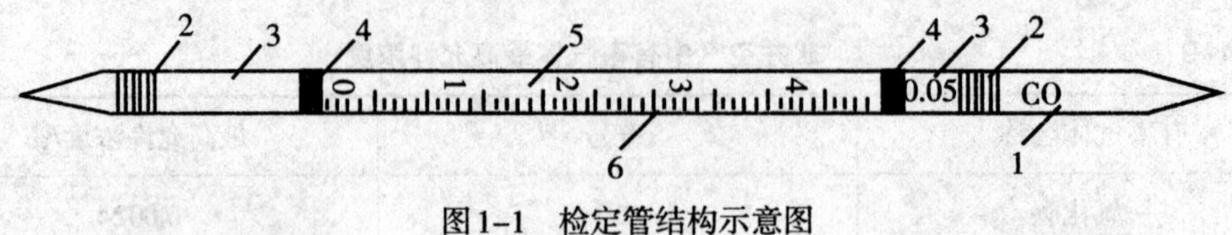

图1-1　检定管结构示意图

1——外壳；2——堵塞物；3——保护胶；4——隔离层；5——指示胶；6——指示被测气体含量的刻度

2.检定管的工作原理

当含有被测气体的空气以一定的速度通过检定管时，被测气体与指示胶发生化学反应，根据指示胶变色的程度或变色的长度可确定其浓度，前者称为比色式，后者称为比长式。由于比色式检定管的灵敏度低、颜色不易辨认，两个色阶代表的浓度间隔太大、成本高、定量测定准确性差等，所以目前主要采用比长式检定管。我国用于煤矿的检定管有一氧化碳、二氧化碳、二氧化氮、硫化氢及氧气检定管等几种。主要性能见表1-11。下面以比长式一氧化碳(CO)检测管为例说明检测原理及检测方法。

表1-11　　我国煤矿用比长式检定管主要性能

检定管名称	型号	测量范围(体积比)	最小分辨值	最小检测浓度	颜色变化	检测剂组成
CO	Ⅰ Ⅱ Ⅲ	$(5–50)\times10^{-6}$ $(10–500)\times10^{-6}$ $(100–5000)\times10^{-6}$	5×10^{-6} 20×10^{-6} 200×10^{-6}	5×10^{-6} 10×10^{-6} 100×10^{-6}	白→棕褐色	五氧化二碘 发烟硫酸 硅酸
CO_2	Ⅰ	0.2%~3.0% 1%~15%	0.2% 1%	0.1% 0.5%	蓝色→白色	氢氧化钠 百里酚酞、活性氧化铝
H_2S	Ⅰ Ⅱ	$(3–100)\times10^{-6}$	5×10^{-6}	3×10^{-6}	白→棕色	醋酸铅 硅胶
SO_2	Ⅰ	$(2.5–100)\times10^{-6}$	5×10^{-6}	2.5×10^{-6}	紫→土黄色	氢氧化钠、 甲酚红、石英砂
NO_2	Ⅰ	$(1–50)\times10^{-6}$	2.5×10^{-6}	1×10^{-6}	白→黄绿色	联邻甲苯胺硅胶
NH_3	Ⅰ	$(20–200)\times10^{-6}$	20×10^{-6}	20×10^{-6}	橘黄→蓝灰色	
O_2		1%–2%	1%	0.5%	白→茶色	氢氧化钾、活性氧化铝、焦性没食子酸
H_2	Ⅰ	0.5%–3.0%	0.5%	0.3%	白→淡红	钯、二氧化硒、活性氧化铝

比长式CO检定管是以活性硅胶为载体，吸附化学试剂碘酸钾和发烟硫酸为指示胶，当含有一氧化碳(CO)气体的空气通过检定管时，与指示胶发生反应，有碘生成，在玻璃管壁上形成一个棕色环，随着气流通过，棕色环向前移动，其移动的长度与气样中所含一氧化碳(CO)浓度成正比。因此，根据玻璃管上的刻度可以直接读出一氧化碳(CO)的浓度值。

(二)吸气装置及其检测方法

与比长式检定管配套使用的吸气装置有圆筒形压入式手动采样器、DQJD-1型多种气体检定器和 XR−1 型气体检测器。

1.圆筒形压入式手动采样器

(1)结构

圆筒形压入式手动采样器实际上是一个取样(吸气)吸筒,主要结构如图 1−2 所示。

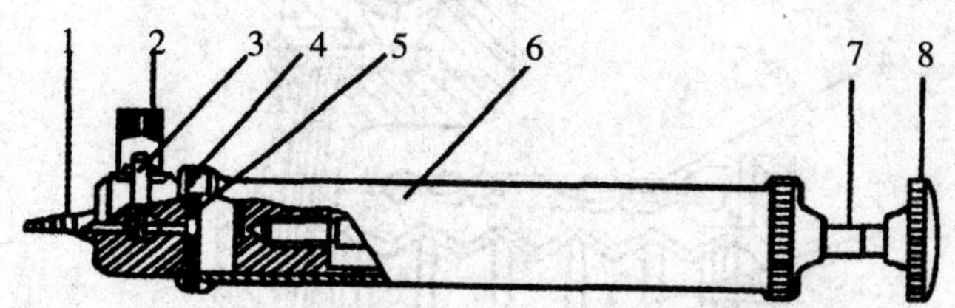

图 1−2　J−1 型圆筒形压入式手动采样器结构示意图

1——气样入口;2——检定管插孔;3——三通阀门把手;4——变换阀;5——垫圈;6——活塞筒;7——拉杆;8——手柄

采样器由气样入口和活塞筒等部分组成。活塞筒 6 用来抽取气样,变换阀 4 可以改变气样流动方向或切断气流。当三通阀把手 3 处于垂直位置时,活塞筒与检定管插孔 2 相通;当三通阀把手 3 处于水平位置时,活塞筒与气样入口 1 相通;当三通阀把手处于 45°位置时变换阀将活塞筒与外界气体隔开。在活塞拉杆 7 上刻有标尺,可以表示出手柄拉动到某一位置时吸入活塞筒的气样体积(ml)。

(2)测定方法

不同的鉴定管要求用不同的采样和送气方法。对不很活泼的气体,如 CO,一般先将待测气体吸入采样器,使用时,先将三通阀门把手 3 置于水平位置,在待测地点拉动活塞拉杆往复抽送气 2 到 3 次,使待测气体完全取代活塞筒内原有空气,再将三通阀把手转到 45°位置;将鉴定管两端打开,把鉴定管浓度标尺"0"一端插入采样器的检定管插孔 2,将三通阀把手转到垂直位置,按鉴定管上规定的送气时间(一般为 100s)将气样以均匀的速度送入鉴定管,然后取下鉴定管,读取浓度值。鉴定管上印有浓度标尺,浓度标尺"0"线一端称为下端,测定上限一端称为上端,鉴定管上端所指示的数值即为被测气体的浓度值。

2.DQJD−1 型多种气体鉴定器

其结构如图 1−3 所示。

(1)结构

DQJD−1 型多种气体鉴定器的主要部件是一个由橡胶波纹管构成的吸气泵,它能与各种鉴定管配合使用。吸气泵的结构如图 1−3 所示,由橡胶波纹管、插管座、上下压盖、链条、支撑环、弹簧和出气阀门等组成。吸气泵一次动作吸气体积为 50ml。吸气泵上的支撑环 5、弹簧 6 及链条 4 是为保证一次吸气量为 50ml 而设置的。调整链条的长短可以改变吸气量的大小。

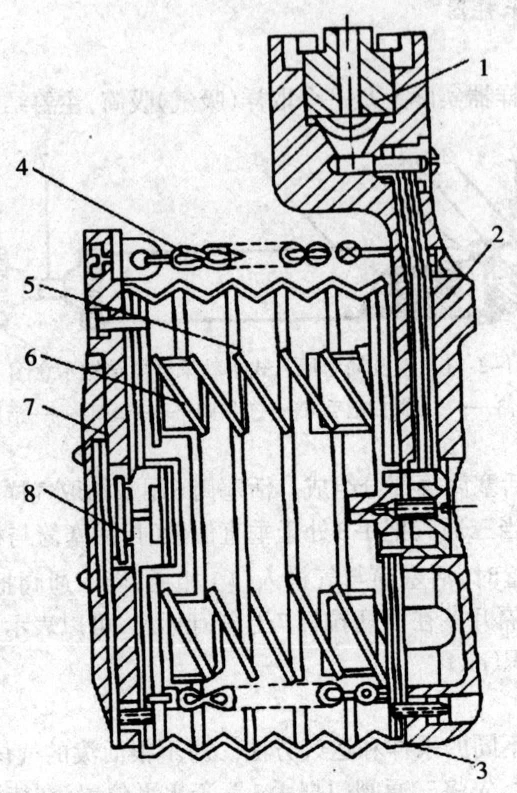

图1-3 吸气泵结构示意图

1——插管座;2——上压盖;3——橡胶波纹管;4——链条;5——支撑环;6——弹簧;7——下压盖;8——出气阀门

(2)测定方法

使用时将所需测定气体的检测管两端打开,按检定管上所标箭头指向插入吸气泵的插座1内,手握吸气泵,并将它完全压缩;然后按照所用要求的送气时间均匀地放松,使50ml气样匀速通过检定管。最后,根据检定管变色柱的长度(或变色环移动的距离)直接读出被测气体的浓度。

四、防治有害气体危害的措施

①加强通风。用通风的方法将各种有害气体浓度冲淡到《规程》规定的安全允许浓度值以下,这是目前防止有害气体危害的主要措施之一。

②加强对有害气体的检查。严格按照《规程》规定进行检查,采用合理的检查方法和手段,及时发现存在的隐患和问题,并用有效措施进行处理。

③加强瓦斯管理。对煤层或围岩中存在的大量瓦斯,可采用抽放的方法加以解决,这既可以减少生产中的瓦斯涌出,减轻通风压力,抽出的瓦斯还能加以利用。

④放炮喷雾或使用水炮泥。喷雾器以及水炮泥爆破后生产的水雾能溶解炮烟中的二氧化氮、二氧化碳等有害气体,降低其浓度,方法简单有效。

⑤加强对通风不良处和井下盲巷的管理。采空区应及时封闭;临时停风的巷道要切断电源,设置栅栏,揭示警标,禁止人员入内,需要时,必须首先进行有害气体检查,必要时应进行排放,浓度达到《规程》允许浓度值以下时方可进入布置生产。

⑥井下人员必须随身佩戴自救器。一旦矿井发生火灾、瓦斯煤尘爆炸事故,人员可迅速使用自救器撤离危险区。

⑦对缺氧窒息或中毒人员及时进行自救。一般是先将伤员移到新鲜风流中,根据具体情况采取人工呼吸(NO_2、H_2S中毒除外)或其他急救措施。

⑧抢险救灾时,应有防止煤尘爆炸、瓦斯爆炸和人员中毒的安全措施。

第三节 矿井气候条件及改善

矿井气候条件是指矿井空气的温度、湿度和风速等参数对人体的综合作用状态。这3个参数的不同组合构成了不同的矿井气候条件。矿井通风的任务之一就是创造良好的矿井气候条件(工作环境),矿井气候条件与人体的热平衡状态有密切联系,直接影响着井下作业人员的身体健康和劳动生产率的提高。

一、矿井气候对人体热平衡的影响

人体无论在静止状态下还是在运动状态下,都要进行新陈代谢。新陈代谢的能量由摄取的食物在体内进行氧化生成热量而提供,其中一部分用来维持人体正常的生理机能和对外做功的需要,大部分热量都必须通过散热的方式排出体外,否则热量在体内储存会使体温升高,引起中暑、热衰竭、热虚脱、热痉挛等疾病,严重时可导致死亡。

人体自身散热的方式主要是通过皮肤表面与外界的对流、辐射和汗液蒸发3种基本形式进行。对流散热的效果主要取决于周围空气的温度和风速;辐射散热主要取决于人体皮肤与周围环境的温度差;蒸发散热则取决于周围空气的相对湿度和风速。

各种气候参数中,空气温度对人体散热起着主要作用。当空气温度低于体温时,对流和辐射是人体的主要散热方式,温差越大,对流散热热量越多;当气温等于体温时,对流散热停止,汗液蒸发成了人体的主要散热形式;当气温高于体温时,人体散热只能通过汗液蒸发的方式进行。

空气湿度影响人体汗液蒸发散热的效果。当气温较高时,人体主要靠汗液蒸发散热来维持人体热平衡。此时,湿度越大,汗液蒸发越困难,人体会感到闷热。

风速影响着人体的对流散热和蒸发散热的效果。当空气的温度、湿度一定时,增大风速会提高散热效果。

总之,矿井气候条件对人体热平衡的影响是一种综合作用,各参数之间既有联系又相互影响。

二、矿井空气的温度、湿度和风速

(一)矿井空气的温度

空气的温度是影响矿井气候的重要因素。最适宜的矿井温度为15℃~20℃。

矿井空气的温度受地面气候、井下围岩温度、地下水、机电设备散热、煤炭有机物的氧化、人体散热、水分蒸发、空气的压缩或膨胀、通风强度等多种因素的影响,有的起升温作用,有的起降温作用,在不同矿井、不同的通风地点,影响因素及其影响大小也不尽相同,但总的来看,升温作用大于降温作用,因此,矿井回风量一般大于进风量(采用抽出式通风)的原因:一是有外部漏风;二是井下有瓦斯涌出;三是回风流温度升高,空气膨胀,体积增大。

在进风路线上,矿井空气的温度主要受地面气温和围岩温度的影响。冬季地面气温低于围岩温度,围岩放热使空气升温;夏季则相反,围岩吸热使空气降温,因此有冬暖夏凉之感。当然,根据矿井深浅的不同,影响大小也不相同。

《规程》第102条规定:进风井口以下的空气温度(干球温度,下同)必须在2℃以上。

生产矿井采掘工作面空气温度不得超过26℃,机电设备硐室的空气温度不得超过30℃;当空气温度超限时,必须缩短工作人员的工作时间,并给予高温保健待遇。

采掘工作面空气温度超过30℃、机电设备硐室的空气温度超过34℃时,必须停止作业。

新建、改扩建矿井设计时,必须进行矿井风温预测计算,超温地点必须有制冷降温设计,配齐降温设施。

(二)矿井空气的湿度

空气的湿度是指空气中所含的水蒸气量的大小。其表示方法有3种:

1.绝对湿度

指单位体积湿空气中所含水蒸气的质量(g/m³),用f表示。

空气在某一温度下所能容纳的最大水蒸气量称为饱和水蒸气量,用$F_{饱}$表示。温度越高,空气的饱和水蒸气量越大。在标准大气压下,不同湿度时的饱和水蒸气量、饱和水蒸气压力如表1-12所示。

表1-12 在标准大气压下不同湿度时饱和水蒸气量、饱和水蒸气压力

湿度/C	饱和水蒸气量/(g/m³)	饱和水蒸气压力/Pa	湿度/C	饱和水蒸气量/(g/m³)	饱和水蒸气压力/Pa
-20	1.1	128	14	12.0	1597
-15	1.6	193	15	12.8	1704
-20	2.3	288	16	13.6	1817
-5	3.4	422	17	14.4	1932
0	4.9	610	18	15.3	2065
1	5.2	655	19	16.2	2198
2	5.6	705	20	17.2	2331
3	6.0	757	21	18.2	2491
4	6.4	811	22	19.3	2638

5	6.8	870	23	20.4	2811
6	7.3	933	24	21.6	2984
7	7.7	998	25	22.9	3171
8	8.3	1068	26	24.2	3357
9	8.8	1143	27	25.6	3557
10	9.4	1227	28	27.0	3784
11	9.9	1311	29	28.5	4010
12	10.0	1402	30	30.1	4236
13	11.3	1496	31	31.8	4490

2.相对湿度

指空气中水蒸气的实际含量(f)与同温度下饱和水蒸气量($F_{饱}$)比值的百分数,用公式表示如下:

$$\varphi=\frac{f}{F_{饱}}\times100\% \tag{1-1}$$

式中 φ——相对湿度,%;

f——空气中水蒸气的实际含量(即绝对湿度),g/m³;

$F_{饱}$——在同一温度下空气的饱和湿度量,g/m³。

通常所说的湿度是指相对湿度,它反映的是空气中所含水蒸气量接近饱和的程度。一般认为相对湿度在50%~60%对人体最为适宜。如果空气的相对湿度低于30%,人体水分蒸发过快,人就会感到干燥。如果空气中相对湿度达到90%以上时,水分蒸发困难,人体又会感到潮湿,如果此时气温又较高,人体就会感到湿热和不舒服,这时一般可采用增加风速的方法来提高人体的散热效果。

一般情况下,在矿井进风路线上,空气的湿度随季节变化而不同。冬天冷空气进入井下后温度升高,空气的饱和水蒸气量加大,沿途吸收水分,因而井巷显得干燥;夏天的热空气入井后温度降低,饱和水蒸气量逐渐减小,空气中的一部分水分凝结成水珠落下,使井巷显得潮湿,故有冬干夏湿之感。在采掘工作面和回风系统,因空气湿度较高且常年变化不大,空气湿度也基本稳定,一般都在90%以上,甚至接近100%。

除了温度的影响以外,矿井空气的湿度还与地面空气的湿度、井下涌水大小及井下生产用水状况等因素有关。

3.含湿量

因为湿空气中干空气的质量不随空气的状态变化而变化,故采用1kg质量的干空气作为计算基础。在含有1kg干空气的湿空气中,所挟带的水蒸气质量,称为湿空气的含湿量(d)。

$$d=\frac{m_v}{m_d}\times100\% \tag{1-2}$$

d——湿空气的含湿量,$g_{水蒸气}/kg_{干空气}$;

m_v——水蒸气的质量,g;

m_d——干空气的质量,kg。

(三)井巷中的风速

风速是指风流在单位时间内所经过的距离(m/s)。风速过低,汗液不易蒸发,人体感到闷热，有害气体和矿尘也不能及时排散；风速过高，散热过快，易使人感冒，并造成井下落尘飞扬。一般认为，风速在1.5m/s~2m/s时既能及时排放矿井空气中的粉尘，又不会造成粉尘二次飞扬，故称其为最佳排尘风速，对安全生产和人体健康也有利，因此，井下工作地点和通风井巷中都要有一个合理的风速范围。表1-13给出了井下不同温度下适宜的风速范围。表1-14则是《规程》第101条规定的不同井巷中的允许风速标准。

表1-13　　风速与温度之间的合适关系

空气温度/℃	< 15	15~20	20~22	22~24	24~26
适宜风速/(m/s)	< 0.5	< 1.0	> 1.0	> 1.5	> 2.0

《规程》101条还规定：设有梯子间的井筒或修理中的井筒，风速不得超过8m/s；梯子间四周经封闭后，井筒中的最高允许风速可按表1-13执行。

无瓦斯涌出的架线电机车巷中的最低风速可低于表1-13的规定值，但不得低于0.5m/s。

综合机械化采煤工作面，在采取煤层注水和采煤机喷雾降尘等措施后，其最高风速可高于表1-13的规定值，但不得超过5m/s。

《规程》第110条规定：装有带式输送机的井筒兼作回风井时，井筒中的风速不得超过6m/s。

箕斗提升井或装有带式输送机的井筒兼作进风井时，箕斗提升井筒中的风速不得超过6m/s，装有带式输送机的井筒中的风速不得超过4m/s。

表1-14　　井巷中的允许风流速度

井巷名称	允许风速/(m/s)	
	最低	最高
无提升设备的风井和风峒		15
专为升降物料的井筒		12
风桥		10
升降人员和物料的井筒		8
主要进、回风巷		8
架线电机车巷道	1.0	8
运输机巷，采区进、回风巷	0.25	6
采煤工作面、掘进中的煤巷和半煤岩巷	0.25	4
掘进中的岩巷	0.15	4
其他通风人行巷道	0.15	

三、矿井空气温度和湿度的测定

(一)矿井空气温度的测定

测温仪器可使用最小分刻度0.5℃并经过校正的温度计。测温时间一般在8:00~18:00时间段内进行。测定温度的地点应符合下列要求：

长壁式采煤工作面空气温度的测定地点，应在工作面内运输机道空间中央距回风道10m~15m处的风流中。

掘进工作面空气的温度测定地点，应设在距掘进工作面2m~4m处的回风流中。

机电硐室空气温度的测点，应选在硐室回风道的回风流中。

测定气温时应将温度计放置在测定地点10分钟后读数，读数时先读小数再读整数。温度计不应靠近人体、发热或制冷设备，距离至少0.5m。

(二)矿井空气湿度的测定

测量矿井空气湿度的仪器主要有风扇湿度计和手摇湿度计，它们的测定原理相同。常用的是风扇湿度计(又称通风干湿计)，如图1-5所示，它主要由两支相同的湿度计1、2和一个通风器6组成，其中一只温度计的水银球上包裹有湿纱布，称为湿温度计，另一只温度计称为干温度计，两只温度计的外面均罩着内外表面光亮的双层金属保护管4、5，以防热辐射的影响；通风器6内装有风扇和发条，上紧发条，风扇转动，使风管7内产生稳定的气流，干、湿温度计的水银球处在同一风速下。

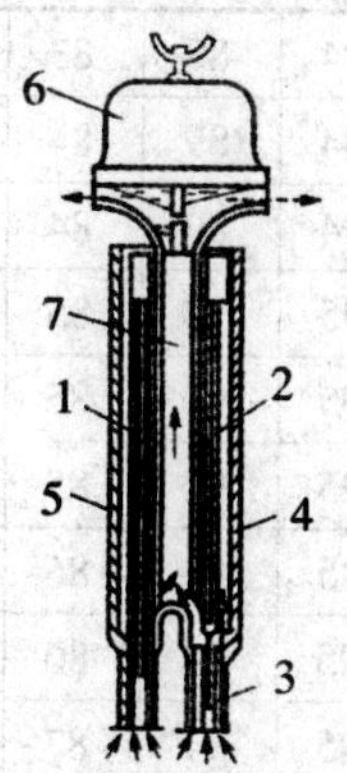

图1-5 风扇湿度计

1——干球温度计；2——湿球温度计；3——湿棉纱布；4、5——双层金属保护管；6——通风机；7——风管

测定相对湿度时，先用仪器附带的吸水管将湿温度计的棉纱布浸湿，然后上紧发条，小风扇转动吸风，空气从两个金属保护管4、5的入口进入，经中间风管7由上部排出。由于湿球表面的水分蒸发需要一定热量，因而湿球温度计的温度值低于干球温度计的温度值，空气的相对湿度越小，蒸发吸热作用就越显著，干湿温度差就越大。根据湿温度计的读数(t,℃)和干、湿温度计的读数差值(Δt,℃)由表1-15便可查出空气的相对湿度(φ)。

表1-15 由风扇湿度计读数值查相对湿度

湿球示度/℃	干湿温度计示度度差/℃														
	0	0.5	1.0	1.5	2.0	2.5	3.0	3.5	4.0	4.5	5.0	5.5	6.0	6.5	7.0
	相对湿度 /%														
0	100	91	83	75	67	61	54	48	42	37	31	27	22	18	14
1	100	91	83	76	69	62	56	50	44	39	34	30	25	21	17
2	100	92	84	77	70	64	58	52	47	42	37	33	28	24	21
3	100	92	85	78	72	65	60	54	49	44	39	35	31	27	23
4	100	93	86	79	73	67	61	56	51	46	42	37	33	30	26
5	100	93	86	80	74	68	63	57	53	48	44	40	36	32	29
6	100	93	87	81	75	69	64	59	54	50	46	42	38	34	31
7	100	93	87	81	76	70	65	60	56	52	48	44	40	37	33
8	100	94	88	82	76	71	66	62	57	53	49	46	42	39	35
9	100	94	88	82	77	72	68	63	59	55	51	47	44	40	37

10	100	94	88	83	78	73	69	64	60	56	52	49	45	42	39
11	100	94	89	84	79	74	69	65	61	57	54	50	47	44	41
12	100	94	89	84	79	75	70	66	62	59	55	52	48	45	42
13	100	95	90	85	80	76	71	67	63	60	56	53	50	47	44
14	100	95	90	85	81	76	72	68	64	61	57	54	51	48	45
15	100	95	90	85	81	77	73	69	65	62	59	55	52	50	47
16	100	95	90	86	82	78	74	70	66	63	60	57	54	51	48
17	100	95	91	86	82	78	74	71	67	64	61	58	55	52	49
18	100	95	91	87	83	79	75	71	68	65	62	59	56	53	50
19	100	95	91	87	83	79	76	72	69	65	62	59	57	54	51
20	100	96	91	87	83	80	76	73	69	66	63	60	58	55	52
21	100	96	92	88	84	80	77	73	70	67	64	61	58	56	53
22	100	96	92	88	84	81	77	74	71	68	65	62	59	57	54
23	100	96	92	88	84	81	78	74	71	68	65	63	60	58	55
24	100	96	92	88	85	81	78	75	72	69	66	63	61	58	56
25	100	96	92	89	85	82	78	75	72	69	67	64	62	59	57
26	100	96	92	89	85	82	79	76	73	70	67	65	62	60	57
27	100	96	93	89	86	82	79	76	73	71	68	65	63	60	58
28	100	96	93	89	86	83	80	77	74	71	68	66	63	61	59
29	100	96	93	89	86	83	80	77	74	72	69	66	64	62	60
30	100	96	93	90	86	83	80	77	75	72	69	67	65	62	60
31	100	96	93	90	87	84	81	78	75	73	70	68	65	63	61
32	100	97	93	90	87	84	81	78	76	73	71	68	66	63	61

例 在井下某处用风扇湿度计测得风流的干球温度为22.3℃，湿球温度为19.3℃。求此处空气的相对湿度。

解 因为t=19.3℃ $\Delta t=22.3-19.3=3$℃

查表1-15得相对湿度为76%

五、矿井气候条件的改善

在矿井生产中，由于控制空气湿度比较困难，所以改善矿井气候主要从调节空气温度和调整风速入手。其中，常用的调节温度措施简述如下：

(一)空气预热

我国北方冬季严寒，气温很低，很容易使井口、井筒内结冰，影响正常的提升运输工作并造成安全隐患，也对人员的身体健康不利。空气预热就是使用蒸汽、水暖或其他设备，将一部分空气预热到70℃~80℃，再使其与冷空气混合，混合后的空气温度达到2℃以上。按冷热空气混合方式的不同，预热方式有3种：井口房混合式；井筒混合式；井口房、井筒混合式。

1.井口房混合式

这种布置方式是将热风直接送入井口房内进行冷、热风混合，使混合后的空气温度达到

2℃以上再送入井筒。

2.井筒混合式

这种布置方式是将被加热的空气通过专用通风机和热风道送入井口以下2m处，在井筒内进行冷、热风的混合。

3.井口房、井筒混合式

把前两种方式结合起来，它将大部分热风送入井筒内混合，将小部分热风送入井口房内混合，再送入井下。

（二）降温措施

我国南方部分矿井和开采深度较深煤层的矿井，受地面温度、地温或井下机电设备散热等因素的影响，井下局部地点的空气温度可能很高，往往超过《规程》规定的标准，此时就应考虑采取降温措施。

1.通风降温

（1）增加风量。当热害不太严重时，用提高通风强度增大风量进行降温，这是行之有效的降温措施。

（2）采煤工作面通风方式改革。常用的采煤工作面通风方式为一进一出的U型通风，可视情况改为E型、W型通风，既缩短了工作面的风路长度，又增大了风量，还能使工作面的温度降低。

（3）选择合理的通风系统。矿井通风系统或采区通风系统中应尽量缩短风流长度，使进风巷道位于热源温度较低的层位中，以避免风流被加热；采煤工作面通风时，在条件许可的情况下，可采用下行风，将机电设备、煤炭运输地点等选择在回风风流中，以降低这些局部热源对工作面的影响。

2.改革采煤方式和顶板管理

（1）倾斜长壁式采煤法的通风路线较走向长壁式采煤法的通风路线短，风阻小，风量大，工作面入口风流温度也较低，对改善工作面的气候有利。

（2）采煤工作面推进方式应采用后退式开采，后退式采煤与前进式相比，风阻小，风量大，有利于降温。

（3）采用充填法管理顶板，避免或减少了全部垮落法管理顶板所造成的采空区内的散热，可降低工作面风流的温度。

3.减少各种热源散热

减少煤炭在井下的暴露时间；在高温岩壁与巷道支架之间充填隔热材料；井下大型机电设备硐室设置单独的通风道；对温度较高的压气管路和排热水管用绝热材料包裹；及时封堵或合理排除井下热水等。

4.制冷降温

当采用通常的降温措施不能有效地解决采掘工作面、机电硐室等局部地点温度较高的问题时，就必须采用机械制冷设备强制制冷，即矿井空调技术。目前机械制冷方式有3种：地面集中制冷机制冷；井下集中制冷机制冷；井下移动制冷机制冷。

第四节　井巷中风速与风量的测定

风速是指单位时间内通过井巷断面的空气体积，亦称为风量，它是影响气候条件的主要因素之一,测定井下巷道风量,必须先测出巷道内的平均风速。风量等于井巷的通风净断面积与通过井巷的平均风速的乘积。风速和风量的测定是矿井通风测定技术中的重要组成部分,也是矿井通风管理环节中的重点工作之一。

《规程》第105条规定:矿井必须建立测风制度,每10天进行一次全面测风。对采掘工作面和其他用风地点,应根据实际需要随时测风,每次测风结果应记录并写在测风地点的记录牌上。

矿井应根据测风结果采取措施,进行风量调节。

一、井巷断面上的风速分布

风流在井巷内流动时,由于空气的黏性和井巷壁面摩擦的影响,风速在巷道断面上的分布是不均匀的。一般来说,位于巷道轴中心部分风速最大,靠近巷道周壁的风速最小,但最大风速不一定正好位于井巷的中心线上。如图1-6所示。巷道内的风速通常都是指平均风速$U_{均}$。平均风速$U_{均}$与最大风速$U_{大}$的比值叫做巷道的风速分布系数(速度场系数),用$K_{速}$表示,其值与井巷粗糙程度有关,巷道周壁越光滑,$K_{速}$就越大,即断面上的风速分布越均匀。据调查,对于砌碹巷道,$K_{速}$=0.8~0.86;木棚支护巷道,$K_{速}$=0.68~0.82;无支护巷道,$K_{速}$=0.74~0.81.

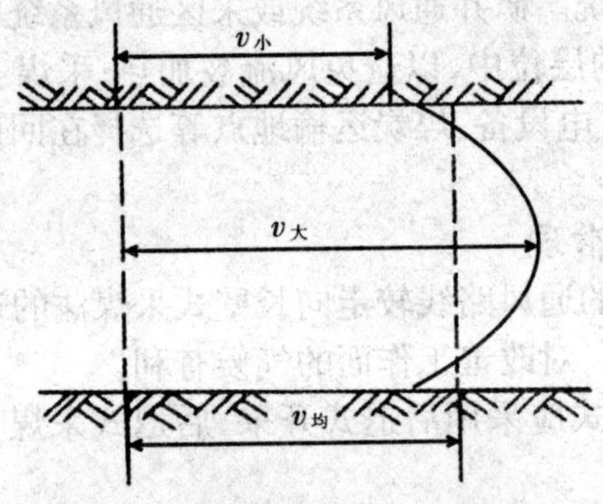

图1-6 巷道内风速分布情况图

二、测风仪表

测量井巷风速的仪表称为风速计,又称风表。目前,煤矿中常用的风表按结构和原理不同可分为机械式、热效式、电子叶轮式和超声波式等几种。

(一)机械式风表

机械式风表是目前矿井风量测定应用最广泛的风表之一。它全部采用机械结构,多用于测量平均风速,也可以用于点风速的测定。按其感受风力部件的形状不同,又分为叶轮式和杯式两种,其中,杯式风表主要用于气象部门测风,也可用于煤矿井下;叶轮式在煤矿中应用广泛,本节主要介绍的是机械叶轮式风表使用和测风方法。

机械叶轮式风表由叶轮、传动蜗轮、蜗杆、计数器、回零压杆、开关闸板、外壳等构成,如图1-7所示。

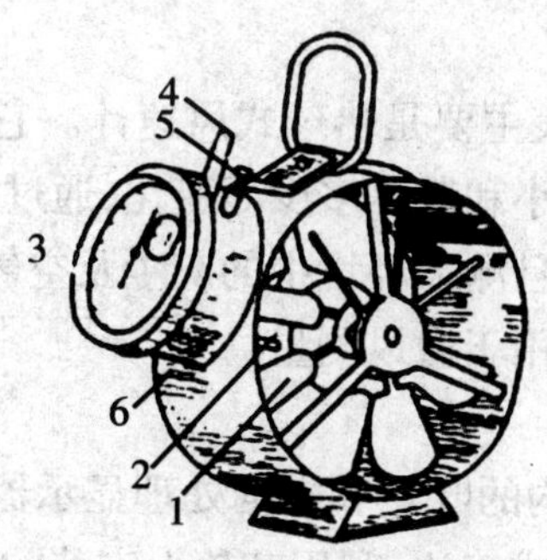

图1-7 机械叶轮式风表

1——叶轮;2——蜗杆;3——计数器;4——开关闸板;5——回零压杆;6——外壳

风表的叶轮由8个铝合金叶片组成,叶片与转轴的垂直平面成一定的角度,当风流通过风表叶轮时,通过传动机构将叶轮转速传给计数器3,指示出叶轮的转速。开关闸板4的作用是使计数器与叶轮轴连接或分开,计数器与叶轮轴连接时,计数器3开始计数;断开时计数器3停止计数。回零压杆5的作用是使风表的指针回零。

机械叶轮式风表按其测量范围不同分为高速风表(0.8m/s~25m/s),启动风速应小于0.6m/s;中速风表(0.5m/s~10m/s),启动风速应小于0.4m/s和微(低)速风表(0.3m/s~5m/s),启动风速应小于0.2m/s3种。它们的结构大致相同,只是叶片的厚度不同。

由于风表传动部件的影响,通常风表的计数器所指示的风速即表速,比实际风速偏小,表速$U_{表}$与实际风速(真风速)$U_{真}$的关系可用风表校正曲线来表示,已知$U_{表}$时,$U_{真}$可通过风表校正曲线查出。风表出厂时都附有该风表的校正曲线,风表使用一段时间后,应按规定重新进行检修和校正,重新绘制风表校正曲线图。图1-8为风表校正曲线示意图。

风表的校正曲线还可用下面的表达式来表示:

$$\mu_{真}=a+b\times\mu_{表} \tag{1-3}$$

式中 $\mu_{真}$——真风速,m/s;

a——表示风表启动时初速度,决定于风表转动部件的惯性和摩擦力;

b——校正系数;

$\mu_{表}$——风表的指示风速,m/s.

目前我国生产和使用的叶轮风表主要有:DFA-2型(中速)、DFA-3型(微速)、DFA-4型(高速)、AFC-121(中、高速)、EM9(中速)等。机械叶轮式风表的特点是体积小,重量轻,重复使用性好,携带方便,测定结果不受气候影响;缺点是精度低,读数不直观,不能满足自动化遥测的需要。

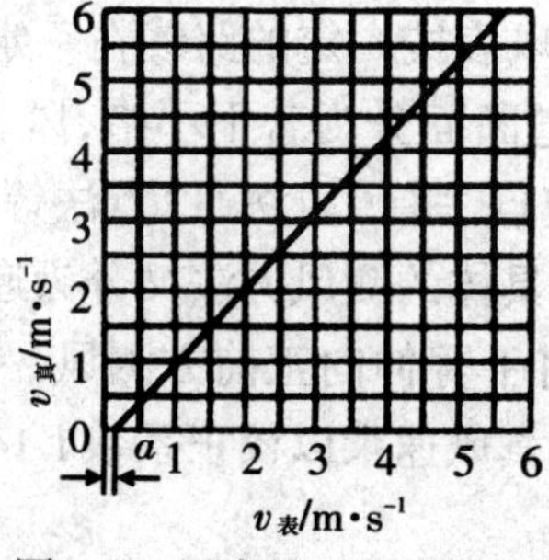

图1-8 风表校正曲线示意图

(二)热效式风表

目前我国生产的热效式风表主要是热球式风速计。它的测风原理是:一个被加热的物体置于风流中,其温度随风速大小和散热多少而变化,通过测量物体在风流中的温度便可测量风速。由于只能测瞬时风速,且测风环境中的灰尘及空气湿度等对它都会有一定的影响,所以这种风表应用不太广泛,多用于微风测量。

(三)电子叶轮式风表

电子叶轮式风表由机械结构的叶轮和数据处理显示器组成。它的测风原理是,叶轮在风流的作用下旋转,转速与风速成正比,利用叶轮上安装的一些附件,根据光电、电感等原理把叶轮的转速转换成电量,利用电子线路实现风速的自动记录和数字显示。它的特点是读数和携带方便,可用于遥测。

(四)超声波风速计

超声波风速计是利用超声波技术通过测量气流的卡蔓涡街频率来测定风速的仪器,属于本质安全型,防爆型式为ib Ⅰ。目前主要用于集中监控系统中的风速传感器。它的特点是结构简单,寿命长,性能稳定,不受风流的影响,精度高,风速测量范围大,维修方便。

三、测风方法及步骤

(一)测风地点

井下测风应在测风站内进行,为了准确、全面地测定井巷风速、风量,每个矿井须建立完善的测风制度和设置合理的固定测风站。对测风站的要求如下:

(1)应在矿井的主要进、回风巷内设置固定测风站。

(2)测风站应设在平直的巷道中,其前后10m范围内不得有拐弯、风流分叉、断面变化和障碍物等。

(3)测风站本身长度不得小于4m。若测风站位于巷道断面不规整处,应用其他材料建筑断面形状规整的测风站。

(4)采煤工作面一般不设固定的测风站,但必须随工作面的推进选择支护完好、无漏风、前后无局部阻力物的断面上测风。

(5)测风站内应悬挂测风记录板(牌),记录板上写明测风站的编号、地点、断面积、平均风速、风量、空气温度、大气压力、瓦斯和二氧化碳浓度、测定日期以及测定人等项目。

(二)测风方法

由于巷道断面上的各点风速分布是不均匀的,为了测得平均风速,测风时采用的测风方法有:线路法,定点法。线路法是风表按一定的路线在一定的时间内(1min)均匀地走完全程,如图1-9所示;定点法是将巷道断面分为若干小格,风表在每一格内停留相等的时间进行测定,如图1-10所示。常用的定点法有9点法、12点法等。

根据测风员的站立姿势不同,具体的测风方法又分为迎面法和侧身法两种。

迎面法是测风员面向风流,将手臂伸向正前方测风。由于位于人体前方,因人体的影响,风表处的风速偏小,所以,需将真风速乘以校正系数1.14,才能得到实际风速。

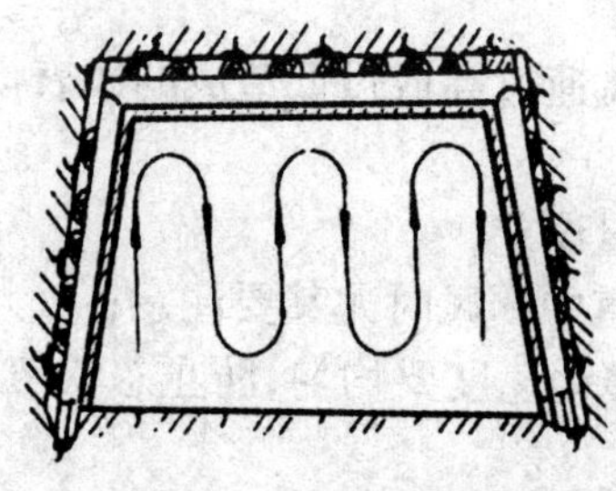
图1-9 线路法测风

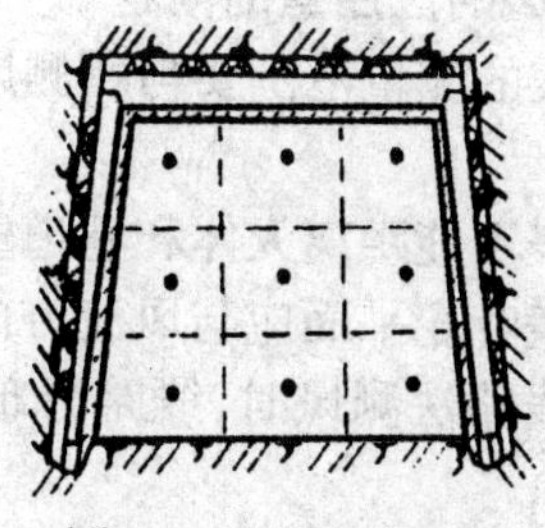
图1-10 定点法测风

侧身法是测风员背向巷道壁站立，手持风表将手臂向风流垂直方向伸直，使风表正对风流方向，然后在巷道断面内做均匀移动。注意测风员转身时，应保持风表的状态。由于测风员立于测风断面内减少了通风面积，从而增大了风速，测量结果较实际风速偏大，故对测得的真风速需进行校正。校正系数K由公式(1-4)计算：

$$K=\frac{S-0.4}{S} \tag{1-4}$$

式中 S——测风站的断面积，m^2

0.4——测风员阻挡风流的面积，m^2

(三)用机械式仪表测风步骤

(1)测风员先根据待测井巷内估测风速，选用合适的风表。进入测风站或待测巷道中。

(2)取出风表和计时器(秒表)，先将风表计数器指针和秒表回零，然后使风表叶轮平面迎向风流，并与风流方向垂直，待叶轮转动正常后，同时打开风表的计数器开关和秒表开关，在1min内使风表均匀地走完测量路线全程(或测量点)。然后同时关闭计数器和秒表开关，读取风表指针读数。为保证测定准确，一般在同一地点要测量3次，记录好数据，分别计算出表速，然后取其平均值，并按式(1-5)计算表速：

$$V_{表}=\frac{n}{t} \tag{1-5}$$

式中 $V_{表}$——风表测得的表速，m/s；

n——风表刻度盘的读数，m；

t——测风时间，一般60s。

(3)根据表速查风表校正曲线，求出真风速$V_{真}$。

(4)根据测风员的站立姿势，将真风速乘以校正系数K得到实际平均风速$V_{均}$，即

$$V_{均}=KV_{真}，m/s \tag{1-6}$$

(5)根据测得的平均风速和测风站的断面积，按式(1-7)计算巷道内通过的风量：

$$Q=V_{均}\cdot S \tag{1-7}$$

式中 Q——巷道内通过的风量，m^3；

S——测风站的断面积，m^2，按下列公式计算：

矩形和梯形巷道：$S=H\times B$ (1-8)

三心拱巷道： $S=B(H-0.07B)$ (1-9)

半圆拱巷道： $S=B(H-0.11B)$ (1-10)

H——巷道净高，m；

B——梯形巷道为半高处宽度，拱形巷道为净宽，m。

(四)测风时应注意的问题

(1)风表的测量范围要与所测风速相适宜,避免风速过高或过低造成的风表损坏或测量不准;

(2)风表不能距离人体和巷道壁太近,以减小测量误差;

(3)风表叶轮平面应与风流方向垂直,在倾斜巷道中测风时尤其要注意;

(4)按线路法测风时,线路分布要合理,风表的移动速度要均匀,防止忽快忽慢,造成读数误差过大;

(5)风表和秒表的开关要同步,确保在1min内测完全线路(或测点);

(6)有车辆或行人通过时,不得测风;

(7)同一断面至少测定三次,三次测定的结果误差不应超过5%,然后取其平均值。

例 在某矿井井下的测风站内测风,测风站的断面积是8.4㎡,用侧身法测得的三次读数分别是325、338、340,每次测风时间均是1min。求测风站的风速和通过测风站的风量各是多少?(风表校正曲线如图1-8所示)

解

① 检验3次的测量结果的最大误差是否超过5%。

E=(最大读数-最小读数)/最小读数×100%

=(340-325)/325×100%

=4.62%<5%

3次测量结果的最大误差小于5%,测量结果数据精度符合要求。

② 计算风表的表速

$n=(n_1+n_2+n_3)/3=(325+338+340)/3=334m/min$

$V_{表}=n/t=334/60=5.57m/s$

③ 查风表校正曲线,求真风速。

根据$V_{表}$=5.57m/s,查图1—8可得真风速为5.2m/s。

④ 求平均风速

$$V_{均}=KV_{真}$$

其中 $K=(S-0.4)/S=(8.4-0.4)/8.4=0.95$

$V_{均}=0.95\times5.2=4.94m/s$

⑤ 计算通过测风站的风量。

$$Q=V_{均}S=4.94\times8.4=41.5m^3/s$$

经计算得知,测风站内的风速为4.94m/s,通过的风量为41.5 m^3/s

三、微风测量

当风速很小(低于0.1m/s~0.2m/s)时,很难吹动机械风表的叶轮,或测风结果不准确,这时可以采用烟雾或气味作为风流的传递物进行测风。具体方法为:一名测风员位于上风侧用发烟器或发味器和声响(或光信号)发射器同时发出烟雾或气味和声光信号;另一名测风员位于下风侧带秒表开始计时,当烟雾或气味到达时,关闭秒表,停止计时,做好记录。用式(1-11)计算巷道内的平均风速:

$$V=\frac{L}{t},m/s \tag{1-11}$$

式中　V——巷道断面内的平均风速,m/s;

L——风流流经的巷道距离,m;

t——风流流经巷道所用的时间,s。

第二部分　专业核心知识点

1.矿井通风的基本任务。

2.矿井空气中有害气体的性质、危害及来源。

3.《规程》对矿井空气成分的安全浓度标准。

4.各种气体浓度的检测方法。

5.矿井气候条件及改善。

6.《规程》对温度、风速的规定。

7.风速、风量的概念及测风方法。

8.测风时应注意的事项。

第三部分　专业技能训练

1.掌握利用比长式检定管检测一氧化碳(CO)浓度的方法、步骤

(1)检查圆筒型采样器的完好状况：使三通阀把手处于垂直位置，活塞筒与检定管插孔相通；使三通阀把手处于水平位置，活塞筒与气样入口相通；使三通阀把手处于45°位置时，变换阀将活塞筒与外界气体隔开。当三通阀把手处于垂直位置时，推拉手柄数次，检查气路是否畅通；再使三通阀把手处于水平位置，再推拉手柄数次，检查气路是否畅通；然后使三通阀把手处于45°位置，推拉手柄，如果手柄推拉不动并且用手感觉出、入气孔均无气体出、入时，说明气密良好。相反，则气密性不良。

(2)选用适当的一氧化碳检定管：因采用标准气样，故根据标准气样浓度来确定选用气样浓度在测量范围内的一氧化碳检定管。

(3)进行实测标准气样浓度：先将三通阀门把手处于水平位置，将装有标准气样的气囊软胶管与气样入口接通，拉动活塞拉杆往复抽送气2到3次，使待测气体完全取代活塞筒内原有空气，再将三通阀把手转到45°位置；将鉴定管两端打开，把鉴定管浓度标尺"0"一端插入采样器的检定管插孔，将三通阀把手转到垂直位置，100s内将气样以均匀的速度送入鉴定管，然后取下鉴定管，读取浓度值。

2.掌握利用风扇湿度计测定空气湿度的方法、步骤

先用仪器附带的吸水管将湿温度计的棉纱布浸湿，然后上紧发条，小风扇转动吸风，等待2~3分钟，然后分别读取干、湿温度计的数值。根据干湿温度计的读数差，查表1-14得出所测空气的相对湿度。

3.熟练掌握利用机械式风表测定井巷内的平均风速、风量的方法

(1)先选取适当的机械叶轮式风表(高、中、低速)，并佩戴秒表进入待测的模拟巷道(有流通过)测风站内，

(2)采用线路法(预先确定断面内测风线路)测风，身体侧面正对风流，取出风表和秒表，先将风表计数器指针和秒表回零，然后使风表叶轮平面迎向风流，并与风流方向垂直，所持风表手臂向正前方伸出使风表与身体保持适当距离，持秒表手臂贴在身体侧面。待叶轮转动正常后，同时打开风表的计数器开关和秒表开关，在60s内使风表均匀地走完测量路线全程。然后同时关闭计数器和秒表开关，读取风表指针读数。同样的方法和步骤重复3次，分别做好记录。按公式$V_{表}=\frac{n}{t}$分别计算出表速，然后取其平均值，

(3)根据表速查风表校正曲线，求出真风速$V_{真}$。将真风速乘以校正系数K得到实际平均风速。侧身法$K=\frac{S-0.4}{S}$，按式$Q=V_{均}S$计算巷道内通过的风量。

复习题

1.矿井通风的基本任务是什么?

2.什么是新鲜风流、污浊风流?

3.矿井空气的主要成分有哪些? O_2浓度分别在17%、15%、12%、3%时人体有何反应?

4.造成矿井空气中氧气减少的原因有哪些?

5.地面空气进入井下以后发生了哪些变化?

6.井下空气中常见的有害气体有哪些? 它们的来源?

7.《规程》对井下有害气体的最高允许浓度分别是如何规定的?

8.防治有害气体的措施有哪些?

9.什么是矿井气候条件,影响气候条件的因素有哪些?

10.绝对湿度、相对湿度、含湿量的概念? 衡量空气干湿程度的指标是什么?

11.降温措施主要有哪些?

12.《规程》对测风是如何规定的?

13.对测风站的要求有哪些?

14.风表按原理和测风范围分为哪几类?

15.井下测风测的是井巷内的平均风速,采用什么方法才能测得井巷内的平均风速?

16.迎面法和侧身法的校正系数如何确定?

17.测风步骤有哪些?

18.测风有哪些注意事项?

19.已知某采煤工作面回风流中二氧化碳(CO_2)浓度为0.6%,回风量为600m^3/min,计算该工作面的二氧化碳涌出量?

20.测得井下某一风流的干球温度为23℃,湿球温度为20℃,查表得出空气的相对湿度是多少?

21.井下某测风站断面积为9.6m^2,用侧身法分别测得的3次风表读数为308、306、310,测风时间均为1分钟,该风表的校正曲线表达式为$V_{真}=0.26+1.003V_{表}$计算该地点的平均风速和通过的风量?

讨论题

1.怎样利用矿井通风系统提高矿井防灾、抗灾能力?

2.怎样改善煤矿井下工作环境?

3.怎样提高矿井空气质量?

第二章　矿井通风压力

第一部分　系统理论知识

煤矿井下风流的流动遵循能量守恒及转换定律，本章主要讨论空气的主要物理参数，风流在任一断面上的能量与压力、压力的测量方法与压力之间的关系和空气沿井巷流动过程中的能量变化规律——能量方程及其应用。

第一节　矿井空气的常用物理参量

矿井空气的常用物理参量主要有：压力、密度、比容、重率、黏性等。

一、压力(压强)

在矿井通风中习惯上把压强称为压力。矿井空气由于受重力、分子热运动和流速的综合作用，对周围其他物体施加了一定的压力。空气分子作用于周围物体(容器壁)单位面积上的力称为空气的压力，用p表示。理想气体作用于容器壁的空气压力关系式为：

$$P=\frac{2}{3}n(\frac{1}{2}mv^2) \tag{2-1}$$

式中　P——空气压力，Pa；

n——单位体积内的空气分子数；

$\frac{1}{2}mv^2$——分子平移运动的平均动能。

上式表明，空气的压力是单位体积空气分子不规则热运动产生的总动能的2/3转化为对外做功的机械能。单位体积内的空气分子数越多，分子热运动的平均动能越大，空气压力越大。

压力的国际标准制单位为帕斯卡(简称帕，写作Pa，1 Pa=1N/㎡)，压力较大时可用kPa(1 kPa=10^3Pa)、MPa(1 MPa=10^3kPa=10^6 Pa)。其他常用压力单位还有标准大气压(atm)——在纬度45°的海平面上，当空气温度为0℃，相对湿度为0%时所测得的大气压力、毫米汞柱(mmHg)和毫米水柱(mmH_2O)。1atm=760mmHg=101325Pa，1mmHg=13.595mm H_2O，(一般取1mmHg=13.6mm H_2O)，1 mm H_2O=9.80665 Pa(一般取1 mm H_2O=9. 8 Pa)。

根据测算基准的不同，空气的压力可分为绝对压力和相对压力。

(1)绝对压力：以真空状态为零点测算的压力值，用P表示。

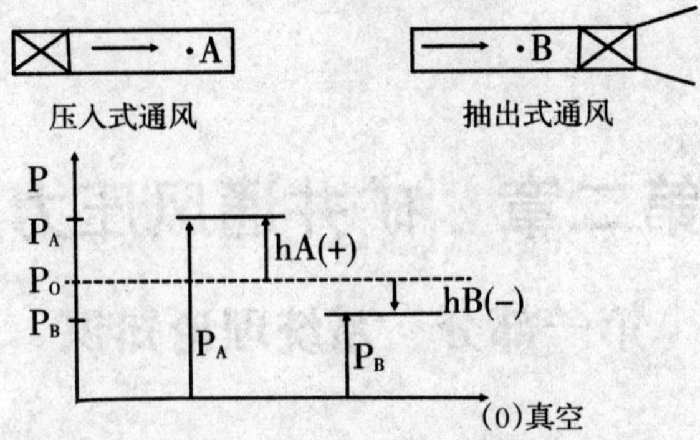

图2-1　绝对压力、相对压力和大气压力的关系

如图2-1所示，风机作压入式通风时，风筒A点的绝对压力为P_A，风机作抽出式通风时，风筒B点的绝对压力为P_B。由于是以真空为零点测算，故P_A和P_B都大于零。

由此可见，绝对压力的表示方法与通风方式无关，无论压入式或抽出式，风流任一点的绝对压力值都是正值。

(2)相对压力：以与测点同标高的当地大气压力P_0为零点测算的压力值，用h表示，即，

$$h=P-P_0, Pa$$

在图2-1中，压入式通风时，风筒某点A的绝对压力P_A比P_0要大，故相对压力h_A为正值；抽出式通风时，风筒某点B的绝对压力P_B比P_0要小，故相对压力h_B为负值。

由此可见，相对压力的表示方法与通风方式有关。由于压入式通风的相对压力为正值(断面收缩过小等情况例外)，故压入式通风也称为正压通风；而抽出式通风的相对压力恒为负值，故抽出式通风也称为负压通风。所以相对压力值有正、负之分。

二、密度和比容

(一)密度

单位体积空气的质量称为空气的密度，以ρ表示。

$$\rho=\frac{M}{V}, kg/m^3 \qquad (2-2)$$

式中　ρ——空气的密度，Kg/m^3

M——空气的质量，kg；

V——空气的体积，m^3。

空气的密度是表示空气疏密程度的一个物理量，它与空气的压力、温度和湿度等因素有关。不论是干空气还是湿空气均可用下式计算空气的密度，计算式为：

$$\rho=\frac{0.003484}{T}(P-0.378\varphi P_{饱}), kg/m^3 \qquad (2-3)$$

式中　ρ——空气的密度，Kg/m^3

P——空气的压力，Pa；

T——热力学温度，K，T=273+t；

t——空气的温度，℃；

$P_{饱}$——温度t时饱和水蒸气的压力，Pa；

φ——相对湿度，%。

在地面标准大气状态下——大气压力为101325Pa、气温为0℃、相对湿度为0%时，干空气的密度是

$$\rho=\frac{0.003484}{273+0}\times(101325-0)=1.293(kg/m^3)$$

在矿内标准状态下——大气压力为101325Pa、气温为20°C、相对湿度为60%时，湿空气的密度是

$$\rho=\frac{0.003484}{273+20}(101325-0.378\times60\%\times2331)=1.2(kg/m^3)$$

由此可见，当空气的压力越大，温度越低时，空气的密度越大。当空气的压力和温度恒定不变时，空气中水蒸气含量越大，密度越小。

(二)比容

空气的比容是指单位质量空气所占有的体积，用ν表示。

$$\nu=\frac{V}{M}=\frac{1}{\rho}, m^3/kg \tag{2-4}$$

由上式可见比容和密度互为倒数。

三、重率

单位体积空气的重量称为空气的重率，用γ表示。质量为m(kg)的物体受重力加速度g(m/s²)的作用产生的重力为G= m·g(N)。故

$$\gamma=\frac{G}{V}=\frac{mg}{V}=\rho g, N/m^3 \tag{2-5}$$

上式即空气重率和空气密度的关系式。

四、黏性

当流体内部层与层之间发生相对运动时，两个流层的接触面上就会产生内摩擦力(或剪应力)以阻止相对运动。我们把流体流动时呈现内摩擦力的性质，称为流体的黏性。黏性是流体流动时产生阻力的内在因素。

当流体在管道内流动时，靠近管壁附近流速较小，越靠近管道中心，流速越快，速度快的流层与速度慢的流层之间发生相对运动。根据牛顿内摩擦力定律流层间的内摩擦力为：

$$F=\mu S\frac{d\mu}{dy}, N \tag{2-6}$$

式中　F——流体分层间的内摩擦力(黏性阻力)，N；

S——流体相邻分层之间的接触面积，m²；

dμ/dy——垂直于流速方向上的速度梯度；

μ——比例系数，代表流体的黏性，称为动力黏性系数或绝对黏性系数，Pa·s。

矿井通风中还常用动力黏性系数与密度的比值表示空气的黏性，称为运动黏性系数，用υ表示，即：

$$\upsilon=\frac{\mu}{\rho}, m^2/s \tag{2-7}$$

温度是影响流体黏性的主要因素之一，但对气体和液体的影响不同。气体的黏性随温度的升高而增大；液体正好相反。压力对流体黏性影响很小，可以忽略。

在矿内标准状态下，空气的动力黏性系数$\mu=1.808\times10^{-5}$Pa·s，运动黏性系数$\upsilon=1.501\times10^{-5}m^2/s$

第二节　风流的能量与压力

能量与压力是矿井通风中的两个重要的基本概念，它们既紧密联系又有区别。风流的能量是它的总机械能（包括静压能、动能和位能）及内能之和。单位体积空气所具有的能量(J/m^3)可以用其做功的大小(Nm/m^3)来度量。从压力的单位可以看出：压力为$1N/m^2$，可以表示 $1m^3$空气所做的功为1N，即$1m^3$空气具有1J的能量。可见，压力与单位体积空气所做的功具有同等的度量单位。因此，压力可理解为单位体积空气所具有的对外做功的机械能量。当风流的能量对外做功呈现力的效应时，我们就把它称为压力。压力是单位体积空气能量的等效表示值，压力与单位体积空气所具有的能量在数值上大小相等。内能是以热的形式存在于风流中，井巷任一通风断面上存在的总机械能：静压能、动能和位能，可用静压、动压、位压来体现。

一、风流任一断面上的机械能与压力

（一）静压能与静压

1.静压能与静压的概念

根据物理学的分子运动理论，空气分子无时无刻不在作无秩序的热运动。这种热运动产生的分子动能的一部分转化为能够对外做功的机械能，称为静压能，简称压能，用$E_{静}$(J/m^3)表示。空气分子热运动不断地撞击器壁所呈现的压力称为静压力，简称静压，用p表示(Pa)。静压是单位体积空气静压能的等效表示值（其计算式见本章第一节）。

2.静压的特点

(1)气体分子热运动时，由于在各个方向上撞击器壁的几率是相同的。所以风流任一点的静压各向同值，且垂直作用于壁面；

(2)受重力的作用，越往高处走，单位体积内空气分子数越少。因此，在不同标高处，静压的大小也不相同，且静压随标高增大而减小；

(3)只要有空气存在，空气分子就要作热运动。因此，无论空气静止还是流动，都有静压存在；

(4)静压是可以用仪器测量的，大气压力就是地面空气的静压值；

(5)静压的大小反映了单位体积空气具有的静压能。

根据测算基准的不同，静压可分为绝对静压和相对静压。

（二）位能与位压

1.位能与位压的概念及计算式

在地球重力场中，把质量为m(kg)的物体从某一基准面提高Z(m)，就要对物体克服重力做功mgZ(N·m)，物体因而获得了相同数量mgZ(J)的重力位能。

单位体积空气因位置高度不同相对于基准面所具有的重力位能称为位能，用$E_{位}$表示(J/m^3)。

$$E_{位}=\frac{mgZ}{V}=\rho gZ, J/m^3 \tag{2-8}$$

单位体积空气的位能所具有的压力称为位压，用$P_{位}$(Pa)表示。位压是单位体积空气位能的等效表示值，即，

$$P_{位}=\rho gZ, Pa \tag{2-9}$$

式中　ρ——某断面与基准面之间空气柱的平均密度，kg/m^3；

Z——某断面与基准面的标高差。

位压的特点：

(1)位压是一种潜在的压力，某处位压多大是相对于某一基准面而言的，在该处并不能呈现出来。因此，位压的大小不能用仪表直接测定。在静止的空气中，上断面相对于下断面的位压，就是下断面比上断面静压的增加值，可通过测定静压差来得知。在流动的空气中，只能通过测定高差和空气柱的平均密度用公式(2-9)计算。

(2)位压的大小随所选基准面的不同而变化，所选基准面不同，位压的绝对值也不同。因此，位压值有正、负之分，矿井通风中，为便于计算，一般将基准面设在系统风流的最低处。

(3)位压和静压可以相互转化，当风流由高处向低处流动时位压减小，静压增大；反之，当风流由低处向高处流动时静压减小，位压增大；当空气静止时，风流任一点的位压与静压之和相等。

(4)在空气中，上断面相对于下断面的位压始终存在。

(三)动能与动压

1.动能与动压的概念及计算式

当质量为m(kg)的物体以速度υ(m/s)运动时，所产生的能量称为动能。单位体积空气做定向流动时产生的动能，用$E_{动}$表示(J/m^3)。

$$E_{动}=\frac{\frac{1}{2}mv^2}{V}=\frac{1}{2}\rho v^2, J/m^3 \tag{2-10}$$

单位体积空气的动能所呈现的压力称为动压，用$h_{动}$表示(Pa)。动压是单位体积空气动能的等效表示值，即：

$$h_{动}=\frac{1}{2}\rho v^2, Pa \tag{2-11}$$

式中　ρ——断面上空气的密度，kg/m^3；

v——断面上某点的风速或断面的平均风速，m/s。

动压的大小主要取决于风速，风速越高，动压越大。所以，矿井通风中习惯上把动压叫作速压，用$h_{速}$表示。

2.动压的特点

(1)动压是风流定向运动时产生的，静止的空气不会有动压。动压永远为正，无绝对压

力和相对压力之分。

(2)动压的作用方向与风流方向一致。动压只对垂直于风流方向的面呈现其真值,对斜交于风流方向的面施加的压力小于其真值,对平行于风流方向的面其动压为零。因此,测定动压时应使接受压力孔垂直于风流方向。

(3)在同一流动断面上,由于各点风速不等,其动压也各不相同。因此,为求得某断面的动压,要用该断面的平均风速来计算。

二、风流的总压力、全压和势压

风流流动时,任一断面相对于基准面的总机械能等于该断面上的静压能、位能与动能之和。相应地把任一断面上的静压、位压与动压之和称为该断面风流的总压力。

矿井通风中,为了研究方便,将风流中某点的静压和动压之和称为全压;将某点的静压与位压之和称为势压。

风流之所以能够流动,就是因为井巷风流中两断面上存在一定的能量差即总压力差。当两断面之间没有能量差时,风流不会流动。

第三节　空气压力测量及压力关系

一、压力测量仪器

矿井通风压力测量仪器有很多种,本节主要介绍几种常用的压力测量仪器。

空盒气压计,用于测量绝对压力;U型水柱计、单管倾斜压差计、补偿式微压计和它们配合使用的皮托管,用于测量相对压力;矿井通风参数检测仪,可用于测量绝对压力、相对压力、风速、温度、湿度、时间。

(一)空盒气压计

空盒气压计是用来测量绝对压力的一种仪器,其外形和构造如图2-2所示。其原理是以随大气压力变化而产生轴向移动的真空膜盒作为感应元件,通过拉杆和传动机构带动指针,指示出当时某测点的绝对静压值。当大气压力增加时,膜盒被压缩,通过传动机构使指针按顺时针方向偏转一定角度;当大气压力减小时,膜盒就膨胀,通过传动机构使指针按逆时针方向偏转一定角度。根据指针在刻度盘上的位置,便可直接读出压力值。

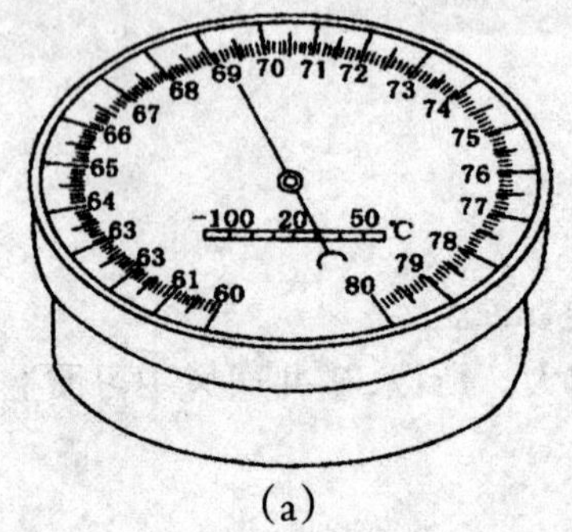

(a)

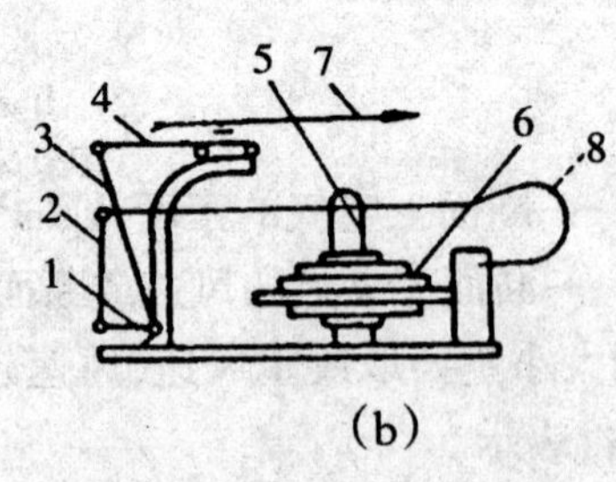

(b)

图2-2　空盒气压计

a——外形图,b——构造原理示意图;1,2,3,4——传动机构;5——拉杆;6——真空膜盒;7——指针;8——弹簧测压时，将空盒气压计水平置于测点处，待指针变化稳定后，即可从刻度盘上直接读出静压显示值，然后根据测点温度和仪器本身的误差校正表进行校正，即可得到该点的实际静压值$P_{静}$。

1.空盒气压计的操作方法、步骤

(1)将空盒气压计放到测定地点，水平放置；

(2)用手指轻轻敲击盒面数次，为的是消除指针的蠕动现象；

(3)等待5分钟后再读数；

(4)读值应根据仪器附带的检定证进行刻度、温度和补充校正；

(5)校正后的值即是所测的当时当地大气压力。

2.空盒气压计的使用注意事项

(1)为了克服传动机构中的摩擦，测压时应轻敲仪器外壳，以消除传动机构的摩擦误差；

(2)空盒气压计必须水平放置，读数时，观察者的视线必须垂直于指针的摆动平面，避免人为读数误差；

(3)每只空盒气压计必须用它自己的订正表订正，不能混用。

(二)U形水柱计

U形压差计分为垂直压差计和倾斜压差计两种，主要是用来测定相对压力。

U形垂直压差计如图2-3所示，它是由垂直放置的U形玻璃管和刻度尺组成，U形管中灌入蒸馏水，故也叫U形垂直水柱计。测压时，当进入玻璃管两端的空气压力不相等时，则U形玻璃管中的水面形成高低差，其差值即表示两点间的压力差。在测量压差时，为了减少读数误差，将U形垂直压差计放成倾斜位置来使用，称其为U形倾斜压差计，如图2-4所示。测量时其倾斜角度可以根据需要进行调节，压差计显示的读数为倾斜液柱值，必须用下式计算出实际压差值：

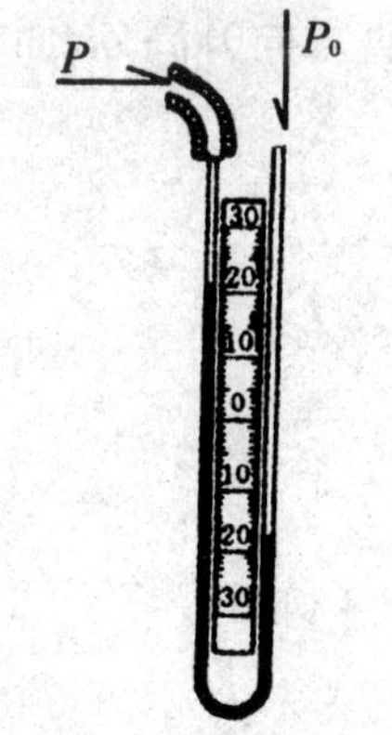

图2—3 U形垂直压差计

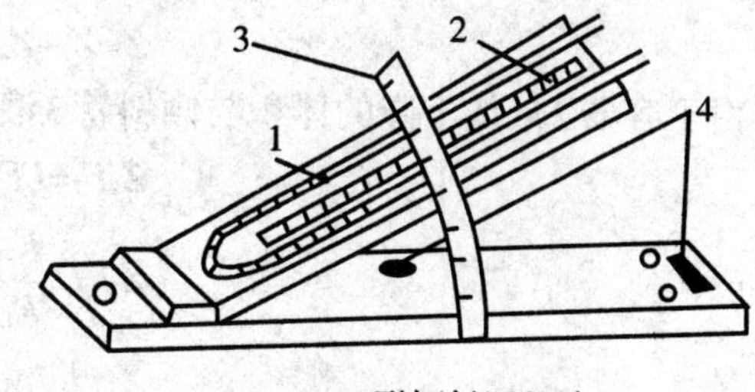

2-4 U形倾斜压差计

1——U型玻璃管；2——刻度尺；3——游尺；4——水准指示器

$$h=L\rho g\sin\alpha \tag{2-12}$$

式中 h——两液面的垂直高差，即压差，Pa；

L——斜压差计的读数，mm；

ρ——仪器所灌液体的密度，kg/m^3；

g——重力加速度，m/s^2；

α——U形管的倾角，U形垂直压差计，α=90°。

1.U形水柱计使用方法步骤

(1)先在U形管内加上蒸馏水,使两端液面处于0位置;

(2)一端用胶皮管将风流压力接引到玻璃管内,一端与大气连通,这时液面出现高度差;

(3)垂直悬挂,读取高度差,即为测定的压差h;

(4)如果是U形倾斜压差计,它的压差按式(2-12)计算,它的倾角是可以调节的,倾角架上有刻度,U形管固定在哪个刻度,就可读出相应的倾角值来。

假若用U形垂直压差计测风筒内某点的压力,压差读数为120mm,那么这点的相对压力为120mmH_2O。

若用U形倾斜压差计来测定,两液面差仍为120mm,压差计倾斜角度为30°,则这点的相对压力为120×sin30°=60mmH_2O。

2.U形水柱计使用注意事项

(1)U形垂直压差计应垂直悬挂,并且两端要水平;U形倾斜压差计应水平放置,倾角调整时要固定好。

(2)读数时,应待液面稳定后再读取,若波动较大,应取中间范围,取平均值。

(3)压差计通常里面装的是水,若是其他液体,应乘以该液体的比重。

(4)注意单位换算为Pa。

(三)单管倾斜压差计

单管倾斜压差计测压原理如图2-5所示。在三角形的底座1上装设一个具有大断面的容器2(面积为F_1)与一个小断面的倾斜管3(面积为F_2)互相连通,并有胶皮管4及注液孔螺钉5,三通旋塞6及零位调整螺钉7,仪器的底座上有水准泡8和调平螺钉9。玻璃管3的倾角可借弧形板10与销钉来调节。为了读数准确,玻璃管3上装有活动游标11。若在P_1与P_2(设$P_1>P_2$,)的压差作用下,具有倾斜角度α的管3内的液体在垂直方向升高Z_1,而容器2内的液面下降Z_2,这时仪器内液面的高差为

$$Z=Z_1+Z_2 \qquad (2-13)$$

由于容器2液体下降的体积与倾斜管3液体上升的体积相等,即

$$Z_2F_1=LF_2 \qquad (2-14)$$

故

$$Z_2=L\frac{F_2}{F_1} \qquad (2-15)$$

又

$$Z_1=L\sin\alpha \qquad (2-16)$$

则

$$Z=Z_1+Z_2=L(\sin\alpha+\frac{F_2}{F_1}) \qquad (2-17)$$

P_1与P_2之压差h为

$$h=Z\rho g=L\rho g(\sin\alpha+\frac{F_2}{F_1}), \qquad (2-18)$$

令

$$K=\rho(\sin\alpha+\frac{F_2}{F_1}), \qquad (2-19)$$

则

$$h=KLg \qquad (2-20)$$

式中　K——仪器的校正系数，由实验求得；

L——倾斜管上的读数，mm。

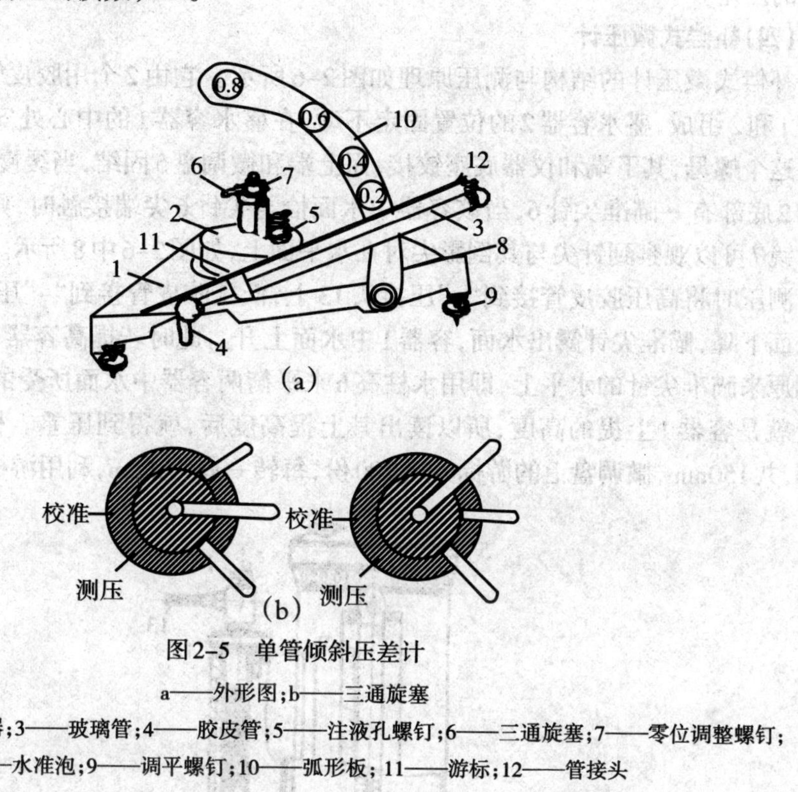

图2-5　单管倾斜压差计

a——外形图；b——三通旋塞

1——底座；2——容器；3——玻璃管；4——胶皮管；5——注液孔螺钉；6——三通旋塞；7——零位调整螺钉；8——水准泡；9——调平螺钉；10——弧形板；11——游标；12——管接头

零位调整螺钉7的下部是一个浸入液体的圆柱体，转动螺钉7就可以改变圆柱体浸入液体的深度，从而使液柱对准零位。三通旋塞如图2-5b所示，当手柄转至“校准”位置时(图2-5b左)，容器2经过中心孔和中间管接头与大气相通，此时可转动零位调整螺钉7使液柱对零。当手柄转至“测压”位置时(图2-5b右)，容器2经过中心孔与“+”压管接头相通，同时“-”压管接头与中间管接头也相通，如被测压力高于大气压力时，将被测压力管子接在“+”压管接头上，如被测压力低于大气压力时，应先用胶皮管将中间管接头与玻璃管3上端的管接头12接通，然后将被测压力管子接在“-”压管接头上；如测量压力差时，则将被测的高压管子接在“+”压管接头上，将低压管子接在“-”压管接头上。

单管倾斜压差计操作方法步骤：

(1)注入酒精：将零位调整螺钉7置于中间位置，拧开注液孔螺盖5，将配制好的酒精(比重0.81)慢慢注入容器2内，直到玻璃管内液面在0位附近时为止；

(2)调平仪器：将玻璃管按所测压力大小固定到合适的倾斜位置，观察水准泡8，用调平螺钉9将仪器调平，使水准泡位于中间；

(3)调零：转动三通旋塞至校准位置，玻璃管内液面如不在所示0刻度上，则调整零位调整螺钉7，使液面恰巧位于0处；

(4)测压：用胶皮管将高压接到仪器的“+”端接头上，低压接到仪器的“-”端接头上，然后转动三通旋塞至测压位置；

(5)读数:管内液面上升,出现一个读数L,将其乘以玻璃管所在位置的校正系数K,即为所得的压差。

(四)补偿式微压计

补偿式微压计的结构与测压原理如图2-6所示。它由2个用胶皮管3互相连通的盛水容器1和2组成,盛水容器2的位置固定不动,在盛水容器1的中心处安置螺母,测微螺杆4穿过这个螺母,其下端和仪器底座铰接,而上端和微调盘5固结,当缓慢旋转微调盘时,盛水容器2底部有一瞄准尖针6,当该容器中水面恰与尖针6尖端接触时,则从光学观察装置的反射镜7可以观察到针尖与其倒影尖对在水平面上,如图2-6中8所示。

测压时将高压胶皮管接到"+"压接头13上,低压胶皮管接到"-"压接头16上,则容器2中水面下降,瞄准尖针露出水面,容器1中水面上升。此时若提高容器1,使容器2的水面再回到原来瞄准尖针的水平上,即用水柱高h来平衡两容器中水面所受的压差,此水柱高h实际上就是容器1上提的高度,所以读出其上提高度后,就得到压差。标尺9的每一刻度为1mm,共150mm,微调盘上的游标分成200份,每转一周为2mm,利用游标可读出最小读数。

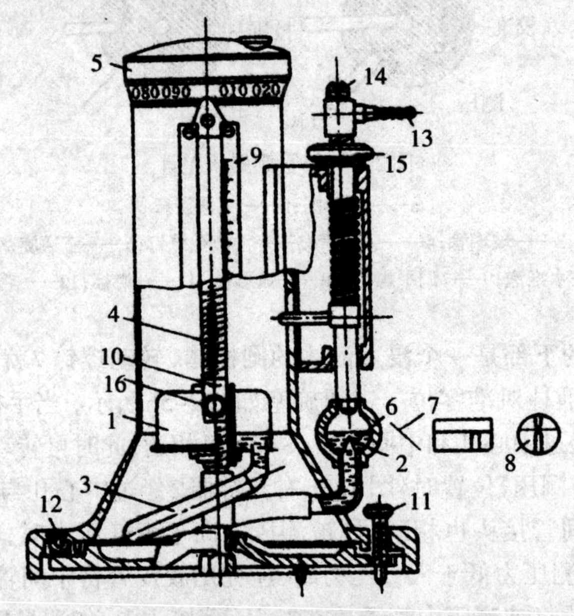

图2-6 补偿式微压计

1, 2——盛水容器;3——胶皮管;4——测微螺杆;5——微调盘;6——瞄准尖针;7——反射镜;8——尖端正、倒影像相接;9——标尺;10——指示标;11——调整螺钉;12——水准泡;13——"+"压接头;14——密封螺钉;15——调节螺母;16——"-"压接头

1.补偿式微压计操作方法步骤

(1)装稳仪器,利用调整螺钉11与水准泡12将其调成水平,并把微调盘和指示标对到刻度"0"上。

(2)拧开密封螺钉14,注入蒸馏水,直到反射镜7中观察到的尖针6的正倒影像近似相接,然后拧上密封螺钉。再慢慢旋转微调盘使容器1升降数次,以排除连接胶皮管中的气泡。最后转动调节螺母15,使瞄准尖针的正倒影像恰好相接。如果不能调到恰好相接,而2

个影像重叠，则表明水量不够；若尖端分离，表明水量过多。

(3)将被测高压胶皮管接到"+"压接头13上，低压胶皮管接到"-"压接头16上，这时瞄准尖针的正倒影像消失或重叠。

(4)按顺时针方向缓慢地转动微调盘，直到瞄准尖针的正倒影像尖端再次恰好相接，此时在标尺上读出整数值，在微调盘上读出小数值，两者相加即为所测压差。

2.补偿式微压计使用注意事项

(1)仪器应调节到水平位置，测压时防止碰撞；

(2)仪器中酒精要适当，不可过量，且酒精的比重按仪器的说明校正系数来配置；

(3)"+""-"端要接正确，防止接反，接头紧密，防止漏气；

(4)测定时应防止水、杂物堵塞胶皮管，同时也要防止其他物体挤压胶皮管。

(五)皮托管

皮托管是一种承受和传递压力的工具，它只能传递绝对压力，不能测压。它与压差计配套使用才可测得相对压力。由两个同心圆管组成，如图2-7所示。内管前端有中心孔与标有"+"号的管脚相通，外管前端不通，在其侧壁上刻有4~6个小孔与标有"-"号的管脚相通。内外管之间互不相通。

使用时其中心孔应正对(迎向)风流方向，此时中心孔将接受风流的点静压和点动压，即与中心孔相连通的标有"+"号的管脚传递绝对全压，而皮托管侧壁上的小孔则只能接受风流的点静压，即与管侧壁小孔相连通的标有"-"号的管脚传递绝对静压。

测压时，将皮托管插入风筒，如图2-8所示。将皮托管尖端孔口正对风流，侧壁孔口垂直于风流方向，此时只感受绝对静压$P_{静}$，称为静压孔；端孔除了感受$P_{静}$的作用外，还受该点的动压$h_{动}$的作用，即感受全压$P_{全}$，故称之为全压孔。用胶皮管分别将皮托管的(+)、(-)接头连至压差计上，即可测定该点的动压；如果将皮托管(+)接头与压差计断开，测定的是i点的相对静压；如果将皮托管(-)接头与压差计断开，这时测定的是i点的相对全压。

静压差与全压差的测量。测量井巷风流中两点之间的静压差与全压差常用皮托管和压差计，其布置方法分别如图2-9和图2-10所示。在两测点各布置一支皮托管，将两支皮托管的"-"管脚用胶皮管连到一个压差计的两侧玻璃管上，则此时压差计两侧管内液面高低差即为该2点间的静压差$h_{静}$；将两支皮托管的"+"管脚用胶皮管连到一个压差计的两侧玻璃管上，则此时压差计两侧管内液面高低差即为该2点间的全压差$h_{全}$。

为使测量准确，使用皮托管时应注意以下几点：

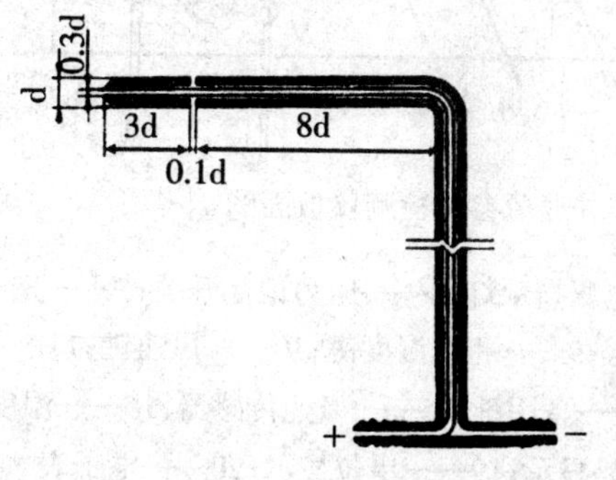

图2-7　皮托管结构示意图

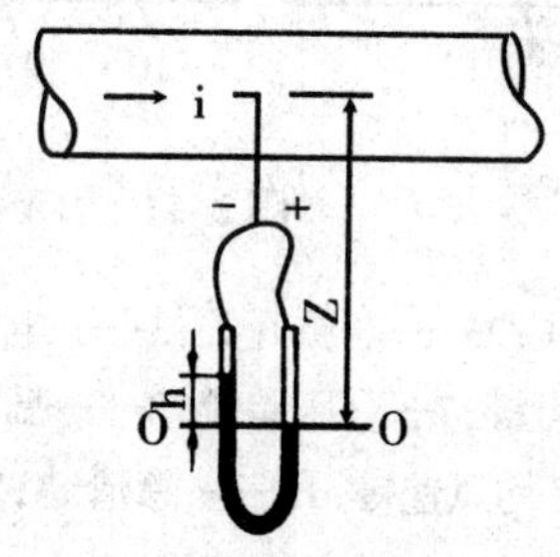

图2-8　利用皮托管点压力测定

(1) 皮托管应干燥，管内不能有水珠，使用前应检查皮托管是否畅通，不能阻塞；

(2) 皮托管与压差计连接处不得漏气；

(3) 测点处应无强烈漩涡和大的压力波动；

(4) 测量时皮托管应正对风流，不应上下左右摆动；

(5) 测量时将所测处的动压值乘上校正系数即为真值，校正系数在每台皮托管的使用说明书中给出；

(6) 使用后将皮托管擦拭干净后装入仪器盒内置于干燥的地方保管，严禁摔碰，以免影响测量精度。

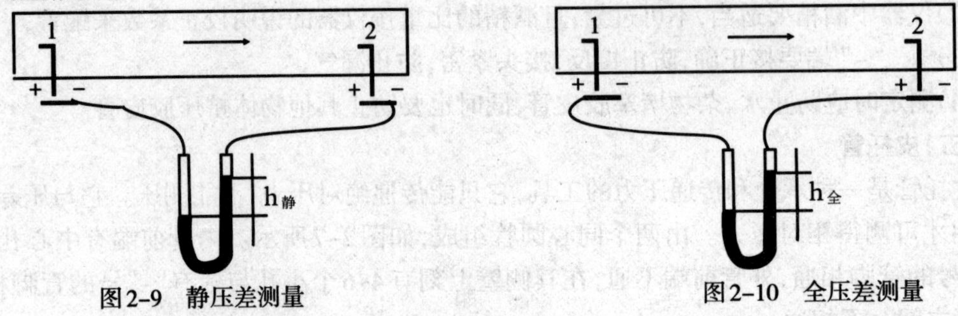

图2–9 静压差测量　　图2–10 全压差测量

(六)矿井通风参数检测仪

JFY型矿井通风参数检测仪，是太航仪表厂研制的最新检测仪器。这种仪器由压力传感器、风速传感器、温度传感器、湿度传感器，以及智能微机组成。它用于测量矿井绝对压力、相对压力、风速、温度、湿度、时间，为科学管理矿井通风以及测定矿井通风网络压能提供了有效的手段。

各种参数测量的操作方法，根据图2–11分别介绍如下：

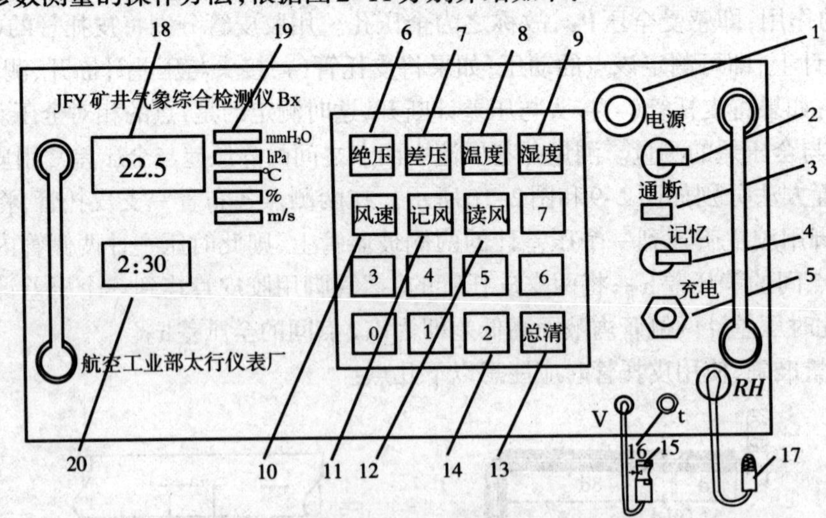

图2–11 JFY型矿井通风参数检测仪板面图

1——气孔；2——电源开关；3——电源电压指示灯；4——压力记忆开关；5——充电插孔；6——绝对压力键；7——压差键；8——温度键；9——相对湿度键；10——风速键；11——记风速键；12——读平均风速键；13——总清键；14——备用键；15——风速传感器；16——温度传感器；17——湿度传感器；18——液晶显示；19——单位显示；20——电子表

操作方法

仪器的板面布置如图2-11所示。测量前将电源开关置于“通”，电源电压指示灯若暗，说明电源电压不足，此时应充电；若灯亮则可进行测量。

(1)绝对压力的测量方法：通电后，整机进入自检状态，显示传感器的周期数，按“总清”键，则显示绝对压力，单位是hPa。

(2)相对压力的测量方法：通电后，不论进入测量其他参数与否，只要按一下“差压”键，将记忆开关置于“记忆”，则压力测量进入相对压力测量状态，并将按下时的绝对压力P_0值记入内存中，以后的压力测量均以此压力为准。液晶只显示压差值($\Delta P=P-P_0$)，单位为mmH_2O。只要不再按任何键并不断电，它将永久显示以P_0为准的压差值。如果想既保持按下瞬间的绝对压力值，又想看看其他参数值，必须在按下“差压”键后，将记忆开关置于“记忆”即可。只要不断电，P_0记忆将永久保存。

(3)温度和湿度测量方法：通电后，不论任何情况，只要按下“温度”键，就显示当时当地的温度值；按下“湿度”键，就显示当时、当地的相对湿度值。但是湿度与温度传感器都有迟滞现象，因此，仪器从一处转到另一处时，要等待2~5min后读数才准确。

(4)风速测量方法：通电后，将风速传感器上的三棱尖头朝向风流方向，按下“风速”键，则显示此时此点的风速值，单位为m/s。此时风速值不记忆，若想测巷道断面的平均风速，可采用图1-10所示的定点测风法，共测9点，其操作方法如下：

①先按下“风速”键，然后将风速传感器拿到1点处，三棱柱尖头朝向风流方向；

②按“记风”键，显示该点风速，随后显示一下“1”，表示1点的风速已记入内存中；

③以后依次将风速传感器拿到1，2，3……9点，每点都重复①、②条操作，最后再按“读风”键，则可测出巷道断面的平均风速。

(5)测量通风阻力的方法。用JFY型通风参数检测仪测量通风阻力的实质是测量通风网路中各节点的相对总压力值，相邻两节点的总压差即为该巷道的通风阻力。所以这种阻力测量也叫压能图的测量，其测量步骤如下：

①此种测量方法的准备工作与用倾斜压差计时的准备工作基本相同，其不同处是要由地测科绘出节点即3条或3条以上风路的交点的准确标高；测点的选择要从节点中选取，测点数应达到节点数的80%以上。

②将两台仪器同放于井口基点处，将电源开关拨至“通”位置，等待15~20min后，按“总清”键，记录基点绝对压力值。然后按“差压”键，并将记忆开关拨在“记忆”位置，再将仪器的时间对准。

③将一台仪器留于基点处测量基点的大气压力变化情况，并每隔5min记录一次。另一台仪器按测定路线下井测定。测定时将仪器平放于测点底板处，每个测点读数3次，也是

每隔5min记录一次。测定时先测测点的相对压力，然后测测点的巷道断面平均风速和断面尺寸，最后测测点的温度与湿度，分别记录于表格中。如此逐点进行，直到将测点测完为止。

二、风流点压力的测量及压力关系

(一)风流点压力

井巷风流断面上任一点的压力称为风流的点压力。相对于某基准面来说，点压力也有静压、动压和位压。根据压力的2种测算基准，静压又分为绝对静压($P_{静}$)和相对静压($h_{静}$)；全压也分为绝对全压($p_{全}$)和相对全压($h_{全}$)；动压永远为正值，无绝对、相对压力之分，用$h_{动}$表示。

同一巷道或通风管道断面上，各点的点压力是不相等的。在水平面上，各点的静压、位压都相同，动压则是中心处最大；在垂直面上，从上到下，静压逐渐增大，位压逐渐减小，动压同样是中心处最大。因此，从断面上某点的总压力来看，当风流流动时，中心处的点压力最大，四壁的点压力最小。

(二)绝对静压、动压和绝对全压的测量及其相互关系

1.绝对静压$P_{静}$的测定

绝对静压是以真空状态为零点测算的静压值。测量风流某一点的绝对静压通常采用气压计直接测定。气压计的种类有水银气压计、空盒气压计和数字式气压计等。

2.动压$h_{动}$的测定

测量风流某一点的动压，方法一：可以用仪表测得风流在该点的密度ρ与风速υ值，代入式(2-11)即可计算出风流某点的动压；方法二：在通风管道中可利用皮托管和压差计直接测得该点的动压。

3.绝对全压的测定

绝对全压是以真空为零点测算的全压值，无论压入式或抽出式通风，风流某一点的绝对全压均等于该点的绝对静压与动压之和，即：

$$P_{全}=P_{静}+h_{动}, \text{Pa} \tag{2-21}$$

上式即为绝对静压、动压和绝对全压之间的关系式。

(三)相对压力的测量及其相互关系

相对压力是以与测点同标高的大气压力为基准测量的压力值。下面以托皮管和U型垂直压差计为例，说明相对静压、动压和相对全压的测量及其相互关系。其布置方法如图2-12(a)所示。左图为压入式通风，右图为抽出式通风。用$h_{静}$和$h_{全}$分别代表测点相对静压和相对全压的绝对值，p_0是与测点同标高的当地大气压力。

1. 压入式通风中相对压力的测量及其相互关系

如图2-12(a)左图所示，皮托管的"+"接头接受并传递的是风流的绝对全压$P_{全}$，"-"接头接受并传递的是风流的绝对静压$P_{静}$，通风管道外的压力是大气压力P_0。在压入式通风中，因为风流的绝对压力都高于同标高的大气压力，所以$P_{全}>P_0$、$P_{静}>P_0$，$P_{全}>P_{静}$。由图中压差计1、2、3的液面可以看出，绝对压力高的一侧液面下降，绝对压力低的一侧液面上升。

压差计1的两液面高度差显示的是风流中的相对静压：$h_{静}=p_{静}-p_0$；

压差计3的两液面高度差显示的是风流中的相对全压：$h_{全}=p_{全}-p_0$；

压差计2的两液面高度差显示的是风流中的动压：$h_{动}=p_{全}-p_{静}$。

整理得：

$$h_{全}=p_{全}-p_0=(p_{静}+h_{动})-p_0=(p_{静}-p_0)+h_{动}=h_{静}+h_{动}$$

$$h_{全}=h_{静}+h_{动} \tag{2-22}$$

式(2-22)说明：就相对压力而言，压入式通风风流中某点的相对全压等于相对静压与动压的和。

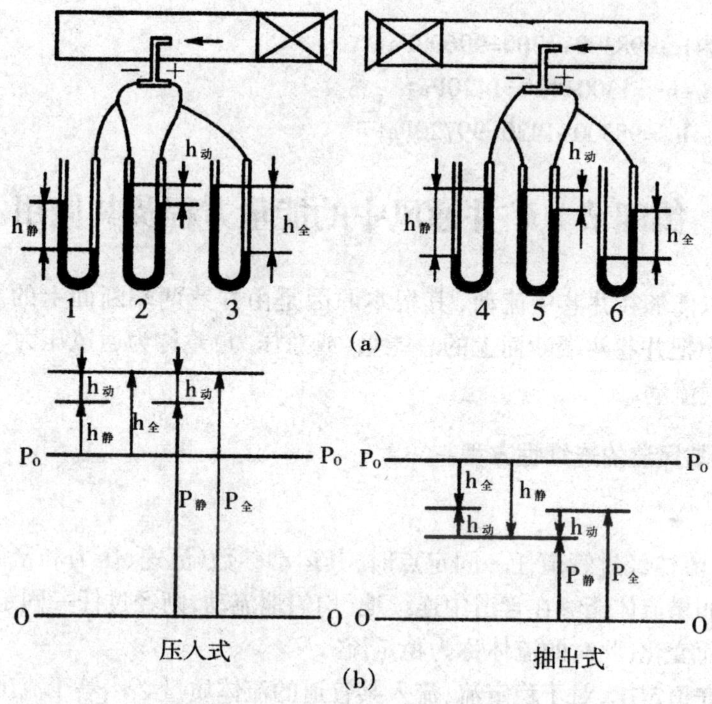

图2-12　不同通风方式下风流中某点压力测量和压力之间的相互关系

a——皮托管和压差计的布置方法；b——风流中某点各种压力之间的关系

2. 抽出式通风中相对压力的测量及相互关系

如图2-12(a)右图所示。压差计4、5、6分别测定风流的相对静压、动压、相对全压。在抽出式通风中，因为风流的绝对压力都低于同标高的大气压力，所以$p_{全}<p_0$、$p_{静}<p_0$、$p_{全}>p_{静}$。由图中看出，压差计4、6的液面与大气压力p_0相通的一侧水柱下降，另一侧水柱上升；压差计5中绝对全压一侧水柱下降，绝对静压一侧水柱上升。由此可知测点风流的相对压力为：

$$h_{静}=p_0-p_{静}\text{或}-h_{静}=p_{静}-p_0$$

$$h_{全}=p_0-p_{全}\text{或}-h_{全}=p_{全}-p_0$$

$$h_{动}=p_{全}-p_{静}$$

整理得

$$h_{全}=p_0-p_{全}=p_0-(p_{静}+h_{动})=(p_0-p_{静})-h_{动}=h_{静}-h_{动}$$

$$h_{全}=h_{静}-h_{动} \tag{2-23}$$

式(2–23)说明:就相对压力而言,抽出式通风风流中某点的相对全压等于相对静压与动压的差。

需要说明的是,式(2–23)中的$h_{全}$和$h_{静}$分别是绝对全压和绝对静压比同标高大气压力的降低值,而式(2–22)中的$h_{全}$和$h_{静}$则分别是绝对全压和绝对静压比同标高大气压力的增加值。公式中采用的都是其绝对值。

图2–12(b)表示的是不同通风方式下,风流中某点上各种压力之间的关系。

例 在图2–12(a)所示的压入式通风管道中,测得风流中某点的相对静压$h_{静}$=1300Pa,动压$h_{动}$=120Pa,风筒外与该点同标高的大气压力p_0=98300Pa,求该点的$p_{静}$、$h_{全}$、$p_{全}$分别是多少?

解(1)$p_{静}=p_0+h_{静}=98300+1300=99600Pa$;

(2)$h_{全}=h_{静}+h_{动}=1300+120=1420Pa$;

(3)$p_{全}=p_0+h_{全}=98300+1420=99720Pa$。

第四节　矿井通风中的能量方程及其应用

空气之所以能够在井巷中流动,其根本原因是由井巷两端断面上的能量不平衡造成的。矿井通风中把井巷两端断面上的总能量(或总压力)差称为通风压力。通风压力克服通风阻力使空气流动。

一、稳定流与风流的连续性方程

1.稳定流

一般来说,流体经过管道任一固定点时,其运动参数(流速、压力和密度等)是随时间变化而变化的。如果流体能够在管道中连续地、均匀地流动,则经过任一固定点的运动参数将不随时间变化而变化,此时的流体称为稳定流。

根据质量守恒定律,对于稳定流,流入某管道的流体质量必然等于流出的流体质量。矿井通风中,矿井风流可近似看作是稳定流,满足质量守恒定律。

2.风流的连续性方程

在稳定流中,流体通过某一固定点的流速和密度不会随时间而变化。但当流体从某点流到另一点时,其流速和密度会发生变化。这种变化关系可以用连续性方程表示。

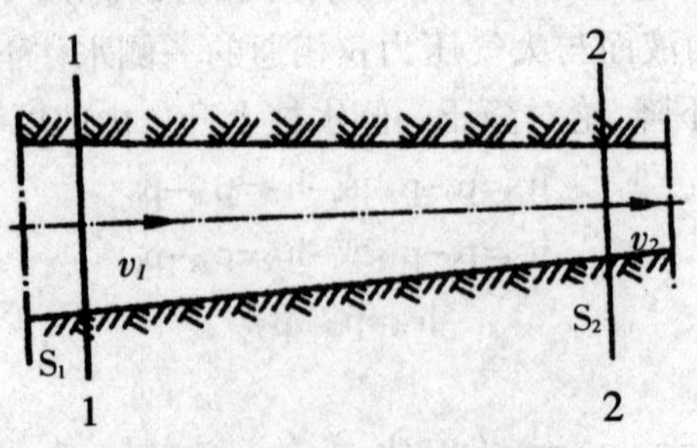

图2–13　风流在巷道中稳定流动

如图2-13所示，风流在从断面1流向断面2的过程中，如果既无漏风又无补给，则单位时间内流入断面1的空气质量m_1与流出断面2的空气质量m_2相等，

$$m_1=m_2, kg$$

或

$$\rho_1 \upsilon_1 S_1=\rho_2 \upsilon_2 S_2 \tag{2-24}$$

上式即为空气流动的连续性方程。

对于不可压缩风流（$\rho_1=\rho_2$），则风流的连续性方程为：

$$\upsilon_1 S_1=\upsilon_2 S_2 \tag{2-25}$$

矿井通风中的风流，尽管空气的密度是有变化的，但变化范围一般不超过6%~8%，因此，它的比容变化也不大。除了特殊情况（如矿井深度超过1000m）外，一般认为矿井风流是近似不可压缩的稳定流。应用不可压缩风流的连续性方程可以方便地解决风速、风量的测算和风量平衡等问题。

二、矿井通风中的能量方程

在流体力学中，描述流体沿程流动的能量转换和守恒规律的方程称为能量方程，也叫伯努利方程。矿井通风中应用的能量方程则表达了空气的静压能、动能和位能，在井巷流动过程中的变化规律，是能量守恒和转化定律在矿井通风中的应用。单位质量不可压缩的实际流体由断面1流向断面2的能量方程为：

$$\frac{p_1}{\rho}+\frac{v_1^2}{2}+Z_1 g=\frac{p_2}{\rho}+\frac{v_2^2}{2}+Z_2 g+h_{损1-2} \tag{2-26}$$

式中　p_1/ρ、P_2/ρ——单位质量流体在1、2断面上所具有的静压能，J/kg；

$v_1^2/_2$、$v_2^2/_2$——单位质量流体在1、2断面上所具有的动能，J/kg；

$Z_1 g$、$Z_2 g$——单位质量流体在1、2断面上相对于基准面所具有的位能，J/kg；

$h_{损1-2}$——单位质量流体在1、2断面之间克服流动阻力所损失的能量，J/kg。

上述能量方程的适用条件是：流体的运动是稳定流且流体是不可压缩的。由于矿井风流可以近似认为是不可压缩的稳定流，故上述单位质量不可压缩实际流体的能量方程也可应用于矿井通风中。

具体应用中，习惯上用单位体积流体的能量代替单位质量流体的能量。将公式2-26中的各项乘以ρ得出单位体积实际流体的能量方程：

$$P_1+\frac{\rho v_1^2}{2}+\rho g Z_1=P_2+\frac{\rho v_2^2}{2}+\rho g Z_2+h_{阻1-2}$$

即

$$h_{阻1-2}=P_1+\frac{\rho v_1^2}{2}+\rho g Z_1-(P_2+\frac{\rho v_2^2}{2}+\rho g Z_2) \tag{2-27}$$

或

$$h_{阻1-2}=P_1-P_2+\frac{\rho v_1^2}{2}-\frac{\rho v_2^2}{2}+\rho g Z_1-\rho g Z_2 \tag{2-28}$$

式中　P_1、P_2——单位体积风流在1、2断面上所具有的静压能J/m^3或静压Pa；

$\rho v_1^2/2$、$\rho v_2^2/2$——单位体积风流在1、2断面上所具有的动能J/m^3或动压Pa；

ρgZ_1、ρgZ_2——单位体积风流在1、2断面上相对于基准面所具有的位能J/m³或位压Pa；

$h_{阻1-2}$——单位体积风流在1、2断面之间克服流动阻力所损失的能量J/m³或消耗的压力(也称通风阻力,Pa)。

式(2-24)和式(2-25)就是常用的单位体积不可压缩风流的能量方程。从能量观点来讲,它表示单位体积空气流经井巷的能量损失等于第一断面上的总机械能(静压能、动能和位能)与第二断面上的总机械能之差。从压力观点来说,它表示风流流经井巷的通风阻力等于第一断面上的总压力(静压、动压和位压)与第二断面上的总压力之差。

考虑到井下空气毕竟有一定的压缩性,特别是当矿井很深或由于空气温度变化引起空气密度的变化所导致的自然风压较大时,不可压缩风流的能量方程就不能应用。因此,为了能把空气密度变化的因素计算在内,并能够正确反映能量守恒定律。用风流在1、2断面的空气密度ρ_1、ρ_2分别代替能量方程动能项中的ρ;用1、2断面与基准面之间的平均空气密度ρ_1、ρ_2分别代替能量方程位能项中ρ。位能项中ρ的取值方法如下:

(1)当1、2断面位于通风系统中最低水平同一侧时,如图2-14(a)所示,将基准面选在较低的断面2上,此时,断面2上的位压为零,空气平均密度为ρ_{1-2},

$\rho_{1-2}=(\rho_1+\rho_2)/2$。位能差的表达式为$Z_{1-2}g\rho_{1-2}$

式中 Z_{1-2}——1、2断面之间的标高差;

ρ_{1-2}——1、2断面之间空气柱的平均密度;

$$Z_{1-2}=Z_1-Z_2$$

此时的能量方程为

$$h_{阻1-2}=p_1-p_2+\frac{\rho_1 v_1^2}{2}-\frac{\rho_2 v_2^2}{2}+Z_{1-2}g\rho_{1-2} \tag{2-29}$$

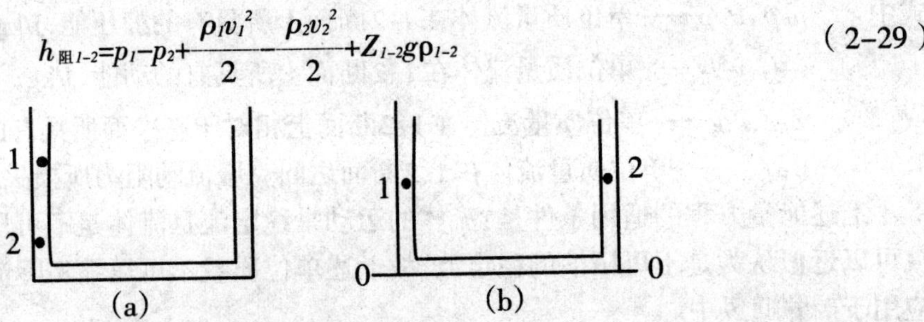

图2-14 能量方程中求位压差基准面的选择

(2)当1、2断面分别位于通风系统最低水平两侧时,如图2-14(b)所示,将基准面选在最低水平,此时,1、2断面相对于基准面的高差分别为Z_{1-0}、Z_{2-0},空气密度则分别为两侧断面距基准面的平均密度ρ_{1-0}与ρ_{2-0},可取$\rho_{1-0}=(\rho_1+\rho_0)/2$,$\rho_{2-0}=(\rho_2+\rho_0)/2$。位能差的表达式为:

$$Z_{1-0}g\rho_{1-0}-Z_{2-0}g\rho_{2-0}$$

式中 Z_{1-0}、Z_{2-0}——分别为1、2断面与基准面之间的标高差;

ρ_{1-0}、ρ_{2-0}——分别为1、2断面与基准面之间空气柱的平均密度;

此时的能量方程为:

$$h_{阻1-2}=P_1-P_2+\frac{\rho_1 v_1^2}{2}-\frac{\rho_2 v_2^2}{2}+Z_{1-0}g\rho_{1-0}-Z_{2-0}g\rho_{2-0} \tag{2-30}$$

式(2-29)和式(2-30)就是矿井通风工作中实际应用的能量方程。

三、能量方程在矿井通风中的应用

能量方程是矿井通风的理论基础，有关矿井通风阻力测定、通风机性能测定、通风技术管理，以及通风仪表设计等方面都与该理论密切相关。本节仅从计算井巷通风阻力和推导矿井通风总阻力的测算式为例说明能量方程的应用。

(一)计算井巷通风阻力

井下某通风系统如图2-15所示。已知 P_1=100220Pa，P_2=101330Pa，P_3=101300Pa，P_4=100060Pa。$Z_1=Z_4=120$，$Z_2=Z_3=20$，$\rho_1=1.2kg/m^3$，$\rho_2=\rho_3=1.23kg/m^3$，$\rho_4=1.18kg/m^3$，$\upsilon_2=\upsilon_4=4m/s$，$S_1$ $10m^2$，$S_2=S_3=9\ m^2$，试计算该系统通风阻力 $h_{阻1-4}$。

解法(一)分段计算法：

1-2段：
$$h_{阻1-2}=P_1-P_2+\frac{\rho_1 v_1^2}{2}-\frac{\rho_2 v_2^2}{2}+Z_{1-2}g\rho_{1-2}$$

由连续性方程 $\rho_1\cdot\upsilon_1\cdot S_1=\rho_2\cdot\upsilon_2\cdot S_2$ 可得：

$v_1=\rho_2\cdot\upsilon_2\cdot S_2/(\rho_1\cdot S_1)=1.23\times4\times9/(1.2\times10)=3.69(m/s)$

$$h_{阻1-2}=100220-101330+\frac{1.2}{2}\times3.69^2-\frac{1.23}{2}\times4^2+\frac{1.2+1.23}{2}\times9.8\times(120-20)$$
$$=-1110+(-1.67)+1190.7$$
$$=79.03(Pa)$$

2-3段：
$$h_{阻2-3}=P_2-P_3+\frac{\rho_2 v_2^2}{2}-\frac{\rho_3 v_3^2}{2}+Z_{2-3}g\rho_{2-3}$$

因 $\rho_2=\rho_3$ $S_2=S_3$ 由连续性方程可知 $v_2=v_3=4m/s$ 故2、3断面动压差为零；又因 $Z_{2-3}=0$，故2、3断面位压差也为零，由此可得：

$$h_{阻2-3}=P_2-P_3+0+0=101330-101300=30(Pa)$$

3-4段：
$$h_{阻3-4}=P_3-P_4+\frac{\rho_3 v_3^2}{2}-\frac{\rho_4 v_4^2}{2}+Z_{3-4}g\rho_{3-4}$$
$$=101300-100060+\frac{1.23}{2}\times4^2-\frac{1.18}{2}\times4^2+\frac{1.23+1.18}{2}\times9.8\times(20-120)$$
$$=1240+0.4+(-1180.9)$$
$$=59.5(Pa)$$

$h_{阻1-4}=h_{阻1-2}+h_{阻2-3}+h_{阻3-4}=79.03+30+59.5=168.53(Pa)$

解法(二)整体计算法：

$$h_{阻1-4}=P_1-P_4+\frac{\rho_1 v_1^2}{2}-\frac{\rho_4 v_4^2}{2}+\rho_{1-2}gZ_{1-2}-\rho_{4-2}gZ_{4-2}$$
$$=100220-100060+\frac{1.2}{2}\times3.69^2-\frac{1.18}{2}\times4^2+\frac{1.2+1.23}{2}\times9.8\times(120-20)-\frac{1.23+1.18}{2}\times9.8\times(120-20)=160+(-1.27)+9.8=168.53(Pa)$$

由此可见整体计算法与分段计算法的结果是一致的。由整体计算还可以看出若不把基准面选在通风系统最低水平，将会得出1、4断面位压差为零(因 $Z_1-Z_4=0$)的错误结果。

通过上述计算及分析可以得出以下规律：

(1)不论在任何条件下,风流总是从总压力大的断面流向总压力小的断面;

(2)在水平巷道中,因为位压差等于零,风流将由绝对全压大的一面流向绝对全压小的一面;

在倾斜巷道中,下行风流的位压差为正值,上行风流的位压差为负值;

(3)在等断面的水平巷道,如果空气密度相等,则风流的位压差为零、动压差为零,风流将由绝对静压大的断面流向绝对静压小的断面。

(二)矿井通风总阻力的测算

1.抽出式通风矿井的通风总阻力测算

某抽出式通风矿井如图2-15所示。在空气流动的整个路线上所遇到的阻力为:

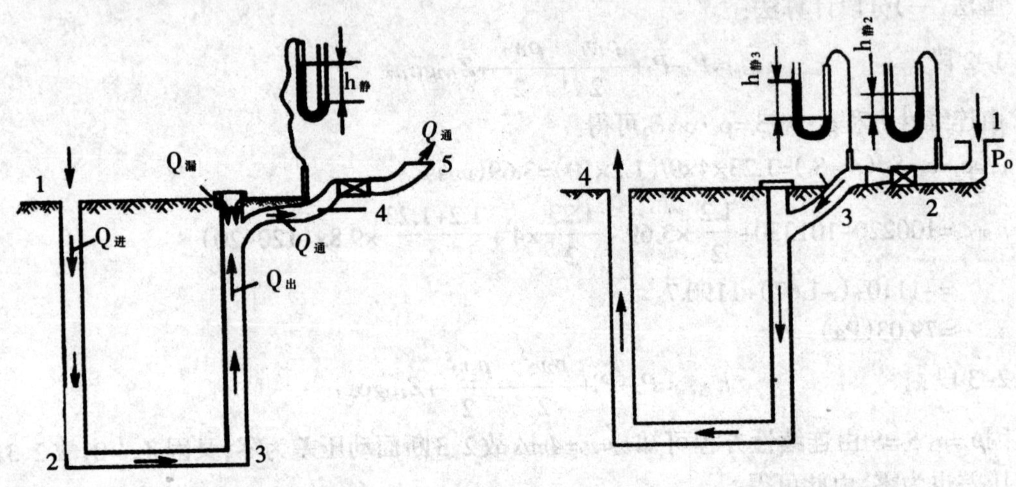

图2-15 抽出式通风示意图　　图2-16 压入式通风示意图

$$h_{阻}=h_{局1}+h_{阻1-4} \tag{2-31}$$

式中　$h_{局1}$——地面空气进入进风井口时,断面突然收缩产生的局部阻力。由于地面大气由静止状态突然收缩到进风井且与进风井口断面的高差近似为零,所以根据能量方程可得

$$h_{局1}=P_0-(P_1+h_{速1}) \tag{2-32}$$

$h_{阻1-4}$——风流自进风口断面1到风硐测压断面4的井巷通风阻力

$$h_{阻1-4}=P_1-P_4+h_{速1}-h_{速4}+\rho_{1-2}gZ-\rho_{3-4}gZ \tag{2-33}$$

将式(2-32)和式(2-33)代入式(2-31),经整理得:

$$h_{阻1-4}=(P_0-P_4)-h_{速4}+(\rho_{1-2}gZ-\rho_{3-4}gZ)$$

上式中(P_0-P_4)即为风硐测压断面4的相对静压$h_{静4}$,其值可以由通风机房静压压差计显示出来。$(\rho_{1-2}gZ-\rho_{3-4}gZ)$为矿井最低水平以上两同标高空气柱的重力之差。

$(\rho_{1-2}gZ-\rho_{3-4}gZ)$即为矿井的自然风压,用$h_{自}$表示。当$\rho_{1-2}gZ>\rho_{3-4}gZ$时,矿井的自然风压为正值,用$+h_{自}$表示;当$\rho_{1-2}gZ<\rho_{3-4}gZ$时,矿井的自然风压为负值,用$-h_{自}$表示。由此可得:

$$h_{阻}=h_{静4}-h_{速4}\pm h_{自},\text{Pa} \tag{2-34}$$

式(2-34)就是抽出式通风矿井的通风总阻力测算式。它表明抽出式通风矿井的通风总阻力可以通过测定风硐测压断面上的相对静压、动压和矿井的自然风压而求得。

2.压入式通风矿井通风总阻力的测算

某压入式通风矿井如图2-16所示。在空气流动的整个路线上所遇到的阻力,一般包括吸风段1-2和压风段3-4，空气由主要通风机自进风井口吸入井下为吸风段，自风硐3沿井下整个线路到出风井4为压风段，整个矿井的通风阻力为吸风段和压风段之和。

$$h_{阻}=h_{阻吸}+h_{阻压} \tag{2-35}$$

其中，

$$h_{阻压}=h_{阻3-4}+h_{局4} \tag{2-36}$$

式中　$h_{局4}$——风流自回风井口断面4进入地面大气时，断面突然扩大产生的局部阻力。

根据能量方程可得：

$$h_{局4}=(P_4+h_{速4})-P_0 \tag{2-37}$$

$$h_{阻3-4}=(P_{静3}+h_{速3}+Z\rho_{均进}g)-(P_{静4}+h_{速4}+Z\rho_{均回}g), \tag{2-38}$$

将式(2-37)、(2-38)代入式(2-36)整理得

$$h_{阻压}=(P_{静3}-P_0)+h_{速3}+(Z\rho_{均进}g-Z\rho_{均回}g)$$
$$=h_{静3}+h_{速3}+(Z\rho_{均进}g-Z\rho_{均回}g)$$

式中　$h_{静3}$为风硐断面的相对静压，$h_{速3}$为风硐断面的动压，$(Z\rho_{均进}g-Z\rho_{均回}g)$为矿井的自然风压$h_{自}$。则：

$$h_{阻压}=h_{静3}+h_{速3}\pm h_{自}=h_{全3}\pm h_{自} \tag{2-39}$$

由于地面为静止大气且与回风井口断面的高差近似为零，吸风段的位压差可忽略不计，则：

$$h_{阻}=(h_{静2}-h_{速2})+(h_{静3}+h_{速3}\pm h_{自})$$
$$=h_{全2}+h_{全3}\pm h_{自} \tag{2-40}$$

式(2-40)就是压入式通风矿井的通风总阻力测算式。它表明压入式通风矿井的通风总阻力可以通过测定风硐测压断面上的相对静压、动压和矿井的自然风压而求得。

四、矿井主要通风机房内水柱计的安装和作用

无论是抽出式通风矿井还是压入式通风矿井，矿井通风总阻力可通过测定风硐断面的相对压力和自然风压计算出来。矿井风硐断面的速压值一般不大，自然风压值一般也不大，因此，为了能近似了解矿井通风总阻力的大小，可在通风机房内安设U型水柱计，使U型水柱计的一端与大气相通，另一端接受风硐内的相对压力（压入式接受相对全压，抽出式接受相对静压），那么，U型水柱计的读数反映的就是主要通风机的工作风压。下面以抽出式通风为例说明压差计的安装与取压方法。如图2-17所示。

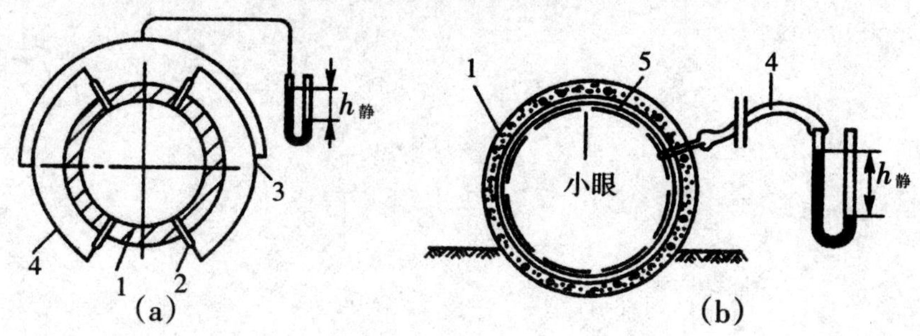

图2-17　通风机房U型水柱计的安装

1——风硐；2——静压管；3——三通；4——胶皮管；5——环形金属管

1.壁面取压法

在风硐的内壁上开静压孔，如图2-17a所示，孔内安装金属管2，金属管出口与风流方向垂直，用胶皮管4与金属管2连接，把风硐内绝对静压传递到通风机房内的U型水柱计上。为了减少误差一般把各测点用三通3和胶皮管并联。静压孔孔径不大于10mm，孔口光滑，附近无凹凸现象。

2.环形管取压法

如图2-17(b)所示将一个外径为4mm~6mm的金属管5做成圆形环绕风硐壁布置，距离壁面大于10mm，在管上等距离分布8个垂直于风流方向的小眼，眼径1mm~2mm，再用一根金属管与其相连并穿出风硐壁，用胶皮管4将风硐内绝对静压传递到通风机房内的U型水柱计上。

两种方法的取压点都应选择在风硐内风流稳定处，测压仪器多采用U型水柱计。也可利用矿井安全监控系统的负压传感器。

水柱计内的两个液面高度在正常通风情况下，一般较稳定或有微小波动。当水柱计液面高度差突然增大，可能是井下主要通风巷道发生冒顶或堵塞，使通风断面减小；当水柱计液面高度差突然减小，可能是井下出现了风流短路或主要进回风巷之间的联络巷内的主要风门被打开。此外，当通风机出现异常或电动机与通风机的传动装置出现故障或电压不稳都会引起水柱计读数的变化。因此，《规程》要求在主要通风机房内必须安装水柱计、电流表、电压表和轴承温度计等仪表。

第二部分　专业核心知识点

1.空气密度、空气压力的计算。
2.压力单位之间的换算。
3.静压、动压、位压的概念及特点。
4.动压、位压的计算。
5.全压、势压和总压力的概念。
6.各种测压仪的使用及操作方法。
7.风流点压力的测量及其相互关系。
8.绝对压力及相互关系。
9.抽出式、压入式通风矿井中相对压力的测量及相互关系。
10.能量方程在矿井通风中的应用。

第三部分 专业技能训练

1.抽出式通风中相对压力的测量

(1)测量前的准备:垂直U型压差计3个,皮托管3个,胶皮管数米。

(2)给U型水柱计注入测压液体,并悬挂于墙壁,不得歪斜,液面高度至零刻度;将皮托管安设在模拟通风管网内,皮托管全压接受孔必须正对风流方向、静压接受孔与风流方向垂直;用胶皮管按图2-12a在通风模拟管网中将U型水柱计和皮托管连接,压差计1的一端与大气相通,另一端连接皮托管1的静压脚;压差计2的一端与大气相通,另一端连接皮托管2的全压脚;压差计3的两端分别与皮托管3的静压脚和全压脚连接。三个压差计分别测定风流的相对静压、相对全压、动压,观察液面变化情况,读出各压差计液面高度差数值,找出相对全压与相对静压和动压的关系,看是否符合$h_{全}=h_{静}-h_{动}$。

2.矿井通风参数检测仪测量矿井绝对压力、相对压力、风速、温度、湿度

(1)仪器检查:给JFY型矿井通风参数检测仪通电,检查各仪表盘显示是否正常。

(2)测量矿井绝对压力、相对压力、风速、温度、湿度:

将JFY型矿井通风参数检测仪水平置于待测地点,接通电源;

测量绝对压力:通电后,整机进入自检状态,显示传感器的周期数,按R键,读出绝对压力值,做好记录;

测量相对压力:通电后,不论进入测量其他参数与否,按下△P键,将记忆开关置于“记忆”键,进入相对压力测量状态,仪器将按下“时”的绝对压力值P_0自动记入储存中,以后的压力测量均以此压力为准,液晶只显示压差值($\Delta P=P-P_0$),只要不再按任何键或不断电,它永久显示以P_0为准的压差值, 读出相对压力值,做好记录;

测量温度:按下“℃”键,读出当时当地的温度值;

测量湿度:按下“RH”键,读出当时当地的湿度值;

测量风速:将风速传感器拿到测量点上,把风速传感器上头的箭头朝向风流的方向,按下“v”键,读出测点的风速值。

采用9点法测量井巷断面平均风速值:

先按下“v”键;将风速传感器拿到1点处,箭头朝向风流方向;然后按“Mv”键,即显示该点风速,随后显示“1”,表示1点处风速已记入储存中。将传感器拿到2点处箭头朝向风流方向,按“Mv”键,即显示该点风速,随后显示“2”,表示2点处的风速也记入储存中,按“Rv”键,读出1、2点处的风速平均值。

用同样的方法分别测量3、4……8、9点处的风速平均值,最后再按“Rv”键,读出1至9点处的平均风速值。

复习题

1.什么是空气的密度？为何在压力和温度相同时湿空气比干空气轻？

2.什么叫空气的压力？压力单位有哪些？列出各压力单位之间的换算式。

3.什么是空气静压、动压、位压？其特点是什么？

4.什么叫全压、势压、总压力？

5.什么是矿内标准状态？与地面标准状态相比较有何不同？

6.什么叫绝对压力、相对压力？

7.抽出式通风中某点的相对全压与相对静压和动压的关系？压入式通风中某点的相对全压与相对静压和动压的关系？

8.什么是能量方程？其含义是什么？

9.如何测算压入式和抽出式通风矿井中的矿井通风总阻力？

10.测得某巷道内的空气温度为20℃，相对湿度为65%，大气压力为100KPa，求该巷道内的空气密度。

11.已知巷道内某点的相对静压$h_{静}$=280Pa，相对全压$h_{全}$=235Pa，空气密度为1.23kg/m³，求出该点的风速并判断通风方式。

12.在压入式通风中测得风流中某点a的相对静压$h_{静}a$=450Pa，动压$h_{速}a$=90Pa，与测点同标高的地面大气压力为99600Pa。求该点的相对全压和绝对全压。

13.在抽出式通风中测得风流中某点a的相对静压$h_{静}a$=550Pa，速压$h_{速}a$=95Pa，与测点同标高的地面大气压力为99800Pa。求该点的相对全压和绝对全压。

14.某抽出式通风矿井如图2-15所示，测得风硐断面的风量为Q=55m³/s；断面积为S_4= 4.8m²，空气密度=1.17kg/m³，与风硐同标高的大气压力P_0=101300Pa，主要通风机房内U型水柱计的读数$h_{静4}$=2300Pa，矿井的自然风压$h_{自}$=115Pa，自然风压方向与主要通风机风压方向一致。求$P_{静4}$、$h_{动4}$、$h_{全4}$、$P_{全4}$和矿井的通风阻力$h_{阻}$的值。

15.两个不同的管道通风系统如下图a、b所示，试判断它们的通风方式，区别各压差计的压力种类并填涂液面高差和读数。

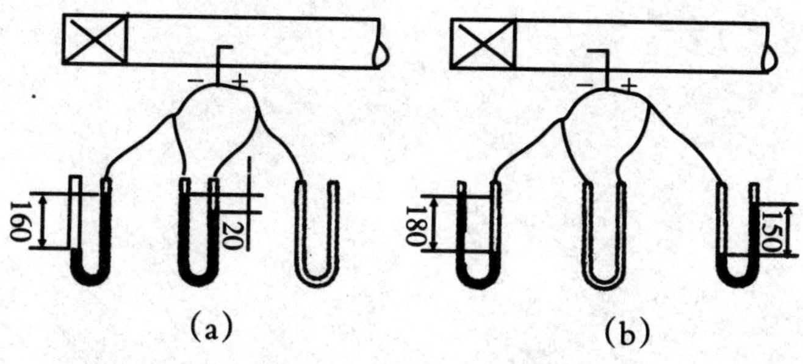

通风管道中相对压力的测定

讨论题

1.怎样搞好主要通风机工作风压的实时测定，为何压入式通风时接受压力的孔口要正对风流方向，并位于主要通风机出口侧，抽离式通风时，接受压力孔口必须与风流方向垂直并位于主要通风机进风侧？

2.如何确定两点间相对静压？

3.如何测定动压？

第三章 矿井通风阻力

第一部分 系统理论知识

矿井通风阻力是由于当风流在井巷中流动时，风流内部的黏滞力和惯性力以及井巷壁面、障碍物等对风流的阻滞、扰动作用而形成。通风阻力造成风流的能量损失。矿井通风阻力分为摩擦阻力和局部阻力两大类，其中，摩擦阻力是矿井通风总阻力的主要组成部分(约占总通风阻力的80%~90%)。矿井通风阻力消耗通风压力；通风压力克服通风阻力，它们二者是作用力和反作用力的关系，其数值大小相等，作用方向相反。所以只要计算出通风阻力值，就知道矿井通风所需要的压力值了。本章重点阐述矿井通风阻力的计算方法、测定方法和降低通风阻力的措施。这些内容是进行矿井通风设计、矿井风量调节、矿井通风能力核定、矿井通风系统管理和安全评价的重要理论基础。

第一节 风流的流动状态

一、风流的流动状态

矿井风流是连续介质，一般可把矿井风流近似视为稳定流。风流在流动过程中有两种状态即层流和紊流。层流是指风流流动时，流体质点互不混杂，质点流动的轨迹为直线或有规则的平滑曲线，其流动方向基本与管道轴线方向平行。紊流是指风流流动时，流体质点的运动速度在大小和方向上都随时发生变化，流体的质点互相混合，质点的流动轨迹不规则，且在流体内部存在着时而产生、时而消失的旋涡。矿井通风巷道中风流的流动状态必须是紊流状态，不得出现层流。

1883年，英国物理学家雷诺实验发现流体在圆形管道中流动状态取决于流体的平均速度u、管道直径d和流体的运动黏性系数。判别流体的流动状态时，可用一个无因次参数来表示，这个无因次参数称为雷诺数，用Re表示。对于圆形管道，雷诺数为：

$$\mathrm{Re}=\frac{ud}{\gamma} \tag{3-1}$$

式中 u——管道中流体的平均速度，m / s；

d——圆形管道的直径，m；

γ——流体的运动黏性系数，对矿井风流，一般取平均值$v=15.01\times10^{-6}\mathrm{m}^2 / s$($\gamma$的大小与流体的温度、压力有关)。

对于非圆形管道风流雷诺数表示为：

$$\mathrm{Re}=\frac{4uS}{\gamma U} \tag{3-2}$$

式中　S——管道的断面面积，m^2；

U——管道断面的周长，m。

由于井下巷道断面大多为非圆形巷道，其周长与断面积S的关系可用下式来表示：

$$U \approx C\sqrt{S}$$

式中　C——断面形状系数，梯形巷道：C=4.03～4.28，一般取4.16；三心拱巷道：C =3.8～4.06，一般取3.85；半圆拱巷道：C =3.78～4.11，一般取3.9。

由上式可见，流体流速越小，管道断面越小，流体的运动黏性系数越大，越易形成层流。根据水流在圆形管道内流动的大量实验证明：当Re≤2320时，水流呈层流状态；约在Re>2320时，水流开始向紊流过渡，所以称2320为下临界雷诺数；当Re≥12000时，水流呈完全紊流状态，称为上临界雷诺数。在实际应用中，通常以Re=2320作为管道流动流态的判别系数，即Re≤2320时，为层流；Re＞2320时，为紊流。把以上水流在不同流动状态下的雷诺数值近似应用于矿井通风，便可估算出风流在各种流态下的平均风速，并通过雷诺数计算可判别风流的流动状态。

例：某半圆拱形巷道断面积S=3.2 m^2，通过风量为3.5m^3/s，风流的运动黏性系数=15.01×10^{-6} m^2／s，试判别风流流动状态并分别计算出风流呈层流状态和紊流状态时的平均风速。

解：因 $U \approx C\sqrt{S}=3.9\times\sqrt{3.2}=6.98$

1.风流流动状态的判别

$$Re=\frac{4uS}{\gamma U}=\frac{4Q}{\gamma C\sqrt{S}}=\frac{4\times3.5}{15.01\times10^{-6}\times3.9\times\sqrt{3.2}}=113692.71>2320$$

故巷道中的风流流动状态为紊流

2.层流状态时的平均风速

$$v=\frac{ReU\gamma}{4S}=\frac{2320\times6.98\times15.01\times10^{-6}}{4\times3.2}=0.019(m/s)$$

井巷中最低允许风速都在0.15m/s以上，而且矿井中大多数井巷的断面都大于3.2m^2，故大多数井巷中的风流不会出现层流，只有风速很小的漏风风流，才可能出现层流。

3.紊流状态时的平均风速

$$v=\frac{12000\times6.98\times15.01\times10^{-6}}{4\times3.2}=0.098(m/s)$$

井巷中风流的风速都在0.098 m／s以上，故井下通风巷道中风流都是紊流。

第二节　摩擦阻力

空气在井巷中流动时，由于空气和井巷周壁之间以及空气分子之间发生摩擦而造成的能量损失称为摩擦阻力。井下巷道的风流多属完全紊流状态，因此，这里只介绍紊流状态下的摩擦阻力计算公式。

根据水力学中，圆形管道沿途水头损失的达西公式推导，完全紊流状态下井巷摩擦阻力计算式为：

$$h_{摩}=\alpha\frac{LU}{S^3}Q^2, Pa \tag{3-3}$$

式中　α——井巷的摩擦阻力系数，kg/m^3；

L——井巷的长度，m；

U——井巷的断面周长，m；

S——井巷的净断面积，m^2；

Q——井巷中的风量，m^3/s。

公式(3-3)即矿井(井巷)摩擦阻力定律表达式，是矿井通风学中最重要的公式之一。它说明了在完全紊流状态下克服摩擦阻力所损失的能量与井巷有关参数和风量之间的关系。

观察分析公式$h_{摩}=\alpha\frac{LU}{S^3}Q^2$可知，对于已开凿成的井巷，式中$\alpha$、$L$、$U$、$S$等项数值都是不变的常数，因此可令

$$R_{摩}=\frac{\alpha LU}{S^3}, kg/m^2(或N\cdot s^2/m^3) \tag{3-4}$$

则公式(3-3)又可写成：

$$h_{摩}=R_{摩}Q^2, Pa \tag{3-5}$$

式中　$h_{摩}$——摩擦阻力，Pa；

$R_{摩}$——摩擦风阻，kg/m^2；

Q——井巷中通过的风量，m^3/s。

公式(3-5)是矿井中(井巷)摩擦阻力定律的另一表达式，式中摩擦风阻($R_{摩}$)仅决定于巷道的尺寸和巷道本身的摩擦系数，即仅与巷道的特征有关，因此$R_{摩}$值是反映巷道特征的一个重要参数。

由公式(3-5)可以看出，当风量不变时，$h_{摩}$与$R_{摩}$成正比，即$R_{摩}$越大，$h_{摩}$也越大，反之则越小。因此，$R_{摩}$也是反映矿井通风难易程度的一个重要指标。

应用公式(3-4)计算矿井通风紊流摩擦阻力时，关键是摩擦阻力系数值的确定。α值的大小主要取决于井巷的相对粗糙程度，即井巷的支护形式。确定α值的方法有实测法和查表法两种。

1.实测法

在生产矿井，α值可实测得出，即用压差计测出某类巷道两断面之间的阻力$h_{摩}$，并测出巷道参数L、U、S和风量Q，代入下式即可算出α值：

$$\alpha_{测}=\frac{h_{摩}S^3}{ULQ^2}, kg/m^3 \tag{3-6}$$

对于非支架支护的巷道，其壁面的粗糙程度用相对粗糙度来表示，一般地，相对粗糙度越大，α值也越大。

对于各类支架支护的巷道，其粗糙程度用纵口径来表示。如图3-1所示，用支架间距L(棚距)与支柱的直径或纵向厚度d_0之比，即支架的纵口径$\triangle$来表示巷道的轴向相对粗糙度。

$$\triangle=\frac{L}{d_0} \tag{3-7}$$

式中 　△——纵口径，无因次；

L——支架的间距，m；

d_0——支架直径或纵向厚度。

图3–2为实验获得的木棚支护巷道摩擦阻力系数随纵口径△变化的关系曲线图。从图中可以看出，当△＜5～6时，随△的增大而增大；当△=5～6时，达到最大值；当△＞5～6时，随△的增大而减小，且△＞10～12时，随△的增大变化很小，几乎为一常数。上述情况说明：当△=5～6时，风流在木棚间引起的冲击损失最大，通风阻力最大。当木棚间距小于或大于这个距离时，风流在木棚间引起的冲击损失较小。所以，在井巷支护时，应选取合理的支护密度。

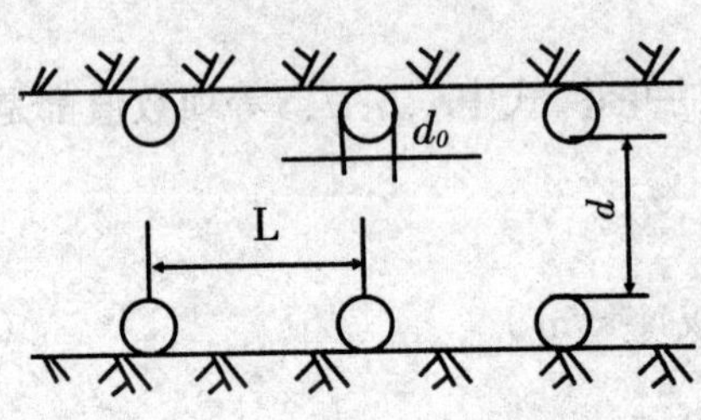

图3–1　支架纵口径

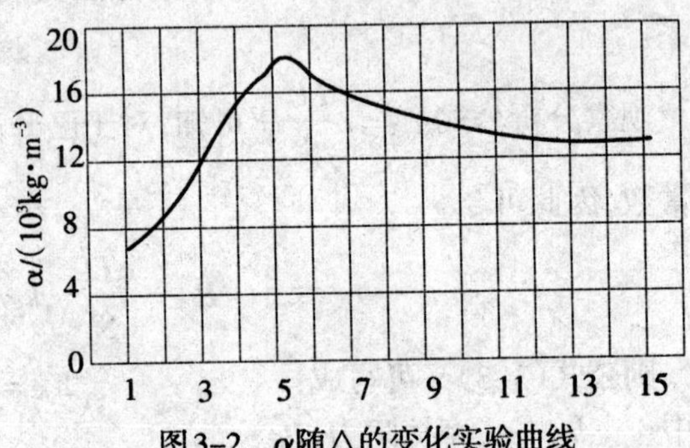

图3–2　α随△的变化实验曲线

各种支护形式的井巷的α值通过实测的方法求得的摩擦阻力系数α值应当换算成标准值。当井巷中不是标准矿井空气状态时，即空气密度ρ≠1.2kg/m³时，

其α值应按下式修正：

$$\alpha=\alpha_0\times\frac{\rho}{1.2} \tag{3-8}$$

2.查表法：

在进行新建矿井（或新采区）的通风设计时，需要计算风流在完全紊流状态下井巷的摩擦阻力值。计算时根据所设计井巷支护方式、长度、净断面积、周长和要求通过的风量，以及井巷中有无提升、运输设备等，用查表的方式选定最适合该井巷的摩擦阻力系数α值，然后用公式（3–3）或公式（3–5）计算出该井巷的摩擦阻力值。

确定α值的查表法是根据前人实验或实测归纳出来的由表3–1至表3–8中查出最适合设计井巷的α标准值。然后根据查表得出的α值代入公式进行计算矿井通风阻力。

井巷摩擦阻力系数α值表：

（1）水平巷道

①不支护巷道的$\alpha\times10^4$值如表3–1所列。

表3–1　　**不支护平巷$\alpha\times10^4$值**

巷道壁的特征	$\alpha\times10^4/(N\cdot S^2\cdot m^{-4})$
沿走向在煤层里开掘的巷道	58.8
交叉走向在岩层里开掘的巷道	68.8～78.4
巷壁与底板粗糙程度相同的巷道	58.8～78.4
同上，在底板阻塞情况下	98.0～147.0

②混凝土、混凝土砖及砖、石砌碹的平巷$\alpha\times10^4$值如表3-2所列。

表3-2　砌碹平巷$\alpha\times10^4$值

类　别	$\alpha\times10^4$
混凝土砌碹，外抹灰浆	29.4～39.2
混凝土砌碹，不抹灰浆	49～68.6
砖砌碹，外抹灰浆	24.5～29.4
砖砌碹，不抹灰浆	29.4～39.2
料石砌碹	39.2～49

表3-3　圆木棚子支护平巷$\alpha\times10^4$值

木柱直径	支架纵口径							按断面校正	
	1	2	3	4	5	6	7	断面/m²	校正系数
15	88.2	115.6	137.2	155.8	174.4	164.6	158.8	1	1.2
16	90.16	118.6	141.1	161.7	180.3	167.6	159.7	2	1.1
17	92.12	121.5	144.1	165.6	185.2	169.5	162.7	3	1.0
18	94.08	123.5	148.0	169.5	190.1	171.5	164.6	4	0.93
20	96.04	127.4	154.8	177.4	198.9	175.4	168.6	5	0.89
22	99.0	133.3	156.8	185.2	208.7	178.4	171.5	6	0.86
24	102.9	138.2	167.6	193.1	217.6	192.1	174.4	8	0.82
26	104.9	143.1	174.4	199.9	225.4	198.0	180.3	10	0.78

注：表中$\alpha\times10^4$值适合于支架后净断面$s=3m^2$的巷道，对于其他断面的巷道，应乘以校正系数。

③工字梁拱形和梯形支架巷道$\alpha\times10^4$值如表3-4所列。

表3-4　工字梁拱形和梯形支架巷道$\alpha\times10^4$值

金属梁尺寸	支架纵口径					按断面校正	
	2	3	4	5	8	断面/m²	校正系数
10	107.8	147.0	176.4	205.4	245.0	3	1.08
12	127.4	166.6	205.8	245.0	294.0	4	1.00
14	137.2	186.2	225.4	284.2	333.2	6	0.91
16	147.0	205.8	254.8	313.6	392.0	8	0.88
18	156.8	225.4	294.0	382.2	431.2	10	0.84

注：d_0为金属梁截面的高度

④金属梁和帮柱混合支护的平巷的$\alpha \times 10^4$值如表3-5所列。

表3-5　　金属横梁、柱支护的平巷$\alpha \times 10^4$值

边柱厚度	支架纵口径$\Delta = L/d_0$时的$\alpha \times 10^4$值/($N \cdot s^2 \cdot m^{-4}$)					按断面校正	
	2	3	4	5	6	断面/m^2	校正系数
40 50	156.8 166.6	176.4 196.0	205.8 215.6	235.6 264.6	235.2 264.6	3 4 6 8 10	1.08 1.00 0.91 0.88 0.84

注：1."帮柱"是混凝土构筑或料石砌碹的柱子，呈方形；

2.顶梁是由工字钢或16号槽钢加工的。

⑤钢筋混凝土预制支架平巷的$\alpha \times 10^4$值为88.2～186.2($N \cdot S^2$)/m^4，纵口径大，α取大值。

⑥锚杆或喷浆平巷的$\alpha \times 10^4$值为78.4～117.6($N \cdot s^2$)／m^4。

对于安装有胶带输送机的平巷的$\alpha \times 10^4$值可增加147～196($N \cdot s^2$)／m^4，设有水管、风管、木梯台阶的平巷$\alpha \times 10^4$值增加98($N \cdot s^2$)／m^4；当巷道中堵塞严重时，$\alpha \times 10^4$值增加29.4～98($N \cdot s^2$)／m^4。

(2)井巷、暗井及溜道

①无任何装备的清洁的混凝土和钢筋混凝土井筒$\alpha \times 10^4$值如表3-6所列。

表3-6　　无装备混凝土井筒$\alpha \times 10^4$值

井筒直径/m	井筒断面/m^2	$\alpha \times 10^4$($N \cdot s^2 \cdot m^{-4}$)	
		平滑的混凝土	不平滑的混凝土
4	12.6	33.3	39.2
5	19.6	31.4	37.2
6	28.3	31.4	37.2
7	38.5	29.4	35.3
8	50.3	29.4	35.3

②砖和混凝土砖砌的无任何装备的井筒，其$\alpha \times 10^4$值按表3-6值增大一倍。

③有装备的井筒，井壁用混凝土、钢筋混凝土、混凝土砖及砖砌碹的$\alpha \times 10^4$值为343～490($N \cdot s^2$)／m^4。选取时应考虑罐道梁的间距，装备物纵口径以及有无梯子间和梯子间规格等。

④木支护的暗井和溜道的$\alpha \times 10^4$值如表3-7所列。

表3-7　　木支护的暗井和溜道$\alpha \times 10^4$值

井筒特征	断面／m^2	$\alpha \times 10^4$($N \cdot s^2 \cdot m^{-4}$)
人行格间有平台的溜道	9.0	460.6
有人行格间的溜道	1.95	196.0
下放煤的溜道	1.8	156.8

(3)矿井巷道$\alpha\times10^4$值的实际资料

沈阳煤矿设计研究院根据在抚顺、徐州、新汶、阳泉、大同、梅田、鹤岗7个矿务局14个矿井的实测资料，编制的供通风设计参考的α值见表3-8：

表3-8　　**实测井巷摩擦阻力系数α值**

序号	巷道支护形式	巷道类别	巷道壁面特征	$\alpha\times10^4$ $(N\cdot s^2\cdot m^{-4})$	选取参考
1	锚喷支护	巷道平巷	光面爆破凹凸度 < 150	50~77	断面大，巷道整洁，凹凸度 < 50，近似砌碹的取小值，新开采区巷道，断面较小的取大值；断面大而成型差，凹凸度大的取大值
			普通爆破凹凸度 > 150	83~103	巷道整洁，底板喷水泥抹面的取小值；无道碴和锚杆外露取大值
		轨道斜向（无人行台阶）	光面爆破凹凸度 < 150	81~89	兼流水巷和无轨道的取小值
			普通爆破凹凸度 > 150	93~121	兼流水巷和无轨道的取小值；巷道成型不规整，底板不平取大值
		通风行人巷道（无轨道、台阶）	光面爆破凹凸度 < 150	68~75	底板不平，浮矸多的取大值；自认顶板层面光滑和底板积水取小值
			普通爆破凹凸度 > 150	75~97	巷道平直，底板淤泥积水的取小值；四壁积尘，不整洁的老巷有少量杂物堆积取大值
		通风行人巷道（无轨道、有台阶）	光面爆破凹凸度 < 150	72~84	兼流水巷的取小值
			普通爆破凹凸度 > 150	84~110	流水冲沟使底板严重不平的取大值
		胶带输送机巷（铺轨）	光面爆破凹凸度 < 150	85~120	断面较大，全部喷混凝土固定到床值为85；其余的一般均应取偏大值；吊挂胶带输送机宽为800~1000
			普通爆破凹凸度 > 150	119~174	巷道底平，整洁的巷道取小值；底板不平，铺轨无道碴，胶带输送机卧底积煤泥的取大值；落地式胶带宽为1.2m
2	喷砂浆支护	巷道平巷	普通爆破凹凸度 > 150	78~81	喷砂浆支护与喷混凝土支护巷道的摩擦阻力系数相似，同类别巷道可按锚喷进行选择
3	锚杆支护	轨道平巷	锚杆外露100~200mm 锚间距600~1000mm	94~594	普巷规整，自然顶板平整光滑的取小值；壁面起伏波状凹凸度 > 150，近似不规则的裸体状取大值；沿煤顺槽，底板为松散浮煤，一般取中间值
		胶带输送机巷（铺轨）	锚杆外露150~200mm 锚间距600~800mm	127~153	落地式胶带宽为800~1000mm。断面小，锚芭不规整取大值；断面大，自然顶板平整光滑取小值

4	料石砌碹支护	轨道平巷	壁面粗糙	49~61	断面小的取大值,断面大的取小值;巷道洒水清扫的取小值
		轨道平巷	壁面平滑	38~44	断面小的取大值,断面大的取小值;巷道洒水清扫的取小值
		胶带输送机斜巷(铺轨,设有行人台阶)	壁面粗糙	100~158	钢丝绳胶带输送机宽为1000mm,下限值为推测值供送取参考
5	毛石砌碹支护	轨道平巷	壁面粗糙	60~80	
6	混凝土土喷支护	轨道平巷	断面5~9m²纵口径4–8	100~190	依纵口径断面选取α值,巷道整洁的完整棚,纵口径小的取小值
7	“U”型钢支护	轨道平巷	断面5~8m²纵口径4–8	135~181	按纵口径、断面选取,纵口径大的、完全棚支护的取小值;不完全棚大于完全棚的α
		胶带输送机(铺轨)	断面9~10m²纵口径4–8	209~226	落地式胶带宽为800~1000mm,包括工字梁U型钢腿支架
8	工字钢支护	轨道平巷	断面4~6m²纵口径7–9	123~134	包括工字钢与钢轨的混合支架;不完全棚支护的α大于完全棚的,纵口径=9取小值
		胶带输送机巷(铺轨)	断面9~10m²纵口径4–8	209~226	工字钢与U型钢支架混合支护与第7项胶带输送机巷相似,单一种支护与混合支护α近似
9	综采工作面	掩护支护架	采高<2m德国WS1.7双柱式	300~330	系数值包括采煤机在工作面内的附加阻力(以下同)
			采高2~3m,德国WS1.7双柱式,德国贝考瑞特,国产okⅡ型	260~310	分层开采,铺金属网和工作面片帮严重、堆积浮煤多的取大值
			采高>3m德国WS1.7双柱式	220~250	支架架设不整齐、有露顶的取大值
		支撑掩护式支护架	采高2~3m国产ZY–3.4柱式	320~350	采高局部有变化、支架不齐,取大值
		支撑式支护架	采高2~3m英国DT.4柱式	330~420	支架架设不整齐取大值

第三节　局部阻力

风流流经巷道的某些局部地点(如巷道通风断面突然变化、风流分岔或汇合、巷道拐弯或巷道内有堵塞物等),由于速度和方向突然发生变化,导致风流本身产生剧烈的冲击,形成较为紊乱的涡流,因而在该局部地点便会产生一种附加的能量损失,称为局部阻力。

井下产生局部阻力的地点很多,如巷道断面逐渐扩大或逐渐缩小;突然扩大或突然缩小——如图3-3所示铁风筒入口的突然收缩处和出口处的突然扩大处、拐弯处,如图3-4交岔点的分叉和汇合处以及如图3-5巷道中堆积物,停放和行走的矿车、井筒中的装备、调节风窗、风硐等处,都会产生局部阻力。

图3-3　铁筒风桥局部阻力

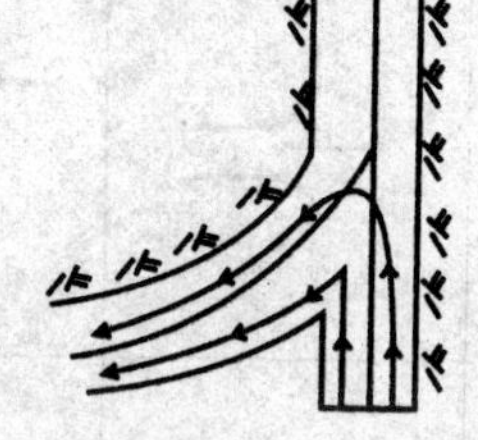

图3-4　交岔点处局部阻力

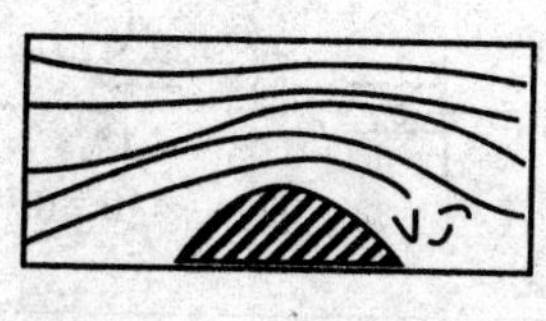

图3-5　堆积物局部阻力

虽然产生局部阻力的地点不同,但引起局部能量损失的原因主要是在这些地点形成涡流区。完全紊流状态下局部阻力计算式为:

$$h_{局}=\xi\frac{\rho}{2S^2}Q^2, Pa \tag{3-9}$$

式中　$h_{局}$——局部阻力,Pa;

ξ——局部阻力系数(无因次),查表(3-9)(3-10)得出;

ρ——空气密度,kg/m³;

S——产生局部阻力地点较小断面巷道的断面面积,m²;

Q——通过产生局部阻力地点的风量,m³/s。

在产生局部阻力的区段中,ξ、S、ρ同样可视为常数,因此,令:

$$R_{局}=\xi\frac{\rho}{2S^2}, kg/m^7 \tag{3-10}$$

式中$R_{局}$称为局部风阻,单位为kg/m⁷。将公式(3-10)代入(3-9)中,得到局部阻力定律:

$$h_{局}=R_{局}Q^2, Pa \tag{3-11}$$

公式(3-11)为完全紊流状态下的局部阻力定律,$R_{局}$与$R_{摩}$同样可看作是风流流动时判断通风难易程度的一项指标。当$R_{局}$一定时,$h_{局}$与Q的平方成正比。

表 3–9　　各种巷道直接扩大或直接缩小的ξ值（光滑管道）

S_1/S_2	1	0.9	0.8	0.7	0.6	0.5	0.4	0.3	0.2	0.1	0.01	0
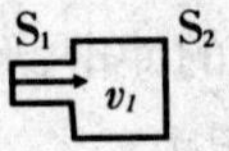 S_1 S_2 v_1	0	0.01	0.04	0.09	0.16	0.25	0.36	0.49	0.64	0.81	0.93	1.0
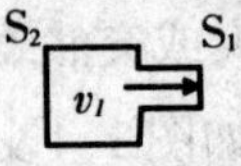 S_2 S_1 v_1	0	0.05	0.10	0.15	0.20	0.25	0.30	0.35	0.40	0.45	0.50	

表 3–10　　其他几种局部阻力的ξ值（光滑管道）

v	v D R=0.1D	v	b v b	b R b	b R_1 R_2 v b
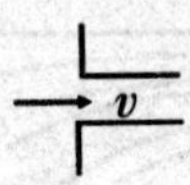 0.6	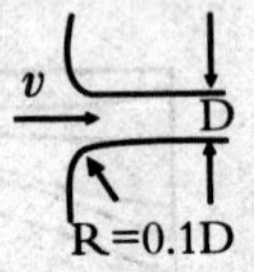 0.1	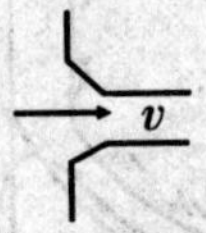 0.2	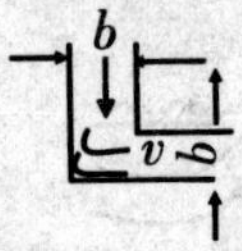 有导风板0.2 无导风板1.4	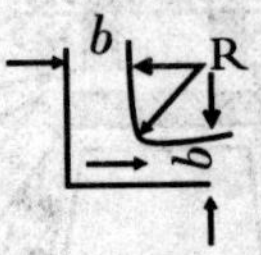 $R_1=\frac{1}{8}b$,0.75; $R_1=\frac{2}{8}b$,0.52;	 $R_1=\frac{1}{8}b$, $R_2=\frac{3}{2}b$,0.6; $R_1=\frac{2}{8}b$, $R_2=\frac{17}{10}b$,0.3
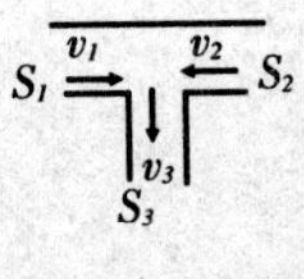 v_1 v_2 S_1 S_2 v_3 S_3	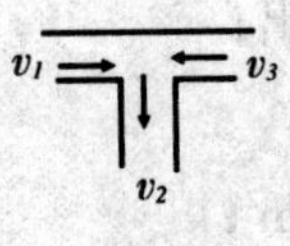 v_1 v_3 v_2	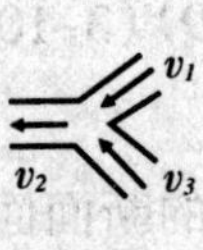 v_1 v_2 v_3	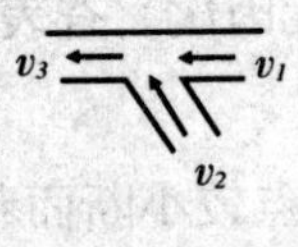 v_3 v_1 v_2	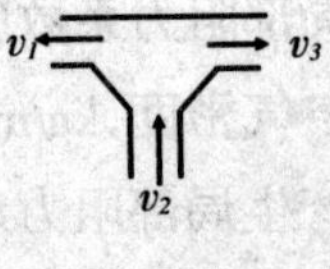 v_1 v_3 v_2	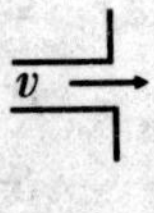 v
3.0 当$S_2=S_3$，$v_2=v_3$时	2.0 当风速为v_2时	1.0 当$v_1=v_3$时	1.5 当风速为v_2时	1.5 当风速为v_2时	1.0

在一般情况下，由于井巷内的风流动压较小，所以产生的局部阻力也较小，井下各处的局部阻力之和只占矿井总阻力的10%~20%左右。故在通风设计中，一般只对摩擦阻力进行具体计算，对局部阻力不详细计算，只按经验估算，取摩擦阻力的10%~20%。某一巷道的总通风阻力等于它的摩擦阻力与局部阻力之和，矿井的总通风阻力等于该矿总摩擦阻力与总局部阻力之和。

$$h_{阻}=h_{摩}+h_{局}=h_{摩}\times(1.1\sim1.2) \tag{3-12}$$

第四节 降低矿井通风阻力的措施

井巷通风阻力是造成风压降低的根本原因。降低井巷的通风阻力,就能达到减小风压损失、增大风量、减少费用、降低电耗,保证矿井安全生产的目的。降低矿井通风阻力要综合考虑诸多因素,首先要确定通风系统的最大阻力路线,掌握最大阻力路线上的阻力分布情况,在保证通风系统安全可靠运行的前提下,对阻力较大的井巷采取合理的降阻措施。

一、降低摩擦阻力的措施

摩擦阻力是矿井通风阻力的主要部分,因此降低摩擦阻力是矿井通风技术管理的一项重要工作。

由公式$h_{摩}=\alpha\frac{LU}{S^3}Q^2$、$h_{摩}=R_{摩}Q^2$、$R_{摩}=\frac{\alpha LU}{S^3}$可知,摩擦阻力的大小与摩擦阻力系数α、巷道长度L、巷道通风净断面积S、断面周长U及通过风量Q有直接关系。故可分析得出下列降低井巷摩擦阻力的具体措施:

1.降低摩擦系数(α)

(1)施工时一定要保证井巷工程施工质量,尽量采用光面爆破技术使巷道壁面光滑整洁凹凸度不大于50mm。注重日常维护质量,及时修复损坏的支架,采用棚子支护巷道要整齐并要刹帮背顶。在不支架的巷道中,要注意把顶、底板和两帮修整平整,提高光滑度。

(2)选择粗糙度较小的支护材料以及支护方式,如砌碹、锚喷、锚杆等。砌碹巷道的摩擦阻力系数只有支架巷道的30%~40%。

2. 扩大巷道断面积(S)

扩大巷道断面是降低摩擦阻力最有效的主要措施,因井巷的摩擦阻力和断面面积的三次方成反比,当井巷的净断面积扩大2倍时,摩擦阻力将减小5.3~5.6倍(因断面形状不同,断面积扩大时,其断面周长也相应增大)。因受到技术限制或经济制约,不能随意扩大井巷断面时,可采用双巷通风的方法。在日常通风管理工作中,要经常整修巷道,使巷道清洁、完整,保持足够的有效通风断面,巷道内应尽量少堆积矿车、材料等影响通风的堵塞物,使风流畅通。

3.尽量缩短井巷长度(L)

巷道长度与摩擦阻力成正比。在开拓设计和通风设计时,在满足安全生产需要的前提下,尽量缩短井巷的长度;施工时要严格按设计要求精心施工,尽可能保持最短的通风流程。

4.合理选择井巷断面形状,减少周边长度(U)

对井巷断面面积相同但形状不同的井巷,其周边长度以梯形的最大,拱形的次之,圆形的最小,因此,对于服务年限较长的主要巷道、斜井和石门应尽可能采用拱形断面,立井井筒采用圆形断面,采区内服务年限不长的巷道可考虑梯形和矩形断面。

5.风量不宜过大

井巷通风阻力与风量的二次方成正比,当通过的风量增大1倍时,摩擦阻力将增大到原来的4倍。井巷中通过的风量满足矿井生产要求即可，不宜过大，尽量避免主要巷道内风量过于集中的现象，尽可能使矿井总进风早分岔、总回风晚汇合。

二、降低局部阻力的措施

局部阻力的产生是由于风流的速度或方向突然发生变化，导致风流本身产生剧烈冲击，形成极为紊乱的涡流而造成的能量损失。所以减少局部阻力的方法就是改善存在局部阻力地点的巷道断面变化情况，减少风流通过存在局部阻力的井巷区段的冲击和涡流。具体措施主要有：

1.要把连接不同断面的巷道的边缘做成斜线（图3-6）或圆弧形。

2.巷道拐弯时，应尽量避免直角拐弯，把拐弯的内外两侧做成斜线或圆弧形（图3-7）。

3.尽量减少产生局部阻力的区段，尽量减少使用断面积较小的铁桶风桥；减少调节风窗的数量；避免巷道断面的突然扩大或缩小，减小风速及巷道的粗糙度。

4.及时清理巷道中的堆积物，巷道内应做到无积水、无淤泥、无片帮、无杂物，尽量避免成串的矿车长时间地停留在主要通风巷道内，以免阻挡风流，造成通风情况恶化。

5.在主通风机的进风口安装集风器，在出风口安装扩散器。

6.在风速高、风量大的井巷中，可在拐弯处设置若干块导风板（图3-8）。

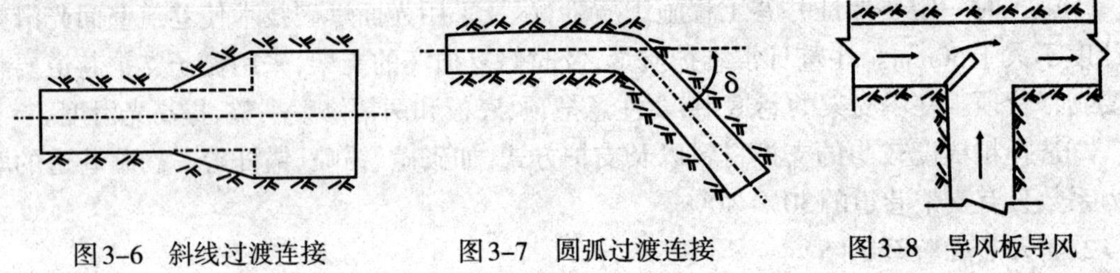

图3-6　斜线过渡连接　　图3-7　圆弧过渡连接　　图3-8　导风板导风

第五节　通风阻力定律及其特征

一、通风阻力定律

引起摩擦阻力与局部阻力的原因虽然不同，但从摩擦阻力定律表达式$h_{摩}=R_{摩}Q^2$和局部阻力定律表达式$h_{局}=R_{局}Q^2$可看出，它们有共同的规律性——表达式的形式和度量单位完全相同（只是$R_{摩}$、$R_{局}$表达式不同而已），故可以将摩擦阻力定律和局部阻力定律综合表示为通风阻力定律，即：

$$h_{阻}=RQ^2, Pa \tag{3-13}$$

式中　$h_{阻}$——矿井（或井巷）总阻力，简称通风阻力或阻力，其值为摩擦阻力和局部阻力之和

R——矿井（或井巷）总风阻，简称风阻，其值为摩擦风阻和局部风阻之和，单位为kg/m^7。

上式就是矿井通风学中的一个重要定律——风流完全紊流状态下的通风阻力定律。它说明了通风阻力与风阻、风量之间的依存关系，即阻力h与风阻R的一次方成正比，与风量Q

的平方成正比，适用于井下任何通过风流为紊流状态的巷道。

层流状态的通风阻力定律可用下式表达：

$$h_{阻}=RQ, Pa \tag{3-14}$$

上式说明：层流状态下井巷的通风阻力与井巷风阻和风量的一次方成正比。

在层流和紊流之间的过渡状态下，通风阻力定律为：

$$H=RQ^x \tag{3-15}$$

即矿井通风阻力h和风阻R的一次方成正比，和风量Q的x次方成正比。指数x大于1而小于2。

二、井巷的通风特征

某一井巷或矿井的通风特性就是指该井巷或矿井所反映的通风难易程度的性能。衡量通风难易程度的指标有两个，即矿井或井巷的总风阻和通风等积孔。

1. 矿井总风阻

如前所述，不论是摩擦风阻还是局部风阻，都反映了井巷的固有特征，其值的大小取决于井巷特性，矿井总风阻的确定一般选取矿井通风路线中通风路线最长、风阻最大的主要通风路线把整个通风路线上每段巷道的摩擦阻力和局部阻力相加得出。从紊流通风阻力定律公式$h_{阻}=RQ^2$可看出：

（1）当井巷或矿井通过的风量Q相等时，通风阻力大的井巷或矿井，其风阻值也大，通风困难；通风阻力小的井巷或矿井，其风阻值也小，通风容易。

（2）当井巷或矿井的通风阻力相同时，风阻较大的井巷或矿井，其风量较小，通风困难；风阻较小的井巷或矿井，其风量较大，通风容易。通常可根据矿井风阻值的大小将矿井通风难易程度分为3级，见表3-11：

表3-11　　矿井通风难易程度的分级标准

通风阻力等级	通风难易程度	风阻/(kg/m^{-7})	等积孔面积/m^2
大阻力矿	困难	>1.42	<1
中阻力矿	中等	1.42~0.35	1–2
小阻力矿	容易	<0.35	>2

2.等积孔

为了更形象、更直观地衡量矿井通风难易程度，矿井通风学上常用一个假想的、与实际矿井风阻值相当的孔的面积大小来判断通风难易程度。

假设在无限大的空间内有一薄板，在薄板上开一面积为A㎡的孔口，如图3-9所示。当通过该孔口的风量等于矿井总风量，孔口两侧的总压力差等于矿井通风总阻力时，该孔口的面积A㎡就是该矿井的通风等积孔。在完全紊流状态下，若空气密度为矿内标准状态下的空气密度，即ρ=1.2kg/m³时，等积孔面积A用下式计算：

$$A=\frac{1.19Q}{\sqrt{h}}, m^2 \tag{3-16}$$

$$或A=\frac{1.19}{\sqrt{R}},m^2 \quad (3-17)$$

式中　Q——通风矿井或井巷的风量，m^3/s；

h——矿井或井巷的通风阻力，Pa；

R——矿井或井巷的风阻，kg/m^7。

公式(3-16)和(3-17)表明，如果矿井的通风阻力h相同时，等积孔大的矿井或井巷，风量Q必大，通风容易；等积孔小的矿井或井巷，风量Q必小，通风困难。等积孔A与风阻的二次方根（$\sqrt{R}$）成反比，则风阻值越大的矿井或井巷，等积孔A越小，通风越困难；反之通风越容易。所以等积孔也是反映矿井通风难易程度的一个重要指标。等积孔的大小与矿井通风难易程度的关系见表3-11。

3.风阻特征

风阻特征也叫通风特性或通风阻力特性，可用风阻特性曲线来表示。风阻特性曲线是风阻R为一定值时，用横坐标表示风量Q，用纵坐标表示h。在坐标系内找到风量和与其对应的阻力的交点，将这些点用光滑的曲线连接起来即可得出井巷或矿井风阻特性曲线。它是一条二次抛物线，如图3-10所示。风阻越大，所绘制的曲线越陡，说明通风越困难，反之，通风越容易。

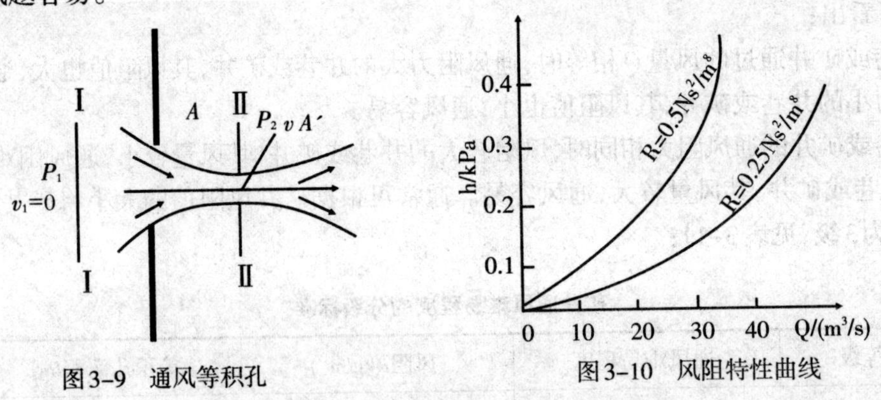

图3-9　通风等积孔　　　图3-10　风阻特性曲线

第六节　通风阻力的测定

一、测定通风阻力的目的

矿井通风阻力大小及其分布是否合理，直接影响主要通风机的工作状况和井下各用风点的风量分配，也是评价矿井通风系统和通风管理质量的主要指标之一。矿井通风阻力测定是搞好生产矿井通风管理工作的基础，也是掌握生产矿井通风情况的重要手段，其主要目的在于：

(1)掌握矿井通风阻力的分布情况（哪些区段通风阻力较大，在什么位置），为改善矿井通风系统、减少通风阻力、降低矿井通风机的电耗以及为采用均压防灭火技术等提供依据。

(2)通过实际测算各类井巷风阻值和摩擦阻力系数值，为通风设计和通风技术管理和网络解算提供可靠的基础资料。

(3)为发生事故时选择风流控制方法提供必要的参数。

(4)为矿井实现计算机通风安全一体化管理提供原始资料等。

《规程》第119条规定:新井投产前必须进行1次矿井通风阻力测定,以后每3年至少进行1次。矿井转入新水平生产或改变一翼通风系统后,必须重新进行矿井通风阻力测定。

二、矿井通风阻力测定的基本方法和步骤

通风阻力测定的方法常用的有两种:气压计测量法和压差计测量法。

通风阻力测定的基本内容及要求如下:

(1)相关参数测定。应测定的参数有风流压力、温度、湿度、风速、风量、井巷尺寸等。

(2)测算风阻值。井巷风阻是反映井巷通风特性的一个重要参数。所以通风阻力测量的主要内容之一就是通过测量各井巷的通风阻力值和风量值以测算井巷的标准风阻值(指矿内标准状态下的风阻值),并编辑成表,作为通风基本资料使用。这种测量只要井巷的断面大小和支护方式不变,则测一次即可。要求精度较高,要力求测量准确。如果井巷断面大小和支护方式改变,则需要重测。对掘进通风使用的各种风筒,也要测出其标准风阻值供通风管理和计算时参考使用。

(3)测算摩擦阻力系数。在井巷断面和支护方式已确定的前提下,通过精确测量井巷长度、通风净断面积、通风阻力和通过的风量,代入公式计算出各井巷的摩擦阻力系数,并编辑成表,作为通风基本资料备用。

(4)测量矿井通风阻力的分布情况,绘制通风阻力分布图。为了搞清阻力分布情况,有时需要沿着通风阻力大的路线,在尽可能短的时间内,连续测量各个区段的通风阻力,以得出整个路线上通风阻力的分布情况。为了形象直观,有时要绘制通风阻力分布图。

(一)测量前的准备工作

测量矿井(井巷)通风阻力之前,除应掌握阻力测量的基本原理之外,还应该做好充分的准备和组织工作。

1.明确测量目的,制定测量方案和工作计划

阻力测量之前首先要明确通过阻力测量需要获得的资料及解决的问题,据此来制定测量方案和拟定工作计划。如果所测矿井阻力大,矿井风量不足,想了解其阻力分布,为降阻测风提供依据时,则需对矿井通风系统的关键阻力路线进行测量;若想获得某类支护井巷的阻力系数,只需进行局部测量。

测量方案和工作计划应包括测量方法、测定路线(或测段)、测定时间(日期或生产班)等内容。

2.准备资料,熟悉矿井通风系统

进行通风系统阻力测量前需要准备并熟悉近期的通风系统图和风硐结构图;测定主要井巷风阻时,要准备和熟悉矿井通风网络图。

3.选择测量路线和测点

(1)选择测定路线。在选择测量路线前应对井下通风系统的现实情况作详细的调查研

究，并参看全矿通风系统图，根据不同目的选择路线。如果是测量全矿井通风阻力就必须选择矿井通风系统的关键阻力路线。在生产矿井的通风系统中，其关键阻力线是从进风井口经过用风地点到回风井口的所有风流路线中没有安设增阻设施的一条风流路线。关键阻力路线上的通风阻力就是矿井的通风阻力，关键阻力路线上的通风阻力分布也就是矿井通风阻力分布，因而只有降低关键阻力路线上的通风阻力才能降低矿井的通风阻力。

有时为了校核测量结果，还需一条与关键阻力路线相并联的风流短路（可经过风门）路线作为辅助测量路线，选择辅助测量路线时，一般测量工作量不大。

在关键阻力路线的个别区段，若风量不大或人员携带仪器通过比较困难时，也可以进行短路测量；若存在并联风路时，只需测量其中一条。

如果是测量局部区段的通风阻力，则根据需要仅在该区段内选择测量路线。

（2）布置测点。布置测点应符合下列原则和要求：

①在风流的分岔或汇合地点必须布置测点，且必须满足：在分风点或合风点流出去的风流中布置测点时，测点距分风点或合风点的距离不得小于巷道宽度B的12倍；在流入分风点或合风点的风流中布置测点时，测点距分风点或合风点的距离不得小于巷道宽度B的3倍，如图3-11所示。

②测点应尽可能不靠近井筒和主要风门，以减少井筒提升和风门开启产生的影响。

③在并联风路中，只沿一条路线测量风压（因为并联风路中各分支的风压相等），其他各风路只布置测风点，测算风量，再根据相同的风压来计算各巷道的风阻。

④测点间距一般为200m左右，两点间的压差应不小于10~20Pa，但也不能大于仪器的量程。如巷道很长且漏风大时，测点的间距宜尽量缩短，以便逐步检查漏风情况。

⑤测点应设在安全状况良好的地段。测点前后3m支架完好，没有空顶、空帮、凹凸不平或堆积物等情况。

⑥测点应顺风流流向依次编号并标注明显。为了减少正式测量时的工作量，可提前将巷道断面面积、测点间距测出，并按测量图纸确定标高。

⑦在局部阻力特别大的地方，应设置两个测点进行测量。但如果时间紧急，局部阻力的测量可以留待以后进行，以免影响整个路线的测量工作。

⑧测定摩擦阻力系数时，要求全测段内仅存在摩擦阻力，而不存在其他任何局部阻力，这就要求测段具备下列条件：巷道断面和形状不变，不存在扩大或缩小；巷道方向不变，且没有分岔；支护形式单一。

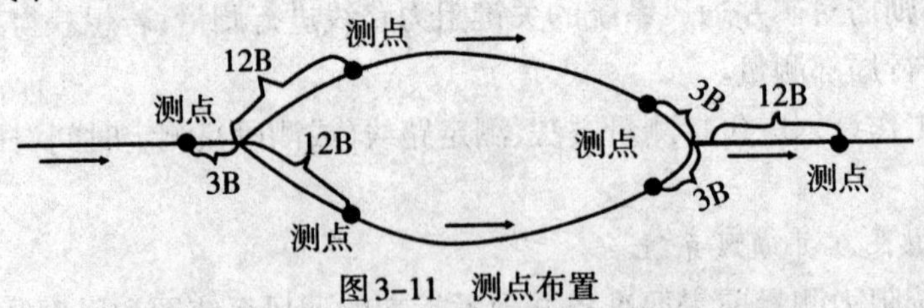

图3-11　测点布置

（3）待测量路线和测点位置选好后，要用不同颜色绘成测量路线图，并将测点位置、间距、标高和编号注入图中。

（4）下井沿测量路线进行实地考察，以保证测定工作顺利进行。考察的内容有：通风系统有无变化、分岔点和漏风点有无遗漏、测量路线上人员是否能安全通过，沿途巷道的支护状况等。并对各测段巷道状况、支护变化和局部阻力物分布作出记录，以便分析阻力增大的原因。

4.测量仪器和工具的准备

采用倾斜压差计测量所需仪器工具，见表3-12。测量所需要的各种仪器使用前都必须进行校正。

表3-12 倾斜压差计测量阻力时的仪器、工具配备

序号	仪器名称	单位	数量	规格	用途	备注
1	压差计	台	1~2	分辨率＜2Pa	测压差	
2	U形水柱计	个	1	分辨率＜5Pa	测压差	
3	静压管	个	1~3		感压	
4	胶皮管	m	250~300	φ=3~4mm	传压	
5	管接头	个	若干	与管径相符	连接胶管	
6	酒精	ml	100	相对密度d=0.81	备用	
7	打气筒	个	1		防止胶管堵塞	
8	空盒气压计	台	1		测绝对压力	
9	湿度计	台	1	分辨率t＜0.1℃	测干湿温度	
10	风表	台	3	高、中、低速风表各一台	测风	
11	秒表	台	1		测风	
12	皮尺	个	1	5或10m	测量几何尺寸	

5.人员配备与分工

根据测量方法和测量范围的大小配备人员，按照工作性质组织分工，一般可分为若干小组，每组4~5人。分组测定时，仪表精度应该一致，校正方法和时间一致。各组分工明确，各负其责，相互配合，避免差错。

6.准备好记录和计算用表格（表3-13～表3-18）

表3-13 风速基础记录表

测点序号	表速/($m\cdot s^{-1}$)				改正风速/($m\cdot s^{-1}$)	附注
	第一次	第二次	第三次	平均		
1						
2						
3						

表3-14 风压基础记录表

测点序号	压差计读数/Pa				仪器的校正系数K	测点间势能差/Pa	附注
	第一次	第二次	第三次	平均			
1							
2							
3							

表3-15 大气情况基础记录表

测点序号	干温度/℃	湿温度/℃	干湿温度之差/℃	相对湿度(%)	大气压力/Pa	空气密度/(kg·m⁻³)	附注
1							
2							
3							

表3-16 巷道规格基础记录表

测点序号	巷道名称	巷道形状	支架种类	测点位置	巷道规格						测点距离	累计长度	测点标高	附注
					上宽/m	下宽/m	高/m	斜高/m	周界/m	断面积/m^2				

表3-17 风量及风压计算表

测点序号	巷道名称	测点位置	断面积/m^2	风速/$m \cdot s^{-1}$	风量/$m^3 \cdot s^{-1}$	空气密度/$kg \cdot m^{-3}$	动压/Pa	风压读数之差/Pa	动压差校正数/Pa	风压消耗/Pa	累计风压消耗/Pa	测定距离/m	累计长度/m	附注

表3-18 风阻摩擦阻力系数计算表

测点序号	巷道名称	测点位置	巷道形状	支架种类	风压消耗/Pa	风量/($m^3 \cdot s^{-1}$)	平均风量/($m^3 \cdot s^{-1}$)	风量的平方	区段巷道风阻/($kg \cdot m^{-7}$)	空气密度/($kg \cdot m^{-3}$)	巷道风阻标准值/($kg \cdot m^{-7}$)	测点距离/m	累计长度/m	百米巷道标准风阻/($kg \cdot m^{-7}$)	周界/m	断面积/m^2	摩擦阻力系数/($kg \cdot m^{-3}$)	附注

(二)矿井通风阻力测定方法——倾斜压差计测量法

1.测阻原理

此法是用倾斜压差计作为显示压差的仪器，传递压力用内径为4~6mm的胶皮管或塑料管，接受压力的仪器用皮托管或静压管。静压管如图3-12所示，它是由流线形的中空管1

与管接头3组成。在管的侧壁径向开小孔2，静压从此小孔传递。

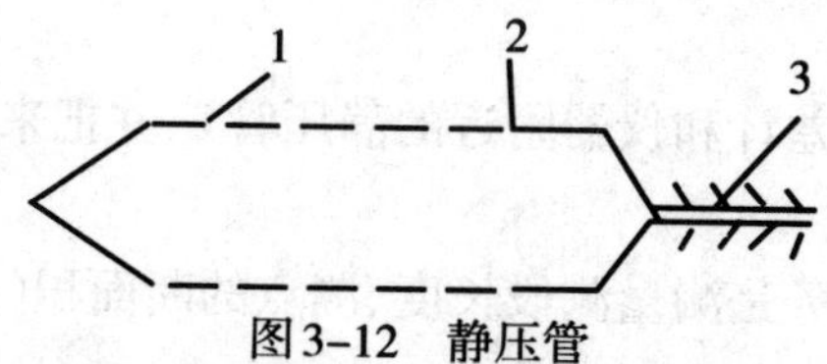

图3-12　静压管

欲测某倾斜巷道1、2两端面之间的通风阻力，仪器布置如图3-13所示。如将单管倾斜压差计放在2点之后（图3-13a），则作用在压差计"+"接头的压力为$P_1-Zg\rho_{1-2}$，作用在压差计"-"接头的压力为P_2，将压差计的读数$L_{读}$换算成垂直毫米水柱（mmH_2O），再换算成帕（pa）值为：

$$KL_{读}g=(P_1-Zg\rho_{1-2})-P_2=(P_1-P_2)-Zg\rho_{1-2}$$

如将单管倾斜压差计放在1点之前（图3-13b），则作用在压差计"+"接头的压力为P_1，作用在压差计"-"接头的压力为$P_2+Zg\rho_{1-2}$，故：$KL_{读}g=P_1-(P_2+Zg\rho_{1-2})=(P_1-P_2)-Zg\rho_{1-2}$

上两式说明：用单管倾斜压差计测出的压差值为1、2两断面的静压差与位压差之和，或叫1、2两端面的势压差。而且不论将单管倾斜压差计放在2点之后、1点之前或1、2两点之间，其测量结果是相同的。

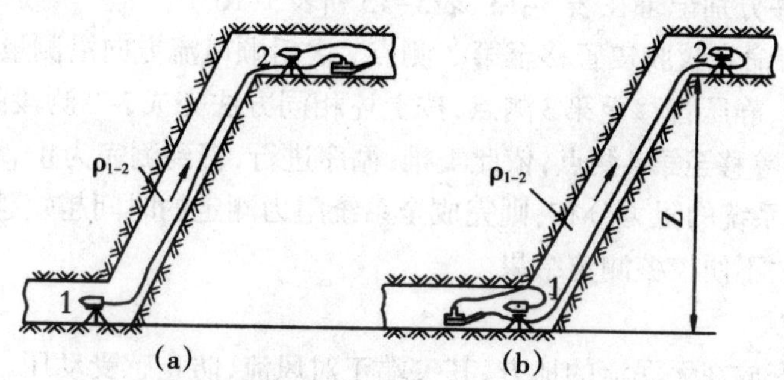

图3-13　单管倾斜压差计测量阻力分布图

根据能量方程式，1、2两端面之间的通风阻力为：

$$h_{阻1-2}=(P_1-P_2)+(0-Zg\rho_{1-2})+(\frac{\rho_1 v_1^2}{2}-\frac{\rho_2 v_2^2}{2})$$

因为
$$KL_{读}g=(P_1-P_2)-Zg\rho_{1-2}$$

所以用单管倾斜压差计测量阻力的计算公式为：

$$h_{阻}=KL_{读}g\pm\Delta h_{动},Pa$$

式中　$L_{读}$——单管倾斜压差计的读数，毫米液柱；

K——单管倾斜压差计的校正系数；

$\Delta h_{动}$——两端面的动压之差，Pa。当1断面的平均动压大于2断面的平均动压时，$\Delta h_{动}$为正值；反之为负值。

2.测量操作程序

测量时人员可分为铺设胶皮管、测压和测量其他参数（风速、大气参数、井巷几何参数）3个小组。

铺设胶皮管小组的任务是在两测点间铺设胶皮管并在其中的一个(不安设仪器的)测点安设静压管1。

测压组的任务是安装压差计和仪器附近的静压管2,并把来自2个测点的胶皮管与仪器连接起来,读数并做记录。

其他参数测量小组的任务是测量测段长度、测点的断面积(这两项工作也可在定点时进行)、测点所在断面的平均风速和大气参数。

测定顺序可以从进风到回风,亦可以从回风到进风逐段进行。人员较多时可分组在一条线上同时进行。

在平巷和倾斜巷道测量时,每一测段的仪器布置形式如图3-13a(或b)所示。测量的具体操作程序是:

(1)铺设胶皮管组的1人在第1个测点架设静压管并在此待命,该组其余的人员沿测量路线铺设胶皮管至第2测点并在此等候;测压组的人在第2测点架设静压管并在下风侧处安设、连接压差计,读压差计读数$L_{读}$及仪器校正系数K,将测量结果记录于表3-14中,完成1-2段的测量后,通知收胶皮管。

(2)同时,其他参数测量小组立即进入测点测量测点的动压、巷道断面尺寸、干湿球温度、气压及测点间距,并分别记录在表3-13、表3-15和表3-16中。

(3)第1测点待命者收胶皮管移至第2测点,之后顺风流方向沿测量路线铺设胶皮管,同时一并将三角架、静压管移至第3测点,按上述相同方法完成2-3测段的测量。然后将第2测点的仪器、工具等移至第4测点,依此类推,循序进行,直到测完为止。

若要了解通风系统的阻力分布,则完成全系统阻力测定的时间越短越好,以避免系统的通风参数发生变化,不便校核测定结果。

3.操作注意事项

(1)静压管应安放在无涡流的地方,其尖端正对风流,防止感受动压。

(2)胶皮管之间的接头应严密,不漏气;胶皮管应放在不被人踩车轧的地方,并防止打折和堵塞;拆除后胶皮管的管头应打结,防止水及其他污物进入管内。

测量时应注意保护胶皮管,不使水或其他物质进入管中;当胶皮管内外空气温度不同时,可用气筒换气的方法使管内外空气温度一致后再测量。

(3)仪器的安设以调平容易、测定安全、不增大测段阻力和不影响人行、运输为原则。可以设在测段的下风侧风流稳定的断面上,也可以在上风侧8~12m处;对于断面大的倾斜巷道,仪器也可以设在测段中间,但不要集聚过多的人,以免增大测段阻力。仪器附近巷道的支护应完好,保证人员安全。

(4)使用单管测压计时,上风侧的测点引来的胶皮管应接在"+"接管上,下风侧的胶皮管应接在"-"接管上。

(5)仪器开关打开后,液面稳定后即可读数;如果液面波动较大可在20s内连续读取几个数字,求其平均值,同时记下波动范围。读值后,应与预估值进行比较,判断读数的可信程度,若出现异常现象,必须立即查明原因,排除故障,重新测定。可能出现的异常现象及其原因有:

①无读数或读数偏小。仪器漏气,应检修仪器。在仪器完好时,可能是压差计附近的胶皮管(或接头)漏气,应检查更换,若是胶皮管内因积水、污物进入,打折而堵塞,则应用气筒打气或解析。

②读数偏大。胶皮管上风侧被挤压,应检查故障点,排除即可。

③读数出现负值。有两种情况:一是仪器的正负端接反,换接一下即可;另一种是下风侧测点的断面积大于上风侧(或风速小于上风侧),而两测点间的通风阻力又很小。出现这种情况应将两根胶皮管换接,即下风侧测点的胶皮管接"+",上风侧测点接"-",并在记录的读数前加"-"号。

(6)测压与测风应保持同步进行。

(7)在测定通风系统阻力期间,应请主要通风司机每隔20min左右读一次风机房水柱计读数。

4.影响测定结果的因素

根据计算测段阻力、风阻和阻力系数的公式可以看出,阻力测定的精度主要取决于势压差(仪器读值)、测点断面的平均风速、断面积、空气密度的测定精度。为了提高测定精度,除保持仪器完好之外,还应注意以下问题:

(1)适当增大测段长度,即增大每测段的读值,减小积累和相对误差。

(2)注意使胶皮管内的空气密度与巷道内的空气密度相等。在温度变化较大的区段,胶皮管铺设后应等待一段时间再读值。

(3)风速(或风量)和巷道断面要测准。

5.整理、计算测量资料

测量资料的整理与计算是通风阻力测量工作的最后也是最重要的一项工作。如果计算和整理数据时,公式和参数选取不当,即使测量数据再精确,仍然会导致错误结论。测量资料的整理与计算包括数据处理与计算和编写矿井通风阻力测量总结(成果)报告。

矿井通风阻力测量总结报告的内容一般包括以下几个部分:通风系统概述;阻力测量目的;测量路线和测点布置(要求附图说明);数据整理与计算并填写到有关表格中,绘制阻力测量成果图;测量结果分析与建议。

数据处理与计算的主要内容就是根据测量获得的原始数据按有关表格各栏目的要求加以整理和计算,然后填写到表中。测量数据可以用手工计算,也可以用计算机进行处理。这里仅就手工计算作一简单介绍。

(1)测(区)段风压消耗(通风阻力)计算:

$$h_i = KL_{读}g \pm \triangle h_{动}, Pa$$

(2)测(区)段风阻计算:

$$R_i = \frac{h_i}{Q_i^2}, kg/m^7$$

式中 h_i——i测段风压消耗(通风阻力),Pa;

R_i——i测段风阻,kg/m^7;

Q_i——通过i测段的风量,m^3/s。

为了便于比较各类巷道的风阻，需按下式换算成标准风阻值：

$$R_{标i}=\frac{1.2}{\rho_i}R_i,\text{kg/m}^7$$

(3)测(区)段百米风阻计算：

$$R_{标100}=\frac{100R_{标i}}{L},\text{kg/m}^7$$

式中　$R_{标100}$——测(区)段的百米标准风阻，kg/m^7；

L——测(区)段长度，m。

(4)摩擦阻力系数α的计算：

选择那些没有局部阻力或局部阻力可以忽略的典型巷道进行测量：

$$\alpha_{测}=\frac{h_{摩}S^3}{ULQ^2},\text{kg/m}^3$$

为了便于比较各类巷道的摩擦阻力系数，需按下式换算成标准值：

$$\alpha_{标}=\frac{1.2}{\rho_{测}}\alpha_{测},\text{kg/m}^3$$

在数据处理与计算过程中，要注意区分的是测点参数还是测(区)段参数，测段参数是指整个测段的平均值。测段的空气密度采用测段内各测点(包括两端测点)空气密度的平均值，空气密度一般计算到小数点后4位；测段的平均断面积一般取始末两端面积的平均值；测段的平均风量可取通过始末两断面风量的平均值；通风系统的阻力等于从进风口到风机入口沿测量路线各测段阻力之和。

数据处理与计算工作完成后，根据并联风路风压相等的原则，对测量结果进行一次总检查。当证明测量结果无误后即可绘制矿井通风测量成果图，以便用图来醒目地表明矿井通风状况。绘制方法是：在方格纸上以巷道累计长度为横坐标，分别以温度、湿度、风量和阻力为纵坐标，绘制温度、湿度、风量和阻力曲线图，如图3-14所示。

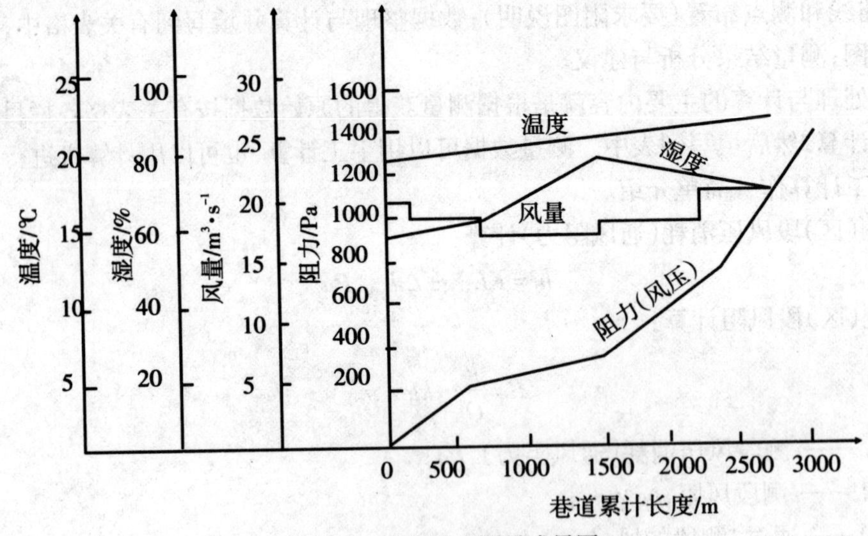

图3-14　通风阻力测量成果图

矿井阻力测量除倾斜压差计测量法外，还有气压计法和用JFY型矿井通风参数检测仪测量法。

倾斜压差计测量法的优点是精度高，可测量压降小的巷道阻力，且数据处理与计算简单，只要测量区段内能够铺设胶皮管，都可采用这种方法。但此法测量比较困难，工作量较大。适用于测定井巷阻力系数α、风阻R、局部阻力系数ξ和通风阻力分布情况。

第二部分　专业核心知识点

1. 风流的流动状态包括层流和紊流，用雷诺数判断风流流动状态的方法。

2. 摩擦阻力和局部阻力的定义及摩擦阻力计算方法。

3. 摩擦风阻的计算方法及摩擦阻力系数的查表确定与实测方法。

4. 矿井通风等积孔的计算及判断通风难易程度的方法，包括利用矿井总风阻或等积孔分别判断矿井通风难易程度。

5. 降低矿井通风阻力的措施。

6. 矿井通风阻力测定方法。

第三部分　专业技能训练

对某生产矿井进行矿井通风阻力测定。

一、了解矿井基本概况

1. 了解该矿核定生产能力，目前开采煤层，平均厚度，服务年限；瓦斯绝对涌出量，瓦斯相对涌出量；CO_2绝对涌出量，CO_2相对涌出量；煤层自然倾向性，煤尘爆炸危险性。

2. 熟悉矿井通风系统图，开拓方式，安全出口。

3. 掌握井下采区布置情况与采、掘工作面布置情况，工作面及各用风地点所需风量。掌握井下主要通风路线，以便确定测定线路。

二、测量前的准备工作

结合本次阻力测定的目的和测定矿井的现状特点，决定采用的测量法。基点气压计测量法或传统的压差计法，基点气压计测量法所使用的仪器体积小、重量轻，具有操作简便、测定速度快的显著优点，且适应于全矿性阻力测定。本次测定采用基点气压计测量法，其原理为：用气压计测算出井巷前后两测点风流的静压差，同时，用风表和干湿球温度计等仪器测算测点处用来计算动压差和位压差的有关参数，再利用井巷风流通风阻力定律计算出该测段的通风阻力。

1. 测定路线的选择

测定路线的选择遵循下列原则：

(1)有并联风路中应选择风量较大且通过回采工作面的主风流风路作为测定路线；

(2)选择路线较长且包含有较多井巷类型和支护形式的线路作为测定路线；

(3)选择沿主风流方向且便于测定工作顺利进行的线路作为测定路线。

2. 测点布置

测点布置主要遵循以下原则：

(1)为计算所有分支的风阻值，在井下所有风流分叉、汇合点均布置测点；

(2)测点尽量布置在已知标高点附近或便于推算标高的位置；

(3)在与所布置的测点相连的所有巷道内布置测风点，以便校验风量和计算各巷道的风阻值。

3.本次阻力测定所用的仪器仪表：

JFY-2型矿井通风参数检测仪	2台
DHM-2型通风干湿表(№52582)	1台
微、中、高速风表	各1块
秒表	2块
皮尺或钢尺(5m或3m)	1把
记录表格(自制)	若干

三、测量方法与数据采集

本次采用气压计法中的逐点法，即将一台气压计留在基点(通常放置在进风井口附近)，从钟表的整5分钟开始，并以5分钟为间隔，记录气压计读数，用来监测地面大气压力的变化，以便对井下的气压计读数值进行校正。另一台气压计沿预定的路线，携带至测点，待仪器稳定后读取气压计的读数和读取的时间(其读数时间也要求是钟表的整5分钟，以便尽可能消除地面大气压变化给井下测算值带来的误差)。同时，测定测段内的巷道断面、风速、干湿球温度等参数。依据通风阻力定律，该测段的通风阻力可按下列公式计算：

$$h_{i-j}=K_0(P_{0j}-P_{0i})+K_c(P_i-P_j)+\frac{\rho_i \upsilon_i^2}{2}-\frac{\rho_j \upsilon_j^2}{2}+\rho_{i-j}(Z_i-Z_j)g$$

式中　h_{i-j}——测定段的通风阻力，Pa；

K_0、K_c——基点与测点气压计校正系数；

P_{0i}、P_{0j}——测定i、j测点时的大气压力值，Pa；

P_i、P_j——测点i、j的大气压力值，Pa；

Z_i、Z_j——测点的标高，m；

ρ_i，ρ_j——测点的空气密度，kg/m^3；

υ_i、υ_j——测点的风速，m/s；

g——重力加速度，$9.81m/s^2$；

ρ_{i-j}——测点的空气平均密度，kg/m^3。

而通风系统的总阻力(即矿井通风总阻力)等于该系统从进风口到出风井口间，沿任一风流路线各测段通风阻力之和，即：

$$h_r=\sum h_{i-j}$$

式中　h_r——矿井通风实测总阻力。

四、测定数据的整理与计算

1. 测定线路上各巷道的断面周长与断面积计算

2. 空气密度计算

$$\rho=\frac{3.484(\rho-0.3779\varphi P_{sa})}{273.15+t},kg/m^3$$

式中　ρ——空气密度，kg/m^3；

P——测点处的空气绝对静压，kPa；

φ——测点处空气的相对湿度，%；

P_{sa}——测点处空气的饱和水蒸汽绝对压力，kPa；

t——实测的气温值，℃。

3. 测点风速风量计算

风表校正公式：

$$V_S=aV_Z+b$$

式中　V_S——表测风速，m/s；

V_Z——表读数，m/s；

a,b——常数。

井巷实际风速：

$$V=K\cdot V_S$$

式中　V——实际风速，m/s；

V_S——表测风速，m/s；

K——测风方法校正系数。

$$K=(S-S_{人})/S$$

式中　S——测风断面积，m^2；

$S_{人}$——人体断面积，取$0.4m^2$。

井巷风量：

$$Q=V\cdot S$$

式中　Q——井巷风量，m^3/s。

4. 测定段速压差计算

测定段的速压差计算：

$$\Delta h_V=\frac{1}{2}(\rho_i v_i^2-\rho_j v_j^2)$$

式中　Δh_V——两测点间的速压差，Pa；

ρ_i,ρ_j——两测点的空气密度，kg/m^3；

v_i,v_j——两测点断面上的平均风速，m/s。

5. 测定段位压差及矿井自然风压计算

选择的测点标高部分从矿上提供的地质资料查找获取；有些测点的标高，根据标高控制的基点标高推算得出。所给出的标高均为底板标高。

(1)测定段位压差计算：

$$\Delta h_Z=\frac{\rho_i+\rho_j}{2}(Z_i-Z_j)g$$

式中　Δh_Z——两测点的位压差，P_a；

Z_i,Z_j——两测点的标高，m；

ρ_i,ρ_j——两测点的空气密度，kg/m^3；

g——重力加速度，取$9.81m/s^2$。

(2)矿井自然风压计算：

$$H_N=\int\rho\cdot g\cdot dz=\sum(\Delta h_Z)$$

式中　H_N——矿井自然风压，P_a。

6. 通风阻力计算

两测点$i\sim j$间的巷道通风阻力$h_{i\sim j}$按下式计算：

$$h_{i\sim j}=\Delta h_S+\Delta h_V+\Delta h_Z$$

式中　$h_{i\sim j}$——两测点间的通风阻力，P_a；

Δh_S——两测点间的静压差，P_a。

$$\Delta h_S = P_i - P_j + \Delta \rho$$

式中　P_i，P_j——i、j两测点上两台仪器的同时读数值，P_a；

ΔP——两台仪器的基准差值校正，P_a；

Δh_V——两测点间的速压差，P_a；

Δh_Z——两测点间的位压差，P_a。

7. 巷道风量计算

两测点之间巷道通过的风量按如下原则确定：

（1）两测点间没有分支巷道时，巷道通过的风量取两测点风量的平均值；

（2）若两测点之间有一条分支巷道，测段巷道的风量取代表该段巷道的测点风量。如在巷道风流的分、汇点之前设置测点，则该段巷道的风量取后一测点的风量；如在巷道风流的分、汇点之后设置测点，则测段巷道的风量取前一测点的风量。

巷道风量计算：

$$Q_L = S \cdot V_L$$

式中　S——巷道断面积，m^2；

V_L——巷道断面上的平均风速，m/s。

8. 巷道风阻值计算

巷道风阻值由下式计算：

$$R_L = \frac{h_L}{Q_L^2}$$

式中　R_L——巷道实测风阻值，$N \cdot s^2/m^8$；

h_L——实测巷道AB段的通风阻力，P_a；

Q_L——通过巷道的平均风量，m^3/s。

巷道标准风阻$R_{标L}$：

$$R_{标L} = 1.2 R_l / \rho, N \cdot S^2/m^8$$

9. 巷道摩擦阻力系数计算

对于实测巷道的摩擦阻力系数由下式计算：

$$\alpha = \frac{R_L S^3}{LU}$$

式中　α——实测巷道的摩擦阻力系数，$N \cdot S^2/m^4$；

R_L——巷道实测风阻值，$N \cdot S^2/m^8$；

S——实测巷道的断面积，m^2；

L——实测巷道的长度，m；

U——实测巷道断面的周长，m。

巷道标态摩擦阻力系数$\alpha_{标L}$：

$$\alpha_{标L}=\frac{1.2\alpha}{\rho}$$

式中　$\alpha_{标L}$——标准状态下巷道的摩擦阻力系数，$N·S^2/m^4$；

α——实测巷道的摩擦阻力系数，$N·S^2/m^4$；

ρ——实测巷道的空气密度，kg/m^3。

10. 巷道百米风阻 R_{100} 计算

$$R_{100}=\frac{R_l}{L}\times100, N·s^2/m^4$$

巷道标态百米风阻 $R_{标100}$：

$$R_{标100}=1.2R_{100}/\rho, N·s^2/m^8$$

11. 矿井漏风率计算

若主要通风机的工作风量为 Q_f，则：

$$Q_f=Q_{ef}+Q_{il}$$

式中　Q_{ef}——矿井有效风量，即独立回风的用风地点实际得到的风量总和，m^3/min；

Q_{il}——矿井的总漏风量，m^3/min。

$$Q_{il}=Q_{el}+Q_{il}$$

式中　Q_{el}——矿井的外部漏风量，m^3/min；

Q_{il}——矿井的内部漏风量，m^3/min。

相应地，矿井的外部漏风率为 L_e：

$$L_e=Q_{el}/Q_f\times100\%$$

矿井的内部漏风率为 L_i：

$$L_i=Q_{il}/Q_f\times100\%$$

矿井的有效风量率为 E_f：

$$E_f=Q_{ef}/Q_f\times100\%$$

12. 各参数测算的精度要求

为提高实测精度，直接测量和间接测算时，各参数有效数字的位数分别如下表所列。

直接测量参数有效数字的位数表

名称	有效数字的位数
气压差	以 mmH_2O 为单位取到小数点后1位数，以Pa为单位取到整数位
大气压	以mmHg为单位取到整数位，以Pa为单位取到十数位
风速	以m/s为单位取到小数点后1位数，以m/min为单位取到整数位
温度	以℃为单位取到小数点后1位数
长度	以m为单位取到小数点后2位数

间接测量参数有效数字的位数表

名称	符号	有效数字的位数
面积	S	取到小数点后2位数
风量	Q	以 m^3/s 为单位时取到小数点后2位数，以m/min为单位时取到整数位
风阻	R_L	取到小数点后5位数
空气密度	ρ	取到小数点后3位数
位压	hz	以 mmH_2O 为单位时取到小数点后2位数，以Pa为单位时取到小数点后1位数
速压	hv	以 mmH_2O 为单位时取到小数点后2位数，以Pa为单位时取到小数点后1位数

五、阻力测定结果检验及分析

1. 测定结果与计算

将测定的原始数据代入上述公式，首先计算各节点的参数、分支参数，最后再计算矿井的通风阻力。

2. 测定精度检验

由于仪器本身的精度及人为因素等的影响，在测定过程中难免存在一定的误差，但是只有将这种误差限定在一定范围内，才能保证结果的可靠性，因此必须对测定结果进行精度检验。

3. 矿井通风阻力系统误差

系统阻力误差是指按通风机房水柱计读数计算出的系统理论通风阻力与实测系统通风阻力相比较而得出的相对误差，该误差实质上是对测定工作整体误差的检验和控制，其值可按下式计算：

$$\left|\frac{h_r-h'_r}{h'_r}\right|\times 100\%\leqslant\varphi,\%$$

式中　h_r——按测定路线实测的矿井通风总阻力，Pa；

$$h_r=\Sigma h_{i-j}$$

h_{i-j}——实测巷道段的通风阻力，P_a；

h'_r——由通风机房水柱计读数推算出的理论通风阻力，P_a；

抽出式通风，根据矿井通风阻力与风机装置压力关系，系统理论通风阻力可按下式计算：

$$h'_{\text{阻}} = hS_2 - hV_2 \pm H_N$$

式中　hS_2——通风机房U型水柱计的读数，Pa；

hV_2——风硐中传压管处断面上的速压，Pa；

H_N——矿井自然风压，Pa。

4. 矿井通风系统阻力测定的精度要求

根据矿井通风系统阻力的大小不同，全矿井通风系统阻力测定的精度应控制在下表所要求的范围内。

矿井通风系统阻力精度表

	矿井通风系统阻力(Pa)	相对误差(%)
1	≤1500	15~10
2	1500~3000	10~5
3	≥3000	≤5

六、矿井等积孔与风阻的测算结果

矿井等积孔计算：

$$A=1.19\frac{Q}{\sqrt{h}}$$

式中　A——矿井等积孔，m^2；

Q——矿井总回风量，m^3/s；

h——矿井通风阻力，Pa；

R——矿井总风阻，$N \cdot s^2/m^8$。

根据实测数据，判断矿井通风难易程度。

七、阻力测定结果分析与建议

根据通风阻力测定的结果，制作测定路线通风阻力分布表，提出改进措施与合理建议。

八、通风系统风量分析

根据各通风巷道及用风地点的风量测定结果与漏风情况，进行分析，提出合理调节方法与防范措施。

九、填写通风阻力测定记录表（本章表3–13至表3–18绘制通风阻力测定成果图）

复习题

1. 什么叫层流、紊流？井巷风流属于层流还是紊流？
2. 什么叫摩擦阻力、局部阻力？它们是如何产生的？
3. 摩擦阻力系数与哪些因素有关？
4. 降低摩擦阻力的措施有哪些？降低局部阻力的措施有哪些？
5. 摩擦阻力与摩擦风阻有何区别？

6. 矿井通风阻力测定的内容有哪些？

7. 什么是等积孔？其作用是什么？

8. 如何判断矿井通风难易程度？

9. 已知某梯形巷道摩擦阻力系数α=0.0225 N·s²／m⁴，巷道长度L=300 m，通风净断面积S=8.5m²，通过风量Q=900 m³／min，试求摩擦风阻与摩擦阻力。

10. 某设计巷道为木棚支护，木支柱直径$d\varphi$=14cm，棚间距0.77m，巷道长度L=350m，巷道通风净断面积S=4.4m²，周长U=8.6m，设计通过风量Q=1200m³/min，计算该巷道的摩擦阻力系数和摩擦阻力。

11. 某巷道如右下图所示，通过的风量为16m³/s，S_1=8.2m²，S_2=S_3=4.4m²，空气的密度为1.21kg/m³，计算巷道突然缩小处和拐弯处的局部阻力。

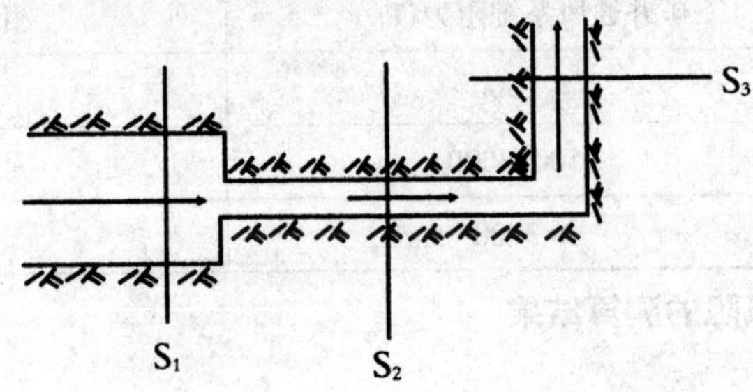

12. 某矿井的总风量为60m³/s，阻力为90Pa，试求矿井总风阻和矿井总等积孔。绘制风阻特性曲线并判断通风难易程度。

13. 某矿简化后的通风系统如下图所示，已知R_{12}=0.033Ns²/m⁸，R_{23}=1.022 Ns²/m⁸，R_{24}=1.375 Ns²/m⁸，Q_{23}=36m³/s，Q_{24}=24 m³/s，试求该矿井的总风阻、总阻力和总等积孔各为多少。

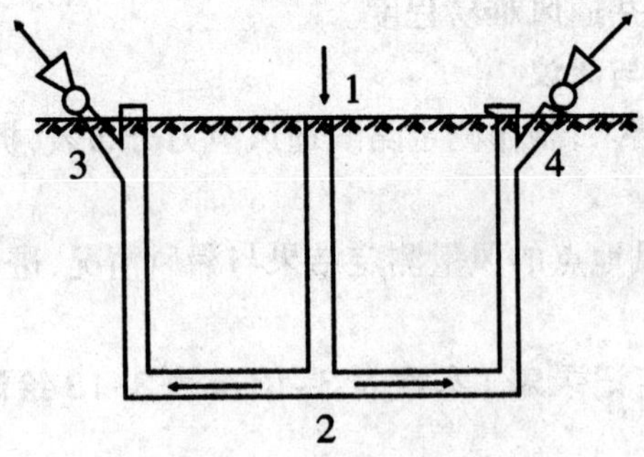

讨论题：

1.如何降低进、回风井筒之间的压差，增大矿井总风量？

2.怎样做好矿井通风阻力的测定工作，使侧定值能够准确地反映矿井通风实际情况，怎样根据测定报告改善矿井通风系统？

3.怎样降低矿井通风阻力？

第四章　通风动力

第一部分　系统理论知识

空气之所以能够在巷道中不断地流动，是由于风流的始末点之间存在着压力差。由此克服空气沿井巷流动时所受到的阻力。这种克服通风阻力的能量或压力叫通风动力。矿井通风动力包括通风机风压和自然风压两种。本章将主要研究这两种压力对矿井通风的作用、影响因素及特性，以便合理地选择通风机，并能充分利用自然风压，使矿井通风达到技术先进、经济合理、安全可靠的目标。

第一节　自然风压

一、自然风压的形成及特性

（一）自然风压的形成

图4–1为一个简化的靠自然风压进行通风的矿井通风系统，2–3为水平巷道，0–5为通过系统最高点的水平线。假设在0点和5点两处的温度相同，空气柱0–1–2与5–4–3的平均温度不同，空气平均密度也不同，导致井筒内两空气柱的重力不等，作用在2–3水平面上的重力差就形成该系统的自然风压。

在冬季，外界空气温度低于矿井内的空气温度，空气柱0–1–2比5–4–3的平均温度低，从而使空气平均密度较大，空气柱0–1–2作用在2–3水平面上的重力大于空气柱5–4–3作用在2–3水平面上的重力。使空气从井口1流入，从井口5流出。在夏季，外界温度高于矿井内温度，空气柱5–4–3比0–1–2温度低，平均密度大，则在系统中空气柱产生的自然风压方向与冬季相反。地面空气从井口5流入，从井口1流出。自然风压的特点就是冷而重的空气向下流动，热而轻的空气向上流动。这种由自然因素作用而形成的通风叫自然通风。

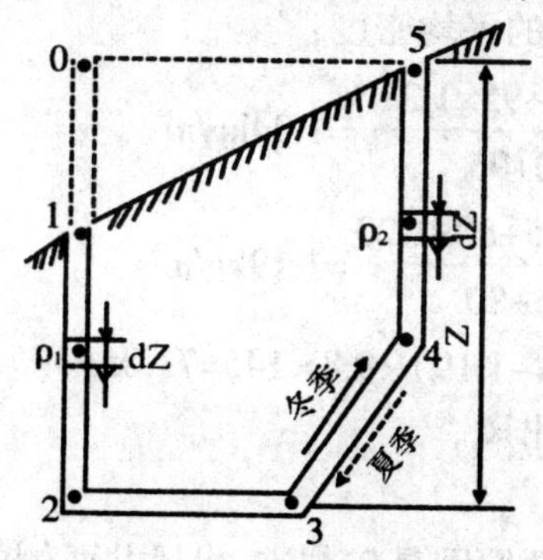

图4–1　简化矿井通风系统示意图

由上可见，自然风压的产生，就是由于进风侧与出风侧的空气密度不等，造成空气柱的重力差，而密度不等的主要原因是进风侧与出风侧的温度不同。两侧空气密度越大，井筒越深，则两侧空气柱的重力差越大，矿井自然风压也就越大。影响空气密度的因素除温度外，还有空气的湿度、大气压力以及空气成分等。

由上述例子可见，在一个有高差的闭合回路中，只要两侧有高差巷道中空气的温度或密度不等，则该回路就会产生自然风压。根据自然风压定义，图4-1所示系统的自然风压$H_{自}$可用下式计算：

$$H_{自}=\int_0^2\rho_1 gdZ-\int_3^5\rho_2 gdZ \quad (4-1)$$

式中　Z——矿井最高水平至最低水平间的距离，m；

g——重力加速度，m/s^2；

ρ_1、ρ_2分别为0-1-2和5-4-3井巷中dZ段空气密度，kg/m^3。

由于空气密度受多种因素影响，与高度Z成复杂的函数关系。因此利用式(4-1)计算自然风压较为困难。为了简化计算，一般采用测算出0-1-2和5-4-3井巷中空气密度的平均值ρ'_1和ρ'_2，用其分别代替式(4-1)中的ρ_1和ρ_2，则式(4-1)可写为：

$$H_N=(\rho'_1-\rho'_2)gZ \quad (4-2)$$

例题：如图4-1所示的自然通风矿井，测得$\rho_0=1.29kg/m^3$，$\rho_1=1.25kg/m^3$，$\rho_2=1.17kg/m^3$，$\rho_3=1.15kg/m^3$，$\rho_4=1.16kg/m^3$，$\rho_5=1.3kg/m^3$，$Z_{01}=50m$，$Z_{12}=95m$，$Z_{34}=65m$，$Z_{45}=80m$，求该矿井的自然风压，并判断其风流方向。

解：假设风流方向从0-1-2井筒流入，由3-4-5井筒流出。

计算各测段的空气的平均密度：

$$\rho_{01}=\frac{\rho_0+\rho_1}{2}=\frac{1.29+1.25}{2}=1.27kg/m^3$$

$$\rho_{12}=\frac{\rho_1+\rho_2}{2}=\frac{1.25+1.17}{2}=1.21kg/m^3$$

$$\rho_{34}=\frac{\rho_3+\rho_4}{2}=\frac{1.15+1.16}{2}=1.155kg/m^3$$

$$\rho_{45}=\frac{\rho_4+\rho_5}{2}=\frac{1.16+1.3}{2}=1.23kg/m^3$$

计算进、出风井两侧空气柱的平均密度：

$$\rho_1'=\frac{Z_{01}\rho_{01}+Z_{12}\rho_{12}}{Z_{01}+Z_{12}}=\frac{50\times1.27+95\times1.21}{50+95}=1.24kg/m^3$$

$$\rho_2'=\frac{Z_{34}\rho_{34}+Z_{45}\rho_{45}}{Z_{34}+Z_{45}}=\frac{65\times1.155+80\times1.23}{65+80}=1.19kg/m^3$$

则$H_{自}=(\rho'_1-\rho'_2))gZ=(1.24-1.19)\times9.8\times145=71.05Pa$。因$H_{自}$为正值，则风流方向由0-1-2井筒进风，由3-4-5井筒出风。

（二）自然风压的特性

1. 矿井自然风压形成的主要原因是矿井进、出风井两侧的空气重力差，不论矿井是否有通风机通风，矿井进、出风井两侧的空气柱只要存在重力差，就一定会产生自然风压，风流总是从气温较低的井筒流入矿井，从气温较高的井筒流出。

2. 自然风压不稳定，其大小和方向会随着季节的变化而变化，甚至在昼夜之间也可能发生变化，因此《规程》规定矿井必须采用机械通风。

3. 矿井自然风压与井深和进、出风井空气柱的密度差成正比。

4. 自然风压方向与机械风压方向一致时，自然风压利于通风，此时，自然风压与机械风压共同克服矿井通风阻力；自然风压方向与机械风压方向相反时，自然风压阻碍通风，此时，机械风压除了克服矿井通风阻力还需克服自然风压。

例如阳煤集团新元矿井在2005年10月4日至11月9日，因受到矿井自然风压影响，主斜井和集中胶带大巷多次发生风流逆转。

二、自然风压的控制和利用

自然风压既是矿井通风的动力，也可能是矿井通风的阻力，甚至是引发事故的重要原因。因此，就必须根据自然风压的形成原因及影响因素，采取有效措施对自然风压进行控制或利用。

(一) 新设计矿井在选择开拓方案、拟定通风系统时，应充分考虑当地地形、地貌和气候特点，使在全年大部分时间内自然风压方向与通风机风压的方向一致，以便利用自然风压。在条件允许时，山区要尽量增大进、回风井井口的标高差，进风井布置在较低处，回风井布置在较高处，进风井口布置在背阳处，回风井口布置在向阳处等。

(二) 在掌握矿井自然风压变化规律的基础上，可根据情况采取安装高风压风机来控制自然风压，也可适时调整主要通风机的工作点，使其既能满足矿井通风需要，又可节约电能。例如在冬季自然风压帮助机械通风时，可采用减小叶片角度或转速方法以降低机械风压。

(三) 在多井口通风的山区，尤其在高瓦斯矿井，要掌握自然风压的变化规律，防止因自然风压作用而造成局部巷道无风或风流反向而发生事故。

(四) 在建井初期，可能会出现独眼井通风现象，此时可根据情况用风幛将井筒隔成一侧进风，另一侧出风；或用风筒导风，使温度较低的空气由井筒进入，使温度较高的空气从导风筒排出。在主副井与风井贯通之后，有时也可利用自然通风；有条件时还可利用钻孔构成通风回路，形成自然风压，解决局部地区通风问题。

(五) 利用自然风压做好非常时期通风。一旦主要通风机因故停止运转时，便可利用自然风压进行通风。这在制定《矿井灾害预防和处理计划》时应予以考虑。

《规程》规定：主要通风机停止运转期间，对由1台主要通风机担负全矿通风的矿井，必须打开井口防爆门和有关风门，利用自然风压通风；对由多台主要通风机联合通风的矿井，必须正确控制风流，防止风流紊乱。

三、自然风压的测量和计算

自然风压对矿井通风有着重要的影响，因此，在矿井通风设计以及日常通风管理工作中，对自然风压应给予必要的重视，掌握矿井通风系统及各水平自然风压的变化规律并进行定向、定量分析。

(一)间接测算法

如图4–2所示的抽出式通风矿井，因$h_{阻}=h_{全}\pm h_{自}$，又$h_{阻}=RQ^2$，故风硐内通风机入风口处风流的相对全压$h_{全}$与自然风压$H_{自}$和矿井通风阻力有下列关系式：

$$h_{全}\pm h_{自}=RQ^2 \tag{4-3}$$

式中　$h_{全}$——风硐中风流的相对全压，Pa

$h_{自}$——矿井的自然风压，Pa

R——矿井总风阻，Ns^2/m^8

Q——矿井总风量，m^3/s

具体测定时，首先在通风机正常运转时，测出矿井通风量Q及通风机入风处风流的相对全压$h_{全}$，然后使主要通风机停止运转，若有自然风流，应立即测出自然风流的风量$Q_{自}=S\cdot V_{自}$，S是测风速点的风硐断面积，故：

$$h_{自}=RQ_{自}^2 \tag{4-4}$$

由式(4–3)和式(4–4)得出$h_{自}=h_{全}\cdot\dfrac{Q_{自}^2}{Q^2-Q_{自}^2}$，Pa

(二)直接测定法

直接测定法是在主通风机停止运转后，直接测量自然风压。如在图4–1中总风流任意一点E点处设置密闭墙截断矿井的总风流（密闭墙密闭不严将使测得的数据较实际数据偏小)，用压差计测量出密闭墙两侧的压差，就是自然风压的数值。或者利用风硐内的闸门代替密闭墙，将风硐内的闸门完全放下(图4–2)，然后由通风机房内U型水柱计直接读出自然风压值。

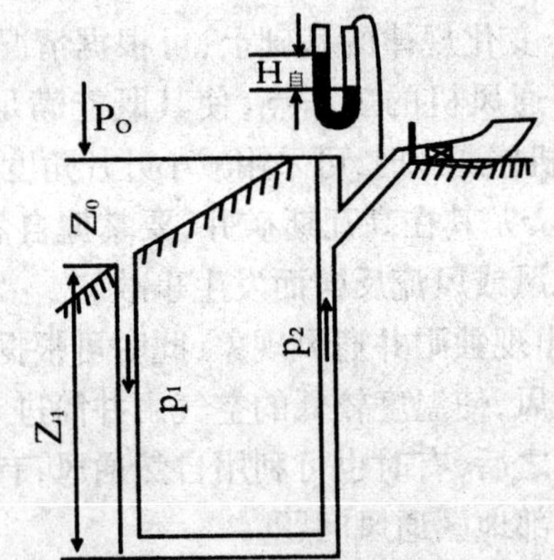

图4–2　通风机房内的压差计测量自然风压

第二节　矿用主要通风机的类型、构造及附属装置

矿井通风的主要动力是通风机风压，自然风压只能加以利用，不能作为矿井通风的主要动力。因此，《规程》规定：矿井通风必须采用机械通风。矿井主要通风机功率较大，并且连续不断运转，因此电耗很大。据统计，全国国有重点煤矿主要通风机平均电耗约占矿井电耗的20%以上，个别矿井通风设备的耗电量可达50%。所以合理地选择和使用通风机，不仅关系到矿井的安全生产和井下工作环境的改善，而且对矿井的主要技术经济指标也有重要影响。

矿用通风机按其服务范围可分为3种：

(1)主要通风机，服务于全矿或矿井的某一翼或较大区域通风的通风机；

(2)辅助通风机，服务于矿井通风网络的某一分支风路或一翼，用于帮助主要通风机通风的通风机；

(3)局部通风机，服务于井下某一局部地点通风的通风机，一般用于掘进巷道的通风。

按通风机的构造和工作原理可分为离心式通风机和轴流式通风机两种。

一、离心式通风机

图4-3是离心式通风机的构造。离心式通风机一般由进风口、工作轮(叶轮)、螺形机壳、前导器和电动机等部分组成。工作轮是对空气做功的部件，由呈双曲线型的前盘、呈平板状的后盘和夹在两者之间固定在机轴上的轮毂以及安装在轮毂上的叶片组成。风流沿叶片间流道流动，在流道出口处，风流相对速度W_2的方向与圆周速度u_2的反方向夹角称为叶片出口构造角，以β_2表示。根据出口构造角β_2的不同，离心式通风机可分为前倾式($\beta_2>90°$)、径向式($\beta_2=90°$)和后倾式($\beta_2<90°$)三种，如图4-4所示。β_2不同，通风机的性能也不同。矿用离心式通风机多为后倾式。

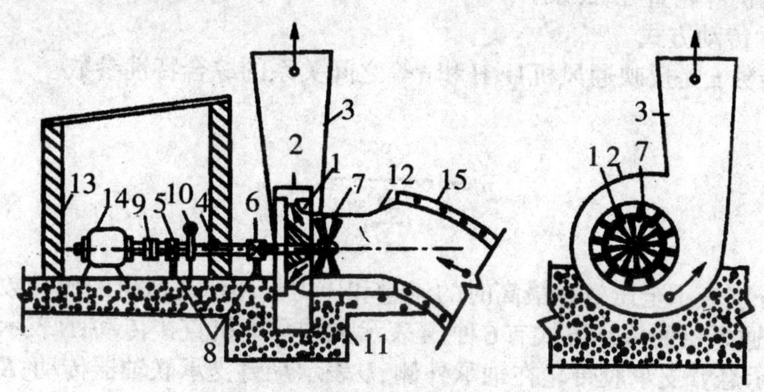

图4-3 离心式通风机构造示意图

1——工作轮；2——螺形机壳；3——扩散器；4——主轴；5——止推轴承；6——径向轴承；7——前导器；8——机架；9——联轴器；10——制动器；11——机座；12——吸风器；13——通风机房；14——电动机；15——风硐

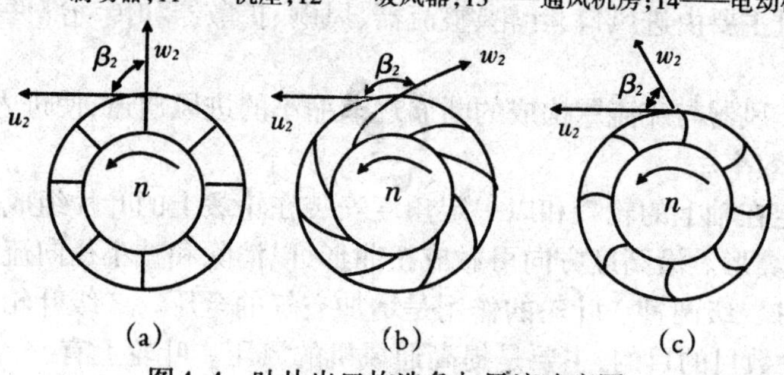

图4-4 叶片出口构造角与风流速度图

a——径向式；b——后倾式；c——前倾式

工作轮是对空气做功的部件。吸风口分为单侧吸入和双侧吸入，在相同的条件下双吸风口风机叶(动)轮宽度是单吸风机的2倍。在进风口与叶轮之间装有前导器(有些通风机无前导器),使进入叶轮的气流发生预旋绕,以达到调节性能的目的。

当电动机通过传动装置带动叶轮旋转时,叶片流道间的空气随叶片旋转而旋转,获得离心力。经叶端被抛出叶轮,进入机壳内。在机壳内风流速度逐渐减小,压力升高,然后经扩散器排出。与此同时,在叶片入口处(叶根)形成较低的压力(低于进风口压力),于是,吸风口的风流便在此压差的作用下流入叶道,自叶根流入,从叶端流出,如此源源不断地形成空气的连续流动。

目前我国煤矿常用的离心式通风机主要有:4-72-11型、G_4-73-11型、Y_4-73型和K_4-73型等。这些品种的通风机具有规格齐全、效率高和噪声低等特点。型号参数的含义以G_4-73-11No25D举例说明如下:

G 4 - 73 - 1 1 No 25 D

G——代表通风机的用途,K表示矿用,G代表鼓风机

4——表示通风机在最高效率点时压力系数10倍后化为整数

73——表示通风机最高效率点比转速(n_s)100倍后化为整数

1——表示进风口数,1为单吸风口

1——表示设计序号(1为第一次设计)

25——通风机叶轮直径(2.5m)

D——表示传动方式

注:(1)比转数n_s是反映通风机Q、H和n等之间关系的综合特性参数

$$n_s=n\frac{Q^{1/2}}{\left(\frac{H}{P}\right)^{3/4}} \tag{4-5}$$

式中　Q、H分别表示全压效率最高时的流量和压力。相似通风机的比转数相同。

(2)离心式通风机的传动方式有6种:A表示无轴承电机直接传动;B表示悬臂支承胶带轮在中间;C表示悬臂支承胶带轮在轴承外侧;D表示悬臂支承联轴器传动;E表示双支承皮带轮在外侧;F表示双支承联轴器传动。

二、轴流式通风机

轴流式通风机主要由进风口、叶轮、整流器、风硐、扩散器和传动部件等部分组成,如图4-5所示。

进风口是由集风器与疏流罩构成的断面逐渐缩小的进风通道,使进入叶轮的风流均匀,以减小阻力,提高效率。

叶轮是由固定在轴上的轮毂和以一定角度安装在轮毂上的叶片组成。叶片的形状为中空梯形,横断面为翼形。沿高度方向可做成扭曲形,以消除和减小径向流动。

叶轮有一级和二级两种。叶轮的作用是增加空气的全压。二级叶轮产生的风压是一级的2倍。增加叶轮数目的目的,主要是提高通风机的风压。叶轮上有16个翼形叶片,叶片以某个角固定在轮壳上。在叶片迎风侧作一外切线称为弦线,叶片的安装角,是弦线与叶轮旋转的切线方向之间的夹角,以θ表示,如图4-6所示。因θ角与通风机的风量、风压的大小有关,所以叶片安装角可根据实际需要进行调节,对一级叶轮的通风机,其调角范围为10°~40°;对二级叶轮的通风机,其调角范围为15°~45°,调整角度可为5°或2.5°。但叶轮上的叶片安装角必须保持一致。

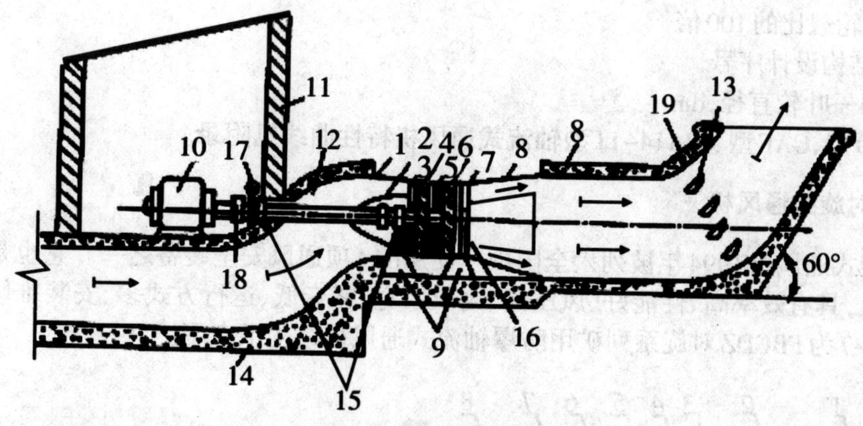

图4-5 轴流式通风机

1——集风器;2——流线体;3——前导器;4——第一级工作轮;5——中间整流器;6——第二级工作轮;7——后整流器;8——环形或水泥扩散器;9——机架;10——电动机;11——通风机房;12——风硐 13——导流板;14——基础;15——径向轴承;16——止推轴承;17——制动器;18——齿轮联轴器 19——扩散塔

整流器安装在每级叶轮之后,为固定轮。其作用是整直由叶片流出的旋转气流,减小动能和涡流损失。

环形扩散器使从整流器流出的环形气流逐渐扩大并过渡到全断面,部分动压转化为静压。

轴流式通风机内风流流动的特点是:当叶(动)轮转动时,气流沿等半径的圆柱面旋转流出。与机轴同心、半径为R的圆柱面切割叶(动)轮叶片,并将此切割面展成平面,就得到了由翼剖面排列而成的翼栅,如图4-6所示。

当叶(动)轮旋转时,翼栅即以圆周速度u移动。处于叶片迎面的气流受挤压,静压增加;与此同时,叶片背面的气体静压降低,翼栅受压差作用,但受轴承限制,不能向前运动,于是叶片迎面的高压气流由叶道出口流出,翼背的低压区“吸引”叶道入口侧的气体流入,形成穿过翼栅的连续气流。

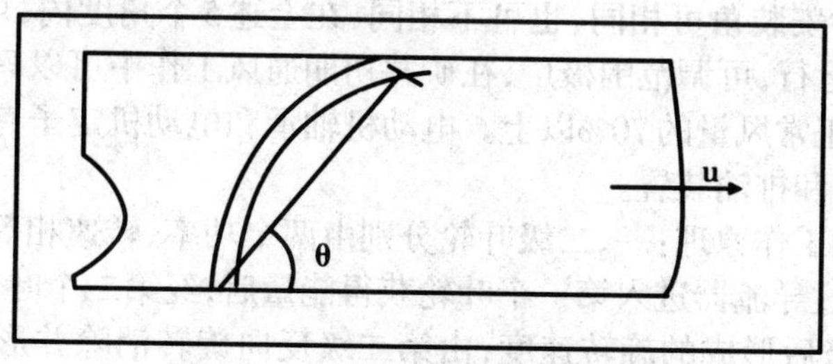

图4-6 叶片安装角与翼栅示意图

目前我国煤矿使用的轴流式通风机有:2K60、IK58、2K58、GAF和BD或FBCDZ(对旋式)(见附录)等系列轴流式通风机。轴流式通风机型号的含义以2K60-1-No24为例说明:

2K60-1-No24

2—两级叶轮

K—矿用

60—轮毂比的100倍

1—结构设计序号

No24—叶轮直径,dm

2K60型、GAF型、62A14-11型轴流式通风机特性曲线见附录。

三、对旋式通风机

对旋式通风机1994年被列入全国推广使用的4项通风安全装备之一。它也是一种轴流式通风机,具有效率高、性能好、风压高、高效区宽、噪音低、运行方式多、安装维修方便等优点。图4-7为FBCDZ对旋系列矿用防爆轴流式通风机结构示意图。

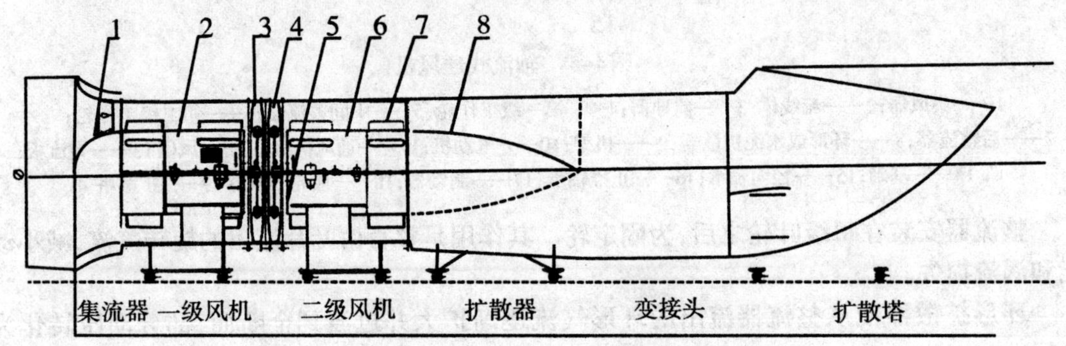

图4-7 FBCDZ对旋系列矿用防爆轴流式通风机结构示意图

1——导流体;2——一级电机;3——一级叶轮;4——二级叶轮;5——制动杆;6——二级电机;7——电机新风管;8——扩散器内芯

对旋式通风机由导流体、一级叶轮、二级叶轮、电机新风管和扩散器等组成。风机采用对旋式结构,一、二级叶轮相对安装,旋转方向相反;叶片采用机翼扭曲叶片,叶面也互为反向,省去了传统轴流式通风机的中、后导叶,减少了风压损失,提高了通风机效率。一、二级叶轮形成两台独立的通风机。通风机的叶轮安装角一般分为45°、40°、35°、30°及25°5个角度。一二级叶轮叶片安装角可相同,也可不相同,在上述5个角度内,可任意运行。可以单级运行,也可以双级运行,可调范围极广,在矿井初期通风工作中可以只运行一级,可以直接反转反风,反风量达正常风量的70%以上。电动机轴承和电动机定子有测温装置,电动机轴承配备了不停机注油和排油装置。

对旋式通风机的工作原理:一、二级叶轮分别由两个功率、转速相等,旋转方向相反的电动机驱动,当空气通过导流器进入第一个叶轮获得能量后,经第二个叶轮升压后排出。两级叶轮互为导叶第一级后形成的旋转速度,由第二级反向旋转消除并形成单一的轴向流动。每个叶轮所产生的理论全压为通风机理论全压的1/2,不仅使通过两级叶轮的气流平稳,也有利于提高通风机的全压效率,而且使前后级工作轮的负载分配比较合理,不会使各级电动机出现超功、过载现象。

目前,作为煤矿主要通风机使用的有:FBCDZ、BD或BDK系列高效节能,矿用防爆型、对旋轴流式主要通风机;局部通风机主要有:FBD、FDC-1、No6/30型、FSD-2×18.5型、DSFA-5型、BDJ60系列、KDF型等。图4-8为FBD防爆型压入式对旋轴流局部通风机结构示意图。

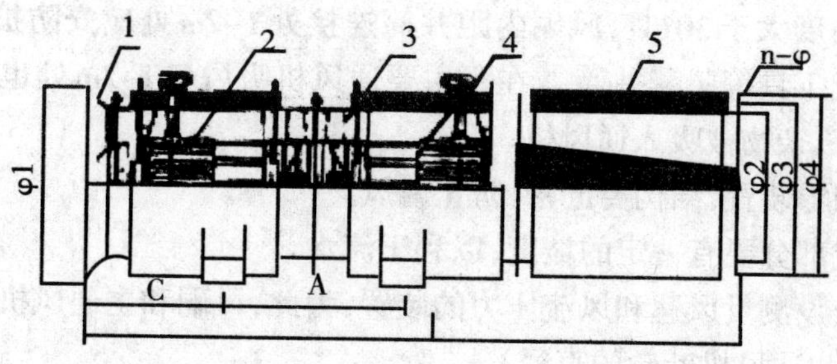

图4-8 FBD防爆型压入式对旋轴流局部通风机结构示意图

1——集流器；2——电机；3——风机；4——电机；5——消声器

四、通风机的附属装置

为了保证主要通风机的安全可靠运转，矿山使用的主要通风机，除了主机之外尚有一些附属装置，包括风硐、防爆门、反风装置、扩散器等。

(一)风硐

风硐是连接通风机和风井的一段巷道，如图4-9，因为通过风硐的风量很大，内外压力差较大，服务年限长，故对设计和施工的质量要求较高，应当尽量减少风阻，减少漏风，因此，风硐多用混凝土、砖石等材料建造。

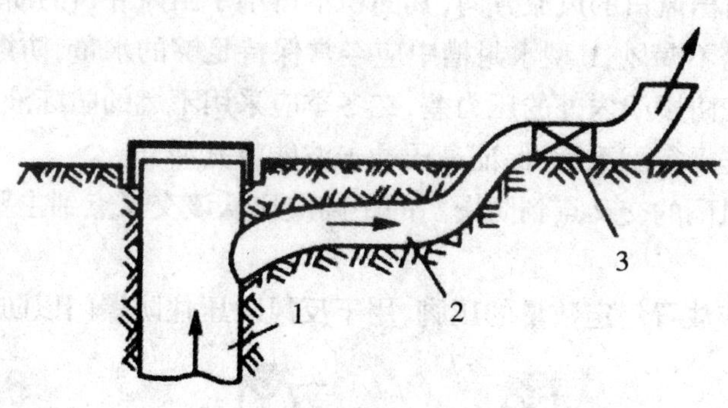

图4-9 风硐

1——出风井；2——风硐；3——通风机

良好的风硐应满足以下要求：

1. 应有足够大的断面，风速以10m/s为宜，不宜超过15 m/s。

2. 风硐不宜过长，风硐本身的风阻不应大于0. 0196 $N\cdot s^2/m^8$，阻力不应大于100～200 Pa。与井筒连接处平缓，转弯部分要呈圆弧形，内壁光滑，拐弯平缓，应安设导流叶片，并保持无杂物，以减少通风阻力。风硐和风井之间夹角β应按下式确定：

$$\cos\beta=0.5\sqrt{S_2/S_1} \tag{4-6}$$

其中 S_1——风井的断面面积，m^2；

S_2——风硐的端面面积，m^2；

式中β的变化在60°～90°之间。

当井筒倾斜角度大于30°时,风硐内距井筒连接处1~2m处应安防护栅栏,以防检查人员意外跌落井筒或工具等坠落井筒。在距主要通风机吸风口1~2m处也应安设防护栅栏,以防止风硐中的脏、杂物被吸入通风机。

3. 风硐及闸门等装置,结构要严密,防止漏风。

4. 风硐的直线部分要有一定的坡度,以利于流水。

5. 风硐内应安设测量风速和风流压力的装置,为此,风硐和主通风机相连的一段长度不应小于10~12D(D为通风机叶轮的直径)。

(二)防爆门(防爆盖)

《规程》规定:装有主要通风机的出风井口,应安装防爆门。防爆门(防爆盖)是在装有通风机的井筒上,为防止瓦斯或煤尘爆炸时毁坏通风机而安装的安全装置。它的作用就是为了保护主要通风机。

图4-10为回风立井的防爆门,防爆门用铁板焊成,四周有钢丝绳绕过滑轮,用挂有配重的平衡锤牵住防爆门,其下端放入井口圈的U型水封槽中。当井下发生瓦斯或煤尘爆炸时,防爆门即被爆炸冲击波冲开而泄压,从而起到保护通风机的作用。同时也要保证在事故发生后防爆门在重力的作用下能够下落,恢复到原来的位置,保证井下的通风系统的正常运行。

防爆门的要求:

1. 防爆门应正对出风口的风流方向,其面积不得小于出风井口的断面积。

2. 防爆门应严密不漏风,U型水封槽中应经常保持足够的水量,防爆门在U型水封槽中的液体高度必须大于防爆门内外的压力差,在冬季应采用不燃的防冻液。

3. 防爆门应悬挂平衡配重锤,保证高压冲击波能将其冲开。

4. 从出风井与风硐的交叉点到防爆门的距离应比从该交叉点到主要通风机吸风口的距离至少短10m。

5. 防爆门周围应放置一定数量的压脚,用于反风时压住防爆门以防防爆门被吹开。

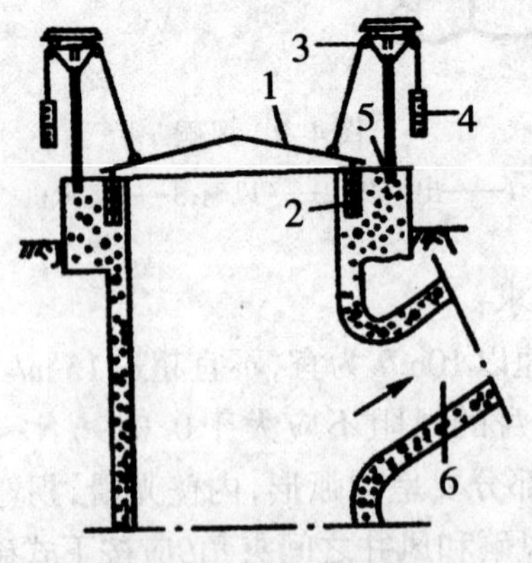

图4-10 立井防爆门

1——防爆门;2——U型槽;3——滑轮;4——平衡锤;5——滑轮支柱;6——风硐

(三)反风装置

当矿井在进风井口附近、井筒或井底车场及其附近的进风巷道发生火灾、瓦斯或煤尘爆炸时，为了防止蔓延，缩小灾情，以便进行灾害处理和救护工作，有时需要改变矿井的风流方向，所以《规程》第122条规定：生产矿井主要通风机必须安装有反风设施，并能在10 min内改变巷道中的风流方向；当风流方向改变后，主要通风机供给风量不应小于正常风量的40%。每季度应至少检查1次反风设施，每年应进行1次反风演习；当矿井通风系统有较大变化时，应进行1次反风演习。

1.离心式通风机的反风装置

离心式通风机只能用反风门与旁侧反风道的方法反风，如图4-11所示。通风机正常工作时，反风门1和2处于实线位置；反风时将反风门1提起，把反风门2放下，地表空气自活门2进入通风机，再从活门1进入旁侧反风道3，进入风井流入井下，达到反风的目的。

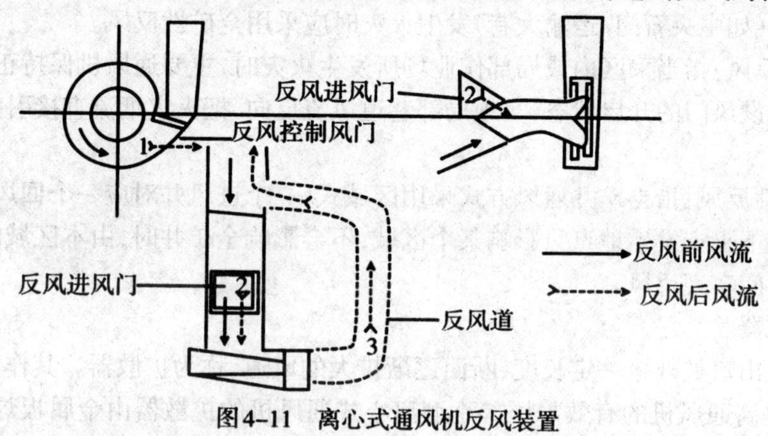

图4-11　离心式通风机反风装置

2.轴流式通风机的反风装置

轴流式通风机的反风方法有3种：

(1)利用反风门与旁侧风道反风，如图4-12所示，通风机正常工作时反风门a、b位于实线位置(风流方向如实线箭头所示)；反风时，可提起反风门a，放下反风门b(如虚线位置)，地表空气经百叶窗、活门b进入通风机，再由活门a进入旁侧反风道，进入风井流入井下(如虚线箭头所示)，达到反风的目的。

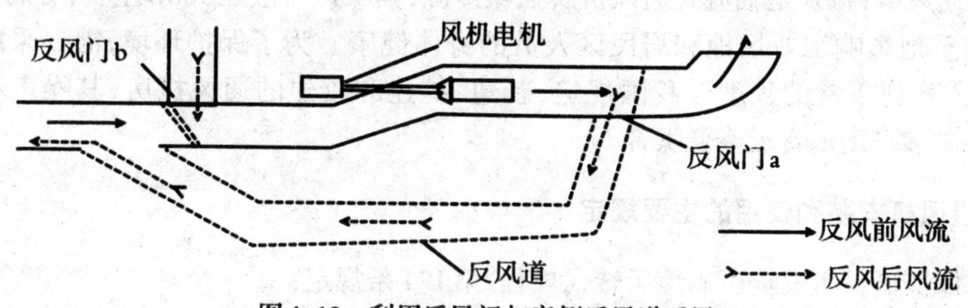

图4-12　利用反风门与旁侧反风道反风

(2)调节通风机叶片安装角度反风，GAF型轴流式通风机有两种动叶调节系统。其一为运行中采用液压调节；其二为采用机械式调节，当通风机停转后，从机壳外以手轮调节杆伸入叶轮毂，手轮转动，使蜗杆蜗轮转动，而蜗轮转动则使与其相连的小齿轮、大齿轮、小伞齿轮跟随转动，从而达到改变叶片安装角的目的。反风时，叶轮旋转方向不变，只需将所有的叶片同时旋转大约120°，不必改变动轮的转向，就可实现矿井风流方向的反向流动。

(3)反转通风机叶轮旋转方向反风，这种方法是改变电动机旋转方向，从而使通风机叶轮的旋转方向反向，使井下风流反向。但是一些老型号的轴流式通风机反风后风量达不到《规程》要求。一些新型轴流式通风机，将后导叶设计成可调节角度的，反风时，将后导叶同时扭转一角度，反风后的风量即能满足要求。

3.反风方式

反风方式就反风范围而言，可分全矿性反风、局部反风和区域性反风。

(1)全矿性反风：指使全矿井总进、回风井巷及采区主要进、回风巷道的风流全面反风的反风方式。当在矿井进风口附近、井筒、井底车场(包括井底车场主要硐室)及和井底车场直接相通的大巷(如中央石门、运输大巷)发生火灾时应采用全矿性反风。

(2)局部反风：指当采区内或局部作业场所发生火灾时，主要通风机保持正常运行，通过调整采区内预设风门的开启状态，实现局部巷道风流反向，把火灾烟流直接引向回风道的反风方式。

(3)区域性反风：指当矿井通风方式采用区域式(一个进风井对应一个回风井，详见第五章)布置时，井下火灾发生地点只影响某个区域，不会影响全矿井时，由本区域内的风井风机和进风井筒之间实现反风。

(四)扩散器

在通风机出口处外接一定长度、断面逐渐扩大的风道，称为扩散器。其作用是降低出口速压损失以提高通风机的有效静压。小型离心式通风机的扩散器由金属板焊接而成，大型离心式通风机的扩散器用砖或混凝土砌筑。扩散器的敞角(扩散角)α不宜过大，以防脱流，一般为8°～10°，出口断面与入口断面之比大约为3–4，轴流式通风机扩散器由环形扩散器与水泥扩散器组成。环形扩散器由圆锥形内筒和外筒构成，外圆椎体的敞角一般为7°～12°，水泥扩散器为一段弯曲的风道，它与水平线所成的夹角为60°，其高为叶轮直径的2倍，长为叶轮直径的2.8倍，出风口为长方形断面(长为叶轮直径的2.1倍，宽为叶轮直径的1.4倍)。扩散器的拐弯处为双曲线形，并安设一组导流叶片，以降低阻力。

(五)消音装置

矿用通风机，特别是轴流式通风机属强噪声源，其噪声一般在90dB左右，有的甚至高达110dB，严重地影响工业场地和居民区人员的身体健康。为了保护环境，需要采取消音措施，把噪音降到正常的程度。我国规定，新建、扩建和改建的通风机房，其噪声不得超过85dB。煤矿多采用消音板降低噪音。

四、通风机安装和使用的主要规定

为了保证通风机安全可靠地运转，《规程》第121条规定：

(1)主要通风机必须安装在地面；装有通风机的井口必须封闭严密，其外部漏风率在无提升设备时不得超过5%，有提升设备时不得超过15%。

(2)必须保证主要通风机连续运转。

(3)必须安装2套同等能力的主要通风机装置，其中1套做备用，备用通风机必须能在10 min内开动。在建井期间可安装1套通风机和1部备用电动机。生产矿井现有的2套不同能力的主要通风机，在满足生产要求时，可继续使用。

(4)严禁采用局部通风机或风机群作为主要通风机使用。

(5)装有主要通风机的出风井口应安装防爆门，防爆门每6个月检查维修1次。

(6)至少每月检查1次主要通风机。改变通风机转数或叶片角度时，必须经矿技术负责人批准。

(7)新安装的主要通风机投入使用前，必须进行1次通风机性能测定和试运转工作，以后每5年至少进行1次性能测定。

《规程》123条规定：严禁主要通风机房兼作他用。主要通风机房内必须安装水柱计、电流表、电压表、轴承温度计等仪表，还必须有直通矿调度室的电话，并有反风操作系统图、司机岗位责任制和操作规程。主要通风机的运转应由专职司机负责，司机应每小时将通风机运转情况记入运转记录薄内；发现异常，应立即报告。

《规程》124条规定：因检修、停电或其他原因使主要通风机停止运转时，必须制定停风措施。变电所或电厂在停电以前，必须将预计停电时间通知矿调度室。主要通风机停止运转时，受停风影响的地点，必须立即停止工作、切断电源，工作人员先撤到进风巷道中，由值班矿长迅速决定全矿井是否停止生产、工作人员是否全部撤出。主要通风机停止运转期间，由一台主要通风机负担全矿通风的矿井，必须打开井口防爆门和有关风门，利用自然风压通风；由多台主要通风机联合通风的矿井，必须正确控制风流，防止风流紊乱。

第三节　通风机的特性

一、通风机的基本参数

反映通风机工作特性的基本参数有4个：通风机的风量、风压、功率和效率。

(一)通风机的风量

$Q_{通}$表示单位时间内通过通风机的风量，常用的单位为m^3/min或m^3/s。当通风机作抽出式工作时，通风机的风量等于回风道总排风量与回风井口漏入量之和；当通风机作压入式工作时，通风机的风量等于进风道的总进风量与井口漏出风量之和。所以通风机的风量要用风表或皮托管在风硐或通风机圆锥形扩散器处实测。通风机的风量$Q_{通}$：

$$Q_{通}=u\cdot S \tag{4-7}$$

式中　u——风速，可以用风表直接测量出平均风速，也可以用速压来换算出平均风速；

S——对应风速的通风断面积。

离心式通风机的出口断面积$S=\pi Db$，

D为动轮外缘直径，b为叶道出口在轴向的宽度；

轴流式通风机的叶道出口面积$S=\pi\cdot(D^2-d^2)/4$，

D为叶轮的外径，d为轮毂的直径。

(二)通风机的风压

气流在叶轮中的流动是十分复杂的，通常为了推算简便，需要作一些假设：

(1)空气为不可压缩的。

(2)没有能量的损失,风机轴上的能量全部为输送的气体获得。

(3)叶轮的数量为无限多,叶片的厚度为无限薄,动轮与同一圆周上各点的速度是相同的。

(4)叶轮的速度不变,则气体做定常流动。

通风机的风压有通风机全压($h_{通全}$)、静压($h_{通静}$)和速压($h_{通速}$)之分。通风机的全压表示单位体积的空气通过通风机后所获得的能量,单位为(N·m)/m^3或Pa。通风机的全压为通风机出口断面与入口断面上的总能量之差。因为出口断面与入口断面标高差较小,其位压差可忽略不计,所以通风机的全压为通风机出口断面与入口断面上的绝对全压之差,即:

$$h_{通全}=p_{全出}-p_{全入} \tag{4-8}$$

通风机的全压,是通风机对每1m^3的空气所做的功,若没有自然风压存在,全压是用来克服通风管网的通风阻力和消耗于风机出口的动能损失。克服通风管网阻力的称为静压$h_{通静}$,出口动能损失为通风机速压$h_{通速}$。由于通风机的速压是用来克服风流自扩散器出口断面到地表大气(抽出式)或风硐(压入式)的局部阻力的,所以扩散器出口断面的速压等于通风机的速压,即:

$$h_{通全}=h_{通静}+h_{通速} \tag{4-9}$$

$$h_{扩速}=h_{通速} \tag{4-10}$$

(三)通风机的功率

通风机的输入功率表示通风机轴从电动机获得的功率,单位为kW,通风机的输入功率(或轴功率)可用下式计算:

$$N_{输入}=\frac{\sqrt{3}\ UIcos\varphi}{1000}\eta_{电}\eta_{传},kw \tag{4-11}$$

式中 U——线电压,V;

I——线电流,A;

$cos\varphi$——功率因数;

$\eta_{电}$——电动机效率,%;

$\eta_{传}$——传动效率,%。

通风机的输出功率也叫有功功率,是指单位时间内通风机对通过的风量为Q的空气所做的功,即:

$$N_{输出}=hQ/1000,kW \tag{4-12}$$

因为通风机的风压有全压和静压之分,所以公式(4-12)中当h为全压时,即为全压输出功率;当h为静压时,即为静压输出功率。

(四)通风机的效率

通风机的效率是指通风机输出功率与输入功率之比。因为通风机的输出功率有全压输出功率和静压输出功率之分,所以通风机的效率分为全压效率和静压效率,即:

$$\eta_{通全}=N_{输出全}/N_{输入}=h_{通全}Q/1\,000N_{输入} \tag{4-13}$$

$$\eta_{通静}=N_{输出静}/N_{输入}=h_{通静}Q/1\,000N_{输入} \tag{4-14}$$

很显然,通风机的效率越高,说明通风机的内部阻力损失越小,性能也越好。

二、通风机的个体特性曲线及工作范围

(一)通风机的个体特性曲线

通风机的风量、风压、功率和效率这4个基本参数可以反映出通风机的工作特性。每一台通风机,在额定转数的条件下,对应于一定的风量,就有一定的风压、功率和效率;风量如果变动,其他3者也随之改变。因此,可以将通风机的风压、功率和效率随风量变化而变化的关系,分别用曲线表示出来,称为通风机的个体特性曲线。这些个体特性曲线不能用理论计算方法来绘制,必须通过实测来绘制。

主要通风机个体特性曲线的一般形状如图4–13、图4–14所示。

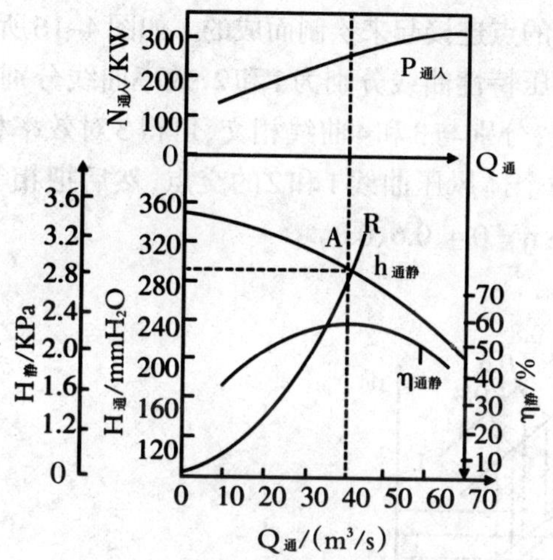

图4–13 离心式通风机个体特性曲线

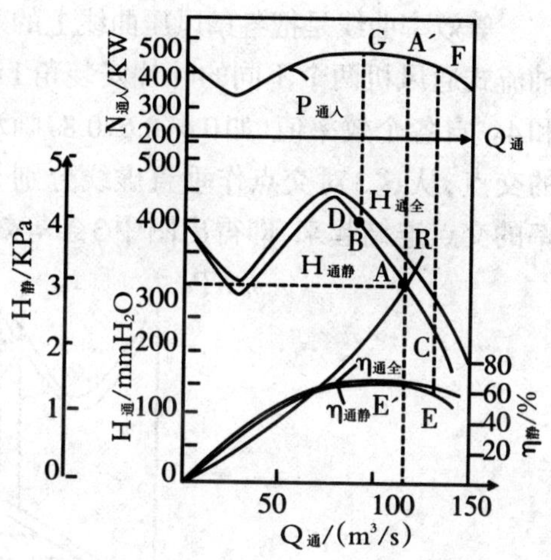

图4–14 轴流式通风机个体特性曲线

1.风压特性曲线($H–Q_f$)

从图中可看出,离心式与轴流式通风机的风压特性曲线各有特点:离心式通风机的风压特性曲线比较平缓,当风量变化时,风压变化不大;而轴流式通风机的风压特性曲线较陡,并有一个“马鞍形”的“驼峰”区,当风量变化时,风压变化较大。

2.功率曲线($N–Q_f$)

图中$N_{通入}$为通风机的输入功率曲线。离心式通风机当风量增加时,功率也随之增大;所以,启动时,应先关闭闸门然后再逐渐打开。轴流式通风机在B点的右下侧功率是随着风量的增加而减少,所以启动时应先全敞开或半敞开闸门,待运转稳定后再逐渐关闭闸门到合适位置,以防止启动时电流过大,引起电动机超负荷。

3.效率曲线($\eta–Q_f$)

图4–14中η为通风机的效率曲线。当风量逐渐增加时,效率也逐渐增大,当增加到最大值后便逐渐下降。轴流式通风机叶片的安装角是可调整的,因此叶片的每个安装角都相应地有一条风压曲线。为了使图清晰,轴流式通风机的效率一般用等效率曲线来表示,如图4–15所示。

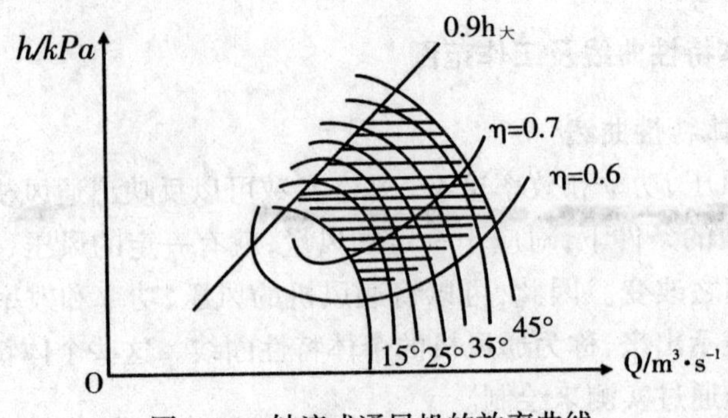

图4-15　轴流式通风机的效率曲线

等效率曲线是把各条风压曲线上的效率相同的点连接起来绘制而成的。如图4-16所示，轴流式通风机两个不同的叶片安装角1和2的风压特性曲线分别为1和2，效率曲线分别为3和4。自各个效率值（如0.4、0.6、0.8）画水平虚线，分别与3和4曲线相交，可得3对效率相等的交点，从这3对交点作垂直虚线分别与相应的个体风压曲线1和2的交点，然后把相等效率的交点连结起来，即得出图中3条等效率曲线：η = 0.4、0.6、0.8。

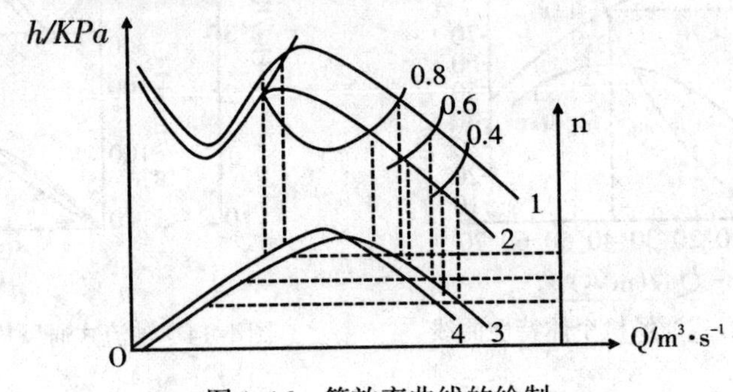

图4-16　等效率曲线的绘制

（二）通风机的工作范围和工况点

1.主要通风机的工作范围

当以同样的比例把矿井总风阻曲线绘制于通风机个体特性曲线图中时，则风阻曲线与风压曲线交于A点，此点就是通风机的工况点或工作点，如图4-14所示。A点的坐标值就是主要通风机实际产生的静压和风量；通过*A*点做垂线，分别于$N-Q_f$曲线和从$\eta-Q_f$曲线的交点的纵坐标值*N*值和η值，分别代表通风机的实际功率和静压效率。从工作点A可以看出，此时通风机的静风压为3030Pa，风量为115 m³/s，功率为450 kw（*A´*点决定），静压效率为0.68（*E´*点决定）。试验证明，如果轴流式通风机的工作点位于风压曲线的“驼峰”的左侧时（*D*点的左侧）通风机的运转就可能产生不稳定状况，即工作点发生跳动，风量忽大忽小，声音极不正常，所以通风机的工作风压不应大于最大风压的0.9倍，即工作点应在*B*点以下。主通风机的效率不应低于0.6（*E*点），即工作点对应在*C*点以上。*BC*段就是通风机合理的工作范围。由于受到动轮和叶片的结构限制，风机的转数不得超过额定值；轴流式风机还有动轮叶片角度的限制，一级最小不得低于10°，二级不得低于15°，最大不得大于45°。对于图4-15，其合理工作范围为图中阴影部分。

2.主要通风机的工况点

主要通风机工况点是指通风机风压特性曲线与矿井风阻特性曲线在同一坐标图上的交点。当以同样的比例把矿井总风阻曲线绘制于通风机个体特性曲线图中时,风阻曲线与风压曲线的交点A就是通风机的工况点,工况点实际上就是风机在某一特定转速和工作风阻条件下的一组工作参数,即风量Q、风压h、功率N和效率η,一般指风压h和风量Q两参数。从图4-14可知,对应工况点A的一组参数是:通风机的静风压为3030Pa,风量为115 m^3/s,功率为450 kW(A′点决定),静压效率为0.68(E′点决定)。工况点的确定方法有图解法和解方程法2种。以上方法即为图解法,图解法应用比较普遍;随着计算机的广泛应用,解方程法的应用将会日益增多。

三、同类型通风机的比例定律及类型特性曲线

(一)同类型通风机的比例定律

同类型(或同系列)通风机是指通风机的几何尺寸、运动和动力相似的一组通风机。对同类型的通风机,气体在通风机内的流动过程相似,它们之间在任意对应点的同名物理量之比保持常数,这些常数叫相似常数或比例系数。当转数n,叶轮直径D和空气密度ρ发生变化时,通风机的性能也发生变化。这种变化可用通风机的比例定律说明其性能变化规律。根据通风机的相似条件,可求出通风机的比例定律为:

$$\frac{H_1}{H_2}=\frac{\rho_1}{\rho_2}\left(\frac{D_1}{D_2}\right)^2\left(\frac{n_1}{n_2}\right)^2 \tag{4-15}$$

$$\frac{Q_1}{Q_2}=\frac{n_1}{n_2}\left(\frac{D_1}{D_2}\right)^3 \tag{4-16}$$

$$\frac{N_1}{N_2}=\frac{\rho_1}{\rho_2}\left(\frac{n_1}{n_2}\right)^3\left(\frac{D_1}{D_2}\right)^5 \tag{4-17}$$

$$\eta_1=\eta_2 \tag{4-18}$$

上述公式说明,通风机的风压与空气密度的一次方、转数的二次方、叶轮直径的二次方成正比;通风机的风量与转数的一次方、叶轮直径的三次方成正比;通风机的功率与空气密度的一次方、转数的三次方、叶轮直径的五次方成正比;通风机对应工况点的效率相等。

通风机的比例定律,在实际工作中有重要的用途。应用比例定律,可以根据一台通风机的个体特性曲线推算、绘制转数、叶轮直径或空气密度不相同的另一台同类型通风机的个体特性曲线。

例题:某矿采用抽出式通风,主要通风机转速为n = 800r/min,矿井总风量为95m^3/s。后来因为生产需要,矿井总风量需增大到105m^3/s。拟采用调整主要通风机工作转速的方法来调整矿井总风量。求转速应调整为多少。

解:由通风机比例定律得知,当通风机的叶轮直径不变时,通风机的风量与转速成正比,则 $n_2=\frac{Q_2}{Q_1}n_1=\frac{105}{95}\times800=884\text{r/min}$ 。

(二)通风机的类型特性曲线

在同类型通风机中,当转速、叶轮直径各不相同时,其个体特性曲线会有很多组。为了

简化和利于比较,可将同一类型中各种通风机的特性只用一组特性曲线来表示。这一组特性曲线称为通风机的类型特性曲线。同一类型或结构相似的通风机,其风机内部风流的运动符合流体相似模型的各项准则,具有运动相似和动力相似特性。通风机类型特性曲线的有关无因次参数,可由比例定律得出。

1.压力系数($\overline{H}$)

同系列通风机在相似工况点的全压和静压系数均为一常数,用下式表示:

$$\overline{H}=\frac{H_{通}}{\rho u^2}=常数c \tag{4-19}$$

式中 $\overline{H}$称为压力系数,无因次;

ρ——空气密度,kg/m^3;

u——圆周速度,m/s。

公式(4-19)中,如果$H_{通}$为通风机的全压,则压力系数称为全压系数;如果$H_{通}$为通风机的静压,则压力系数称为静压系数。

2.流量系数($\overline{Q}$)

$$\overline{Q}=Q_1/u_1D_1^2=Q_2/u_2D_2^2=常数 \tag{4-20}$$

或

$$\overline{Q}=\frac{4Q_1}{\pi D_1^2u_1}=\frac{4Q_2}{\pi D_2^2u_2} \tag{4-21}$$

其普遍形式为:

$$\overline{Q}=\frac{4Q}{\pi D^2u} \tag{4-22}$$

式中 $\overline{Q}$称为流量系数,无因次。

D,u——分别表示两台相似风机的叶轮外缘直径和圆周速度。

公式(4-22)表明,同类型通风机在相似工况点,其流量系数$\overline{Q}$为常数。

3.功率系数($\overline{N}$)

通风机的轴功率为:

$$\overline{N}=\frac{H_{通}Q}{1000\eta},kw$$

式中的$H_{通}$、Q分别用式(4-19)、式(4-22)代入,得:

$$\overline{N}=\frac{\overline{H}\rho u^2(\pi/4)D^2u\overline{Q}}{1000\eta}=\frac{\pi\rho D^2u^3\overline{H}\,\overline{Q}}{4000\eta}$$

$$故\ \overline{N}=\overline{H}\,\overline{Q}/\eta=常数 \tag{4-23}$$

式中,$\overline{N}$称为功率系数,无因次。公式(4-22)表明,同类型通风机在相似工况点的效率相等,功率系数$\overline{N}$为常数。

以上三个参数都不含有因次,因此叫无因次参数。

将圆周速度u=πDn/60代入公式(4-19)、式(4-22)、式(4-23)中,得通风机的风压H、风量Q、功率N与相应的无因次系数的关系式为:

$$H=0.00274\rho D^2n^2\overline{H} \tag{4-24}$$

$$Q=0.04108D^3n\overline{Q} \tag{4-25}$$

$$N=1.127\times10^{-7}\times\rho D^5n^3\overline{N} \tag{4-26}$$

同类风机模型进行试验时，风机模型与试验管道相连接运转，并利用试验管道依次调节通风机的工况点，然后测算与各工况点相对应的h、Q、N和η，利用公式(4–19)、(4–22)、(4–23)计算出各工况点相应的$\overline{H}$、$\overline{N}$、$\overline{Q}$和η值。然后以$\overline{Q}$为横坐标，以$\overline{H}$、$\overline{N}$和η为纵坐标绘出$\overline{H}$—$\overline{Q}$、$\overline{N}$—$\overline{Q}$和η—$\overline{Q}$曲线，即为该类型通风机的类型特性曲线，如图4–17即4–72–11型离心式通风机类型特性曲线。对于不同类型的通风机，可以用类型特性曲线比较其性能；可根据类型特性曲线和通风机的直径、转速推算出个体特性曲线。在应用图4–17推算个体特性曲线时，No.10、12、16、20号通风机按No.10模型推算，No.5、6、8号通风机按No.5模型推算。

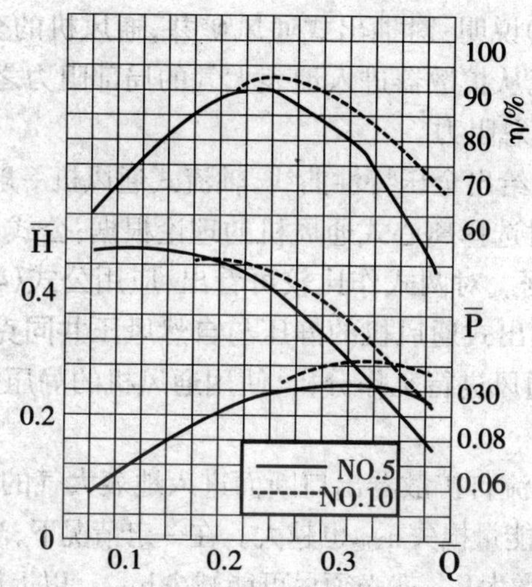

图4–17　4–72–11型离心通风机类型特性曲线

四、通风机风压与通风阻力的关系

(一)抽出式通风矿井通风机与通风阻力的关系

如图4–18所示，对于通风机采用抽出式通风的矿井，通风机的全压为通风机扩散器出口断面5与通风机入口断面4的绝对全压之差，即：

$$H_{通全}=P_{全5}-P_{全4}=(P_{静5}+h_{速5})-(P_{静4}+h_{速4})=(P_{静5}-P_{静4})+(h_{速5}-h_{速4})$$

式中　$P_{全5}$、$P_{全4}$——断面5、4上的绝对全压；

$P_{静5}$、$P_{静4}$——断面5、4上的绝对静压；

$h_{速5}$、$h_{速4}$——断面5、4上的速压。

因为断面5的绝对静压就等于与该断面同标高的地面大气压力P_0，所以$P_{静5}-P_{静4}=h_{静4}$。$h_{静4}$为断面4的相对静压，也就是通风机机房静压压差计的读数，故上式可写为：

$$H_{通全}=h_{静4}-h_{速4}+h_{速5}=h_{全4}+h_{速5} \tag{4-27}$$

式(4–27)说明：抽出式通风矿井通风机的全压等于该通风机入口断面上的相对静压

减去该断面上的速压，再加上扩散器出口断面上的速压。通风机全压的测算，一般是用压差计测出通风机入口断面4相对静压和扩散器出口断面5的平均速压，然后代入式(4-27)计算。

因$h_{速5}=h_{通速}$；$h_{通全}-h_{通速}=h_{通静}$，故式(4-27)可写为：

$$h_{通静}=h_{静4}-h_{速4} \tag{4-28}$$

公式(4-28)说明，抽出式通风机的静压等于该通风机入口断面4的相对静压减去该断面上的速压。

因为$h_{阻}=h_{静4}-h_{动4}\pm H_{自}$

所以将上式分别代入式(4-27)和(4-28)，得：

$$h_{通全}\pm h_{自}=h_{阻}+h_{速5} \tag{4-29}$$

$$h_{通静}\pm h_{自}=h_{阻} \tag{4-30}$$

公式(4-29)和式(4-30)说明：对抽出式通风矿井，通风机的全压与自然风压的代数和等于矿井通风总阻力与风流从扩散器进入地表大气的局部阻力之和；通风机的静压与自然风压的代数和等于矿井通风总阻力。

因为离心式通风机一般给出全压特性曲线，轴流式通风机一般给出静压特性曲线，所以公式(4-29)是抽出式通风时选择离心式通风机的理论根据；公式(4-30)是抽出式通风时选择轴流式通风机的理论根据。对两式作比较可看出，应用公式(4-30)比较简便，因为在设计时只计算$h_{阻}$一项，作为抽出式通风机的静压与自然风压共同克服的工作阻力，并用通风机的静压特性曲线对矿井通风进行工作分析，使用通风机的静压效率来衡量该通风机的工作质量或运转的合理性。

因为$h_{通速}$是为了克服风流自扩散器出口断面进入地表大气的局部阻力而产生的能量损失，所以此项局部阻力越大，能量损失$h_{通速}$也越大。在一定情况下，当通风机所产生的全压$h_{通全}$一定时，$h_{通速}$大，$h_{通静}$则小，要增大$h_{通静}$就必须尽可能减少$h_{通速}$。以上说明，抽出式通风机的静压是有效风压，故应该尽可能增大有效静压$h_{通静}$；而抽出式通风机的速压$h_{通速}$是无益的风压，故应该尽可能减少。因此通风机必须安装扩散器，使其断面由小逐渐变大，以减少$h_{通速}$，达到尽可能增大$h_{通静}$的目的。一般的，安装了合适扩散器的通风机与没有安装扩散器的通风机相比，其速压大约可减少70%～75%，所以扩散器是大型通风机必不可少的组成部分。

例：如图4-18所示抽出式通风矿井，已知通风机机房静压压差计的读数$h_{静4}$=200mmH_2O，风硐断面4的面积$S_4=8m^2$，平均风速$V_4=12m/s$，扩散器出口断面面积$S_5=24m^2$，空气密度$\rho_{1-2}=1.22kg/m^3$，$\rho_{3-4}=1.16kg/m^3$，矿井开采深度Z=300m。试求该矿井通风机的静压、速压以及全矿井自然风压、矿井通风阻力的大小。

解：(1) 因为$h_{速4}=\dfrac{\rho \nu_4^2}{2}=(1.16\times\dfrac{12^2}{2})=83.5Pa$

$$\nu_5=\frac{\nu_4 S_4}{S_5}=(12\times\frac{8}{24})=4m/s$$

所以$h_{通静}=h_{静4}-h_{速4}=(200\times9.8-83.5)Pa=1876.5Pa$

$h_{通速}=h_{速5}=\frac{\rho v_5^2}{2}=(1.16\times\frac{4^2}{2})=9.3\text{Pa}$

$h_{通全}=h_{通静}+h_{通速}=(1876.5+9.3)\text{Pa}=1885.8\text{Pa}$

(2)矿井自然风压为：

$h_{自}=Z(\rho_{1-2}-\rho_{3-4})g=300\times(1.22-1.16)\times9.8=176.4\text{Pa}$

(3)矿井通风阻力为：

$h_{阻}=h_{通静}+h_{自}=(1876.5+176.5)\text{Pa}=2052.9\text{Pa}$

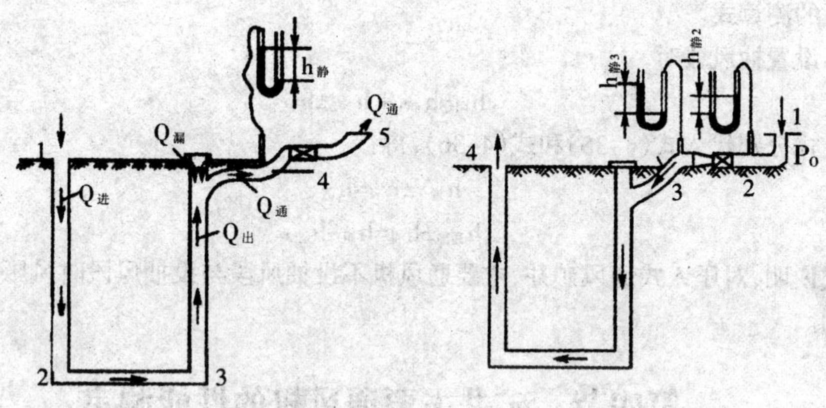

图4-18　抽出式通风矿井　　　　图4-19　压入式通风矿井

(二)压入式通风矿井通风机风压与通风阻力的关系

如图4-19所示，对于压入式通风矿井，通风机的全压为通风机扩散器断面3与通风机吸风侧断面2上绝对全压之差，即：

$$h_{通全}=P_{全3}-P_{全2}=(P_{全3}-P_0)+(P_0-P_{全2})=h_{全3}+h_{全2}$$

$$即\ h_{通全}=h_{全3}+h_{全2} \tag{4-31}$$

因为$h_{全3}=h_{静3}+h_{速3}$，且$h_{速3}=h_{通速}$

所以，由式(4-31)得：

$$h_{通静}=h_{静3}+h_{全2}=h_{静3}+h_{静2}-h_{速2} \tag{4-32}$$

因为$h_{阻}=h_{全2}+h_{全3}\pm h_{自}$

将上式分别代入(4-31)和(4-32)，得：

$$h_{通全}\pm h_{自}=h_{阻} \tag{4-33}$$

$$h_{通静}\pm h_{自}=h_{阻}-h_{速3} \tag{4-34}$$

式(4-33)说明：压入式通风矿井，通风机的全压与自然风压的代数和等于矿井通风总阻力。因此，对于压入式通风矿井，就必须选用通风机的全压特性曲线来进行工作，并使用通风机的全压效率来衡量它的工作质量。所以，此式也是采用压入式通风时选择离心式通风机的理论根据。

式(4-34)说明：压入式通风矿井，通风机的静压与自然风压的代数和等于矿井通风总阻力与通风机速压之差。也就是说，如果使用压入式通风机的静压特性曲线，就必须用此式进行换算，即在矿井通风总阻力中减去通风机的速压，然后绘制通风机的静压特性曲线。

所以，此式也是采用压入式通风时选择轴流式通风机的理论根据。

压入式通风矿井，如果主要通风机不设置抽风段而使其进风口2直接和地面大气相通，则通风机的全压和静压为：

$$h_{通全}=P_{全3}-P_0=(P_{静3}+h_{速3})-P_0=h_{静3}+h_{速3}$$

$$即\ h_{通全}=h_{静3}+h_{速3} \tag{4-35}$$

$$h_{通静}=h_{静3} \tag{4-36}$$

式(4-35)和式(4-36)就是压入式通风矿井，当主要通风机不设置抽风段时通风机的全压与静压的测算式。

因不设置抽风段时

$$h_{阻}=h_{静3}+h_{速3}\pm h_{自}$$

将上式分别代入式(4-35)和式(4-36)，得：

$$h_{通全}\pm h_{自}=h_{阻} \tag{4-37}$$

$$h_{通静}\pm h_{自}=h_{阻}-h_{速3} \tag{4-38}$$

上式说明，对压入式通风矿井，主要通风机不设抽风段与设抽风段时风压与阻力关系的结果相同。

第四节　矿井主要通风机的性能测定

通风机厂提供的特性曲线往往是根据模型试验资料换算绘制的，一般未考虑外接扩散器。而实际运行的通风机都装有扩散器，另外由于安装质量和运转磨损等原因，通风机的实际运转性能往往与厂方提供的性能曲线不相同。因此，《规程》规定：新安装的主要通风机投入使用前，必须进行1次通风机性能测定和试运转工作，以后每5年至少进行1次性能测定。

通风机性能测定的内容是测量通风机的风量、风压、输入功率和转数，并计算通风机的效率，然后绘出通风机实际运转特性曲线。

由于抽出式通风矿井是用通风机的静压克服矿井总阻力，而压入式通风矿井是用通风机的全压克服矿井总阻力。所以对抽出式通风矿井，一般测算通风机的静压特性曲线、输入功率曲线和静压效率曲线，而对压入式通风矿井，一般测算通风机全压特性曲线、输入功率曲线和全压效率曲线。

主要通风机的性能测定，一般在矿井停产检修期间进行。根据矿井具体情况，可以采用由回风井短路或带上井下通风网路进行。矿井通风改造，急需了解通风机性能时，也可在矿井不停产条件下，采用备用通风机进行性能测定，由反风门道百叶窗短路进风和调节工况。

一、通风机性能测定布置和参数测定

通风机性能测定的布置方式应根据具体情况因地制宜地确定，其总的要求是要选择风流稳定区测量风压和风量，以使测量的数据准确可靠。

对于生产矿井，一般都是利用通风机风硐进行实验，其布置如图4-20所示，在Ⅰ—Ⅰ断面处设框架，用木板来调节通风机的工况，在Ⅱ—Ⅱ断面处设置静压管，测量该断面的相对静

压,用风表在Ⅱ—Ⅱ断面之后测量风速,或者在Ⅲ—Ⅲ断面的圆锥形扩散器的环型空间用皮托管测算风速。

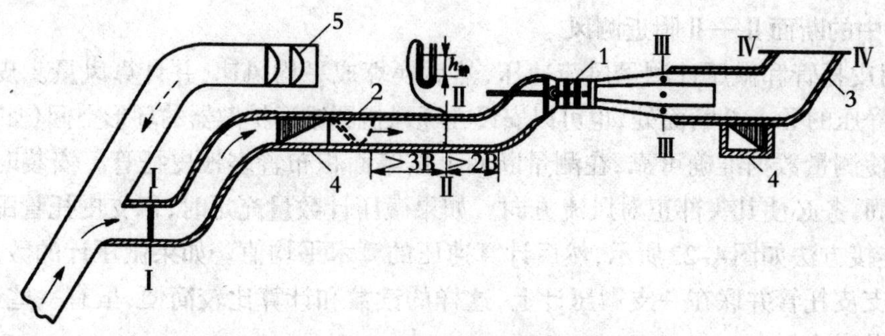

图4-20 通风机特性试验时断面的布置

1——通风机;2——风硐;3——扩散器;4——反风绕道;5——防爆门;

(一)通风机工况调节的位置和方法

通风机性能试验时逐点改变通风阻力(即改变风量),测定其相应的风压、输入功率并计算其效率,这种改变通风阻力的工作叫通风机的工况调节。工况调节的地点一般设在与回风井交接处的风硐口,如图4-20中I—I所示的位置,当条件不允许的时候可设置在总回风道或利用风硐闸门与井口防爆门调节。其方法是在调节地点的风硐内设置稳固的框架,如图4-21所示,靠风机风压的吸力将薄木板吸附在上面,缩小有效的断面来改变风机的阻力。框架必须牢固、结实,安装时插入巷壁的深度不得小于150 mm,木板要有足够的强度,并准备多种规格,以便使用。调节工况的木板数目不应少于8~10个,以保证测量的特性曲线光滑、连续。在轴流式风机的风压曲线的"驼峰"区,测点要加大密度,在稳定的区域测点密度可以稀疏些。离心式通风机一般采用封闭启动,即网络风阻最大时启动(又称关闸门启动),逐渐降阻调节工况。轴流式风机一般采用开路启动,即网络风阻最小时启动(又称开闸门启动),逐渐增阻调节工况。

(二)通风机性能参数的测定

1.静压测定

静压测定的位置应在工况调节处与风机入口之间的直线段上,距通风机入口的2倍叶轮直径以外的稳定风流中,如图4-20中的Ⅱ—Ⅱ断面处。

为了测出测压断面上的平均相对静压,可以在风硐内设十字连接管,在连接管上均设置静压管,然后将总管连接在压差计上,如图4-22所示。

图4-21 工况调节框架

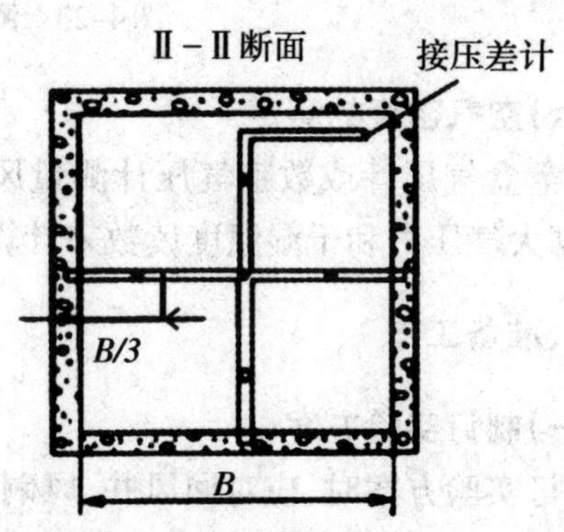

图4-22 静压管的布置

2. 风速的测定

(1)用风表在工况调节处与通风机入口之间的风流稳定区域测平均风速,并计算风量。如图4-20中的断面Ⅱ—Ⅱ附近测风。

(2)用皮托管和微压计测量风流速压,然后换算成平均风速,并计算风量。皮托管可安设在测量静压的Ⅱ—Ⅱ断面处,也可以安设在通风机圆锥形扩散器的环形空间(如图4-23所示)。为了使测量数据准确可靠,在测量断面上按等面积布置多根皮托管。安装时应将皮托管固定牢固,务必使其头部正对风流方向。如果微压计数量充足时,每支皮托管配置一个微压计,其连接方法如图4-23所示,然后计算速压的算术平均值。如果微压计的数量不足时,可以将几支皮托管并联在一支微压计上,这样的读数和计算比较简便,虽有一些误差,但是对测量结果影响不大。

(四)电动机功率及其效率的测定

电动机输入功率可用2个单相瓦特表或3个瓦特表来测定,也可用电压表、电流表和功率因数表测定,还可用其他专用仪器来测定。电动机的功率可根据制造厂家的特性曲线选取,使用时间较久的电动机可采用间接方法即损耗法来测定。

(五)通风机与电动机的转数测定

通风机和电动机的转数可用转数表来测定,通风机和电动机直接传动时应测定电动机的转数。如果是皮带轮传动的,应分别测定通风机和电动机的转数。

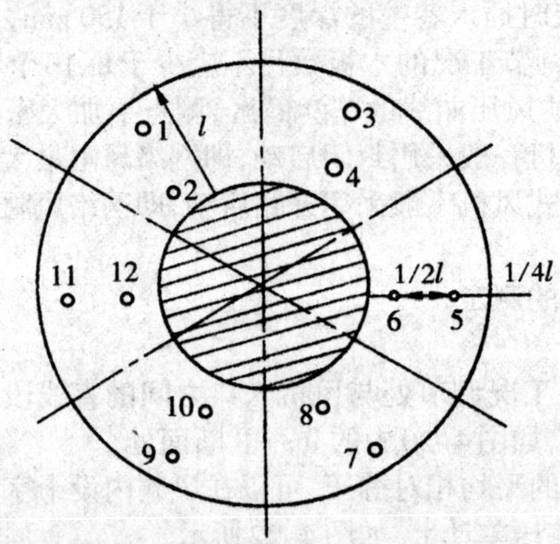

图4-23 测量速压时皮托管的布置

(六)空气密度的测定

用空盒气压计或数字气压计测量风流的大气压力,用干湿温度计测量风流的干、湿温度,根据大气压力和干湿温度读数来计算空气的密度。

二、准备工作

(一)制订实验方案

制订实验方案时,应对回风井、风硐、通风机等设备的周围环境作周密调查,然后根据本矿的实际情况,确定合理的实验方案。

(二)准备仪表、工具和记录表格

通风机性能实验所需要的仪表、工具见表4-1,基础记录表格见表4-2至表4-10。所用的仪表必须经过校正,并对测量人员进行培训使其能够正确地使用。

表4-1　　通风机性能测定所用的仪器和工具

名称	规格	数量	用途	说明
风表	高速 中速 低速	各1只	在矿井总回风道中或风硐中测风速	具体台数依测定方案选定
秒表	普通	2只	配合风表测风速	
垂直水柱计	0～400mm	1只	测量通风机所产生的静压	
压差计	Y-61型或DJM9型	1～6台	在风硐或圆锥形扩散器中测速压	
皮托管	500mm长	12支以上	配合压差计测速压	
胶皮管	内径4mm	若干	传递压力	
三角接头	外径4～5mm	若干	连接胶皮管用	
瓦特表	三相或单相的	1只或2只	测量电动机的功率消耗	各种电器仪表应采用0.2级或0.5级精度,并使所测得的数值在仪表测量范围的20%～95%以内
电流表	依通风机的电动机容量选择	1～2只	测量电动机的电流量	
电压表	同上	1～2只	测量电动机的电压	
功率因数表	依通风机的电动机容量选择	1只	测量电动机的功率因数	
电压互感表	依电动机的额定电压选定	单项的2只	配合电压表使用	
转速表	依电动机选定	1个	测量电动机的转动	
气压计	空盒式、数字式	各1台	测量通风机风流的绝对大气压力	
温度计	干湿球温度计	1支	测量风流的相对湿度	
计算器(或计算机)		1个(1台)	计算数据	
电话机	防爆、普通	各1台	通讯联络	包括电话线
木板	厚15～20mm,长2m	若干	井下调节风量	

表4-2　　　　气象原始记录表

测定地点＿＿＿＿＿　　　　　　　　　　测定日期＿＿＿＿＿

序号	项目 测定时间	干温度/℃	湿温度/℃	相对湿度/%	大气压力/Pa	空气密度（kg·m^{-3}）
1						
2						
3						

表4-3　　　　风量原始记录表(一)

测定地点＿＿＿＿＿　　　　　　　　　　测定日期＿＿＿＿＿

测点序号	项目 测定时间	测风处断面积/m^2	表速/(m·s^{-1})				实际风速（m·s^{-1}）	风量(m^3·s^{-1})
			第1次	第2次	第3次	平均		
1								
2								
3								
4								

注:用风表测算风量时用表4-5,用皮托管和压差计测算风量时用表4-6。

表4-4　　　　风量原始记录表(二)

压差计编号＿＿＿＿＿　　　　　　　　　　测定日期＿＿＿＿＿

测点序号	项目 测定时间	速压测定值/Pa				换算成风速（m·s^{-1}）	测点断面积/m^2	风量（m^3·s^{-1}）
		第1次	第2次	第3次	平均			
1								
2								
3								
4								

表4–5 **静压原始记录表**

测压地点________ 测定日期________

项目 测定时间	测定时间	测压处断面积/m^2	增(减)木板面积/m^2	静压读值	
				mmH_2O	Pa
1					
2					
3					
4					

表4–6 **机电原始记录表**

风机型号________ 测定日期________

测点序号	测定时间	电流/A	电压/V	功率因数/%	计算出的功率/kW	功率表测得的功率/kW	通风机转速/($r\cdot min^{-1}$)
1							
2							
3							
4							

表4–7 **通风机性能测定风量记录汇总表**

测定地点________ 通风机名称________

测定日期________ 叶轮安装角度________

测点序号	测风地点 记录时间	矿井总回风			扩散器环形空间							水泥扩散器出口			备注
		断面/m^2	风速/($m\cdot s^{-1}$)	风量Q/($m^3\cdot s^{-1}$)	速压测定值/Pa				平均风速/($m\cdot s^{-1}$)	断面/m^2	风量Q/($m^3\cdot s^{-1}$)	断面/m^2	风速/($m\cdot s^{-1}$)	风量Q/($m^3\cdot s^{-1}$)	
					1号仪器	2号仪器	3号仪器	4号仪器							
1															
2															
3															
4															

表4-8　　通风机性能测定静压记录计算表

测定地点________　　　　通风机名称________

测定日期________　　　　叶轮安装角度________

项目 测点序号	记录时间	风硐测压断面风流的相对静压/Pa	风量/($m^3·s^{-1}$)	风硐断面/m^2	风硐测压断面风流的平均速压/Pa	通风机静压/Pa	备注
1							
2							
3							
4							

表4-9　　通风机性能测定校正计算表

测定地点________　　　　通风机名称________

测定日期________　　　　叶轮安装角度________

项目 测点序号	风机进风口大气压力P/Pa	空气温度t/℃	空气密度/(ρ/Kg·m^{-3})	空气密度校正系数/$K_ρ$	通风机转速校正系数			校正后的风量$Q_{通}$/($m^3·s^{-1}$)	校正后的通风机静压$h_{通静}$/Pa	校正后的输入功率$N_{通入}$/kW	校正后的输出静压功率$N_{通静出}$/kW
					K_n	K_n^2	K_n^3				
1											
2											
3											
4											

表4-10　　通风机工作参数汇总表

测定地点________　　　　通风机名称________

测定日期________　　　　叶轮安装角度________

测点序号	通风机通过的风量$Q_{通}$/($m^3·s^{-1}$)	通风机的静压$h_{通静}$/Pa	静压输出功率$N_{通静出}$/kW	通风机输入功率$N_{通入}$/kW	静压效率$η_{通静}$/%	备注
1						
2						
3						
4						

(三)其他准备工作

1. 记录通风机和电动机铭牌上的技术数据,并检查通风机电动机各部件的完好状况。

2. 测量测风地点和安设工况调节框处的巷道断面尺寸。

3. 在工况调节地点安设调节框架,并准备足够数量的木板。在测风地点安装皮托管,在电路上接入电工仪表。

4. 安装临时的联络通讯设施。

5. 检查地面漏风情况,并采取堵漏措施。

6. 清理风硐内碎石等杂物和积水。

(四)组织分工

通风机性能测定工作要由矿总工程师组织通风、机电和救护队等部门或成立通风机试验指挥组,并设总指挥一人。同时设置工况调节、测风、测压、电气测量、通讯联络、安全、速算组,各组的人数由工作任务确定。主要通风机司机要参加整个过程,并听从指挥。

三、试验操作与注意事项

在工况调节之前,应先把防爆门打开,使矿井保持自然通风,然后由总指挥发出信号,启动风机,待风流稳定以后,即进行正式测量。每个工况点按下述步骤操作:

第一声信号:进行工况调节,完毕后通知总指挥,5分钟后发出第二声信号。

第二声信号:各组调整仪器,其中用风表的测风组可开始测风。

第三声信号:各组同时读数,将测量结果记录于基础记录表中,并将结果通知速算组。

速算组将各组测量结果进行速算、绘图,认为工况点间隔合适,测量数据准确,则此点测量工作可结束,通知总指挥,转入第二点的测量工作,如此继续进行,直到将预定的测点测完为止。

在通风机性能试验中应注意以下事项:

1. 通风机应在低负荷工况下启动,随时注意电动机负荷和各部件的温升。轴流式通风机在“驼峰”点附近应特别注意。如果发现超负荷或其他异常现象,必须立即关掉电动机进行处理。

2. 同一工况的各个参数尽可能同时测量,测量数据波动较大时,应取其平均值。

3. 测定过程中,由于工况改变引起井下风量变小时,应密切注意井下瓦斯变化情况,必要时组织矿山救护队员在井下巡逻,以应对紧急情况。

4. 进入风硐的工作人员,必须注意安全,工作时要集中精力。

5. 通风机试验工作宜在停产检修日进行,试验期间要停止提升与运输工作,不要开闭井下巷道中的风门,以免引起压力波动,影响试验的精确程度。

四、资料的整理与绘图

(一)风量的计算

1. 用风表测定风速时可用下式计算通风机的风量:

$$Q'_{通}=S\times\nu,\ m^3/s$$

式中　　S——测风地点风硐的断面积，m^2；

υ——测风断面上的平均风速，m／s。

2. 用皮托管测风时先用下式换算测压断面上的平均风速：

$$\upsilon_{均}=(2/\rho)^{1/2}\times(h_{速1}^{1/2}+h_{速2}^{1/2}+...+h_{速}^{1/2})/n,\ m/s$$

式中　　$h_{速1}$、$h_{速2}$——各测点的速压值，Pa；

n——测点数量；

ρ——空气的密度，kg／m^3。

然后计算风量：

$$Q'_{通}=S_0\times\nu_{均},\ m/s$$

式中　　S_0——安设皮托管处的通风断面积。

（二）抽出式通风机静压的计算

抽出式通风机的静压为：

$$h'_{通静}=h_{静}-h_{速}$$

式中　　$h_{静}$——风硐内测静压断面的相对静压，Pa。

风硐内测静压断面上的平均速压$h_{速}$，可按下式计算：

$$h_{速}=\rho/2\times(Q'_{通}/S')^2,\ Pa$$

S′——风硐内测静压断面的面积。

（三）通风机输入功率$N'_{通入}$和输出静压功率$N'_{通静出}$的计算

$$N'_{通入}=3^{1/2}\times U\times I\times\cos\varphi\times\eta_{电}\times\eta_{传}/1000,\ kw$$

$$N'_{通静出}=h'_{通静}\times Q'_{通}/1000,\ kw$$

（四）通风机静压效率的计算

为了便于比较，要将通风机的上述4项数据换算到额定转速和空气密度ρ_0=1.2kg/m^3的条件下，然后再绘制通风机特性曲线。

1. 通风机的转速的校正系数Kn为：

$$Kn=n_{额}/n_i$$

式中　　$n_{额}$——通风机的额定转数，r／min；

n_i——某一工况点实测的转数，r／min。

2. 空气密度的校正系数Kρ为：

$$K\rho=\rho_0/\rho_i=1.2/\rho_i$$

式中　　ρ_0——井下空气标准密度，其值为1.2kg/m^3；

ρ_i——某一工况点实测的空气密度，kg/m^3。

3. 校正后的通风机的风量：

$$Q_{通}=Q'_{通}\times Kn,\ m^3/s$$

4. 校正后的通风机静压：

$$h_{通静}=h'_{通静}\times Kn^2\times K_P,\ pa$$

5. 校正后的通风机输入功率和输出静压功率：

$$N_{通入}=N'_{通入}\times Kn^3\times K_P,\ kw$$

$$N_{通静出}=N'_{通静出}\times Kn^3\times K_P,\ kw$$

6. 由于静压效率为通风机的输出功率与输入功率之比，故校正前后静压效率相同。

将上述计算结果，汇总到表4–2至表4–10中，然后以$Q_{通}$值为横坐标，分别以$h_{通静}$、$N_{通入}$、$\eta_{静}$为纵坐标，将所对应的各点绘于坐标图上。即可得出若干个点，将这些点连接成光滑的曲线，便可绘出通风机个体特性曲线。

第五节 通风机的联合工作

2台或2台以上的通风机串联或并联在一起运行，以增加风量、升高总风压，称为通风机的联合工作或联合运转。

一、通风机的串联工作

在长巷掘进的局部通风中，由于通风阻力过大，而风量却不需要很大的时候，可采用局部通风机串联工作。图4–24为两台局部通风机集中串联和间隔串联。现在以集中串联压入式通风为例进行工作状况分析。

图4–24 通风机的串联

通风机串联工作时，其总风压等于各台通风机的风压之和，其总风量为通过各台通风机的风量。

$$h_{串总}=h_{通全1}+h_{通全2}$$

$$Q_{串总}=Q_{通1}=Q_{通2}$$

根据上述特性，串联通风时通风机的合成特性曲线可按照“风量相等，风压相加”的原则来绘制。局部通风机集中串联合成的特性曲线如图4–25所示，在l_1的等风量线上，2台通风机的特性曲线Ⅰ和Ⅱ上对应的风压为aa_1和aa_2。将线段aa_1加于线段aa_2上得到F点；同样在等风量线l_2、l_3上可得出G、H等点，将各点用光滑曲线连接即可绘出串联工作时的合成特性曲线Ⅲ。

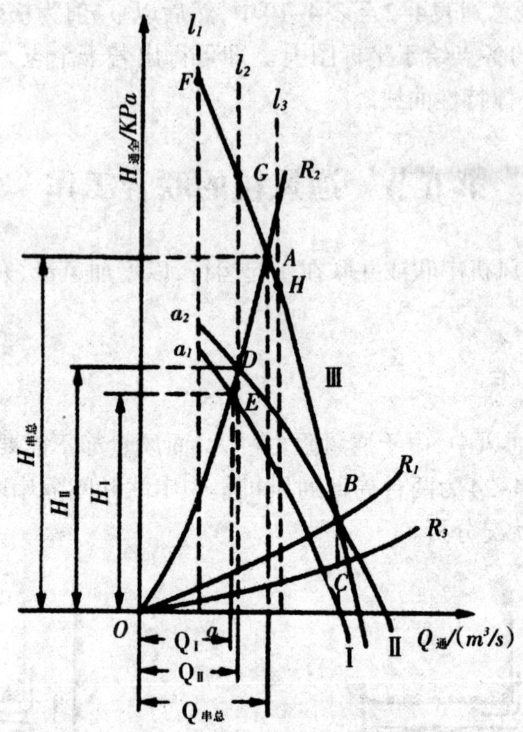

图4-25　通风机集中串联合成特性曲线及分析图

根据网络的风阻特性曲线的不同，通风机集中串联工作可能出现以下3种情况：

1. 当网路风阻特性曲线为R_1时，它与合成特性曲线Ⅲ的交点为B点，而此B点就是从小通风机曲线Ⅰ与横轴的交点作垂线交于大通风机曲线Ⅱ的交点。这时串联通风的总风压和总风量与通风机Ⅱ单独工作的风压和风量一样，通风机Ⅰ在空运转。串联无效果。

2. 当网路风阻特性曲线为R_2时，它与合成特性曲线Ⅲ交于A点（在B点上侧）。这时通风机串联工作的总风压大于任何一台通风机单独工作时的风压h_1或h_2，而总风量$Q_{串总}$大于任何一台通风机单独工作时的风量Q_1或Q_2，这时串联通风是有效的。

3. 当网路风阻特性曲线为R_3时，它与合成特性曲线Ⅲ交于C点（在B点下侧）。这时串联工作的总风压与总风量均小于通风机Ⅱ单独工作时的风压和风量，通风机Ⅰ不仅不起作用，反而成为通风阻力了。

由上述分析可知，B点即为通风机串联工作时的临界点，通过B点的风阻R。为临界风阻。若工作点位于B点的上侧，串联通风是有效的；若工作点位于B点的下侧，串联通风是有害的。当单孔长距离掘进通风风筒风阻很大时，采用局部通风机串联通风其效果才显著。

二、通风机的并联工作

当矿井通风阻力不大，而需要风量很大时，可采用通风机并联工作。通风机并联工作分集中并联和分区并联。图4-26为主通风机与备用主通风机同时开动的集中并联时的特性曲线。

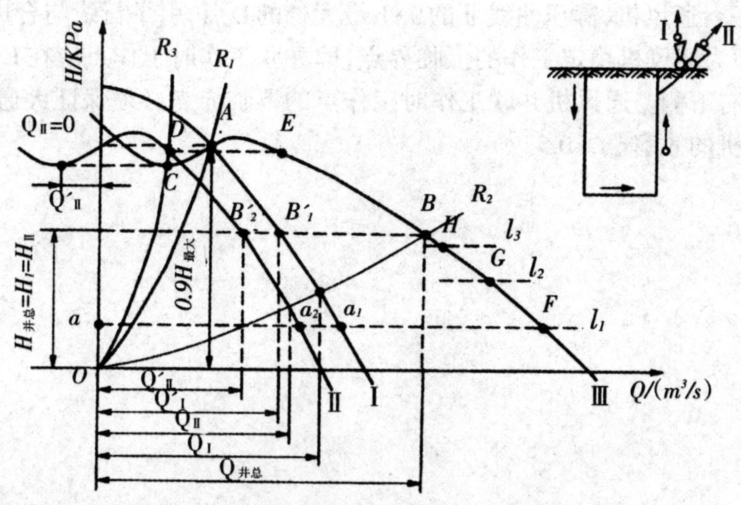

图4-26 通风机集中并联合成特性曲线及分析图

通风机并联工作时，其总风压等于各台通风机的风压，总风量等于各台通风机风量之和。即：

$$h_{并总}=h_{通静Ⅰ}=h_{通静Ⅱ}$$

$$Q_{并总}=Q_{通Ⅰ}+Q_{通Ⅱ}$$

根据上述特性，并联通风时通风机的合成特性曲线可按“风压相等、风量相加”的原则来绘制。如图4-26所示，l_1的等量风压线上，2台通风机特性曲线Ⅰ和Ⅱ上对应的风量为aa_1和aa_2，将线段aa_1加上线段aa_2即得F点；同样在各风压等量线l_2、l_3上可得G、H等点，将各点用光滑曲线连接即可绘出并联工作时的合成特性曲线Ⅲ。

根据矿井通风网路风阻值的不同，通风机并联工作可能出现下述不同情况：

1. 当通风网路风阻特性曲线为R_1时，它与合成特性曲线Ⅲ的交点A恰好就是通风机Ⅰ的特性曲线与同一网络风阻特性曲线的交点，此时并联通风的总风量就等于通风机Ⅰ单独工作时的风量，通风机Ⅱ通过的风量为零，不起作用，即并联通风是无效的。

2. 当通风网络风阻特性曲线为R_2时，它与合成特性曲线Ⅲ的交点B（位于A点右下侧）即为并联通风的工作点。从B点作水平线与两通风机特性曲线交于B'_1和B'_2，由这2点确定通过2台通风机各自的风量分别为Q'_1和Q'_2，且$Q_{并总}=Q_Ⅰ+Q_Ⅱ$，$h_{并总}=h_Ⅰ=h_Ⅱ$。从图中可看出，通风机并联工作时的总风量$Q_{并总}$大于任一台通风机单独对该网络工作时的风量$Q_Ⅰ$或$Q_Ⅱ$，并且风阻R值越小，2台通风机单独对该网络工作的风量之和与并联总风量的差值越小，这就是说通风机并联工作时，其工作点在A点的右下侧，并联通风才有效，而且风阻值越小，其效果越好。

3. 当通风网络风阻特性曲线为R_3时，它与合成特性曲线Ⅲ交于C点（在A点左侧）。此时并联通风的总风量将小于通风机Ⅰ单独对该网路工作时的风量，通风机Ⅱ出现负风量，这就是说通风机Ⅱ并不帮助通风机Ⅰ对矿井网路通风，而成为通风机Ⅰ的进风通路，这种并联工作是不允许的。

从上述分析可知，从增加风量的角度看，只要工作点在A点的右下侧，通风机并联工作就有效。但是并联运转时还必须保证每台通风机处于稳定运转状态，为了保证通风机运转稳定，可由较小的一台通风机，静压曲线Ⅱ的0.9h最大处的D点，引平行线与合成特性曲线Ⅲ交于E点，此点即为通风机稳定工作的上临界点，即并联工作时工作点应在E点的右下侧，而不是在A点的右下侧。通风机并联工作时工作点的下临界点必须保证大通风机的效率$\eta_{静}\geqslant0.6$，小通风机的效率$\eta_{静}\geqslant0.5$。

第二部分 专业核心知识点

1. 自然风压的性质，自然风压的测定。
2. 主要通风机的附属装置。
3. 风硐的要求，防爆门的作用和要求。
4.《规程》对反风的规定，通风机的反风方法。
5. 通风机的个体特性曲线及合理工作范围。
6. 通风机风压与通风阻力的关系。
7. 通风机性能测定。

第三部分　专业技能训练

矿井主要通风机性能测定。

一 准备工作

(一)制订性能测定方案

在矿井停产检修期间利用通风机风硐进行实验,如图4-20所示,在I—I断面处设框架,用木板来调节通风机的工况,在Ⅱ—Ⅱ断面处设置静压管,测量该断面的相对静压,用风表在Ⅱ—Ⅱ断面之后测量风速,工况调节的地点设在与回风井交接处的风硐口,如图4-20中I—I所示的位置。

(二)准备仪表、工具和记录表格

通风机性能实验所准备的仪表、工具见表4-1,基础记录表格见表4-2至表4-10。应对测量人员进行培训,使其都能够正确地使用校正所用的仪表。

(三)其他准备工作

1. 记录通风机和电动机铭牌上的技术数据,并检查通风机电动机各部件的完好状况。
2. 测量测风地点和安设工况调节框处的巷道断面尺寸。
3. 在工况调节地点安设调节框架,并准备足够数量的木板。在测风地点安装皮托管,在电路上接入电工仪表。
4. 安装临时的联络通讯设施。
5. 检查地面漏风情况,并采取堵漏措施。
6. 清理风硐内碎石等杂物和积水。

(四)成立通风机试验指挥组,并设总指挥一人组织分工

设置工况调节、测风、测压、电气测量、通讯联络、安全、速算组。

二、试验操作

在工况调节之前,先把防爆门打开,使矿井保持自然通风,然后由总指挥发出信号,启动风机,待风流稳定以后,进行正式测量。每个工况点按下述步骤操作:

第一声信号:进行工况调节,完毕后通知总指挥,5分钟后发出第二声信号。

第二声信号:各组调整仪器,其中用风表的测风组开始测风。

第三声信号:各组同时读数,将测量结果记录于基础记录表中,并将结果通知速算组。

速算组将各组测量结果进行速算、绘图,认为工况点间隔合适,测量数据准确,则此点测量工作可结束,通知总指挥,转入第二点的测量工作,如此继续进行,直到将预定的测点测完为止。

三、资料的整理与绘图

(一)计算测压断面上的平均风速、风量、通风机静压、通风机输入功率$N'_{通入}$和输出静压功率$N'_{通静出}$、通风机静压效率。

(二)绘制通风机个体特性曲线,确定工况点与合理工作范围。

复习题

1.自然风压是怎样形成的？两井筒井口标高相同时有无自然风压？

2.自然风压的特性是什么？

3.影响自然风压的大小和方向的因素有哪些？

4.如何对自然风压加以控制和利用？

5.如何测定矿井自然风压？

6.风硐的要求有哪些？

7.防爆门的作用是什么？如何设置立井防爆门？对防爆门的要求有哪些？

8.《规程》对矿井反风是如何规定的？反风的前提是什么？

9.人工建造扩散器时有何要求？扩散器的作用是什么？

10.矿井反风方法有哪些？如何实现？

11.什么叫通风机的个体特性曲线、类型特性曲线？

12.为什么轴流风机有不稳定工作区？通风机的工作效率不能低于多少？

13.什么叫通风机的工况点和合理工作范围？

14.通风机的联合工作有哪几种形式？其适用条件有哪些？

15.《规程》对通风机的性能测定有何规定？为什么要进行通风机性能测定？

16.某矿主要通风机的工作转速为860r/min,矿井风量为$65m^3/s$,后因矿井总风阻增大,风量减少为$52m^3/s$,不能满足生产要求,若采用调整通风机转速的方法来维持原矿井所需风量$65m^3/s$,试求转速应调整为多少？

17.某抽出式通风矿井,通风机房内的U型水柱计读数$h_{静}=1655Pa$,风硐内测静压断面处的风速为11.5m/s,空气密度为$1.2kg/m^3$。当停止主要通风机运转,关上闸板时,水柱计的读数为152Pa,此时,水柱计液面移动方向与通风机运转时的方向相反,求该矿井的通风总阻力为多少？

讨论题：

1.怎样控制并充分利用自然风压？

2.怎样保证主要通风机能够连续、可靠、安全运转？

3.怎样搞好矿井反风演习？

第五章　矿井通风系统

第一部分　系统理论知识

风流由进风井口进入矿井后，经过井下各用风场所，然后从回风井排出矿井，风流所经过的整个路线及其配套的通风设施称为矿井通风系统。矿井通风系统包括矿井通风方法、通风方式、通风网路和通风设施。

矿井通风系统是否合理，对能否保证各用风地点的供风、保证安全生产；能否在灾变时期保持通风设备运行可靠、稳定，利用通风系统减小灾害事故范围；能否有利于基本建设和降低通风费用起着决定性的作用。

矿井通风系统设计与施工的基本原则和要求

1.基本原则

(1)通风系统简单，网络结构合理；

(2)安全可靠，抗灾能力强；

(3)确保风流稳定可靠，风量足够；

(4)力求经济合理，尽量减少通风工程量，降低通风费用；

(5)有利于实现机械化和现代化。

2.基本要求

(1)每个生产矿井至少有2个能行人的通达地面的安全出口，各个出口间的距离不得小于30m。井下每一个水平到上一个水平和各个采区必须至少有2个便于行人的安全出口，并与通达地面的安全出口相连接。通至地面的安全出口必须有行人设施。

(2)井口和工业场地内建筑物的高程必须高于历年最高洪水位；在山区还必须避开可能发生泥石流、滑坡的地段。井口及工业场地内建筑物的高程低于当地历年洪水位时，必须修筑堤坝、沟渠和采取其他防排水措施。

(3)进风井口必须布置在粉尘、有害和高温气体不能侵入的地方。

(4)总回风道不得作为主要人行道，矿井回风流和主通风机的噪声不得造成公害。

(5)箕斗提升井或装有带式输送机的井筒一般不应兼作风井使用，如不得已，则应遵守《规程》第110条规定。

(6)矿井必须采用机械通风，主要通风机的安装和使用应符合《规程》第121、122条规定。

(7)生产水平和采区必须实行分区通风(并联通风)，并使各条风路阻力接近相等，避免在通风系统中设置过多的风桥、风门、调节风窗等通风构筑物。

(8)采、掘工作面应实行独立通风,若布置独立通风有困难而不得不采用串联通风时,必须遵守《规程》第114条规定。

(9)在主要进、回风巷道中,如需安装风门时,必须装设2道正向和2道反向风门,以防在反风时风流短路。

(10)尽可能地减少公共风路的风阻。

(11)要充分注意降低通风费用。

第一节　矿井通风方法和通风方式

一、矿井通风方法

矿井通风方法按风流获得的动力来源不同,可分为自然通风和机械通风两种。由于《规程》要求"矿井必须采用机械通风",因此,矿井通风方法也可仅指主要通风机的工作方法。

主要通风机的工作方法有抽出式、压入式和抽压混合式3种。

(一)抽出式通风

如图5-1所示,抽出式通风是把主通风机安设在出风井口地面上,利用风硐使主要通风机与出风井筒连通,出风井口安装防爆门。当主通风机运转时,风硐内的空气稀薄,造成低于地面大气压的气压,使空气在大气压力作用下自进风井口进入井下,经由各用风场所后,从出风井排出。在抽出式通风矿井中,井下任何一点的空气压力都小于井外同标高的大气压力,因此,抽出式通风又称为负压通风。它的优点是:

1.抽出式通风在主要进风道不需要安设风门,利于运输和行人,通风管理工作方便、容易。

2.在瓦斯矿井中采用抽出式通风,一般认为当主通风机一旦因故停止运转时,井下的空气压力均会自然升高,在短时间内可抑制采空区、巷道空顶内积聚的瓦斯向巷道或其他工作空间涌出,有利于矿井安全生产。因此,目前我国大部分矿井都采用抽出式通风。

它的缺点是:在开采煤田的上部第一水平时,因地面往往塌陷严重,采用抽出式通风,会把大量污浊、有害气体吸入井下风道;使一部分风流短路,降低有效风量;容易引起煤炭自然发火。

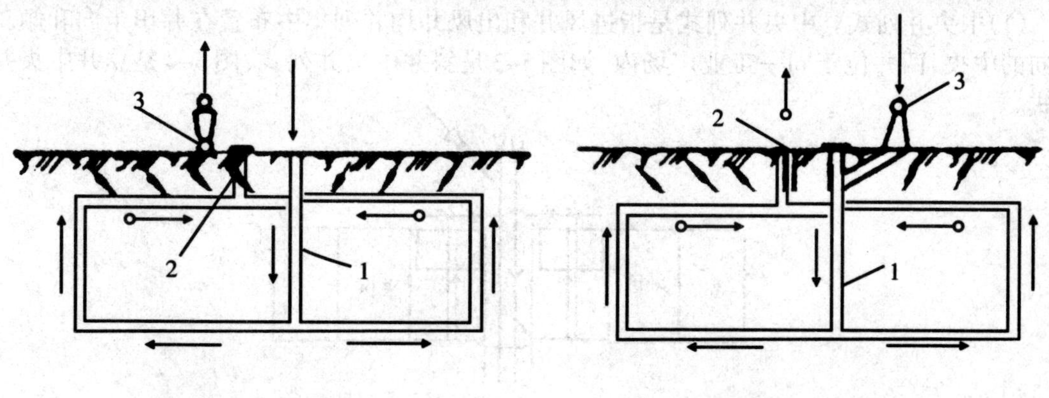

图5-1　抽出式通风　　图5-2　压入式通风

(二)压入式通风

如图5-2所示,压入式通风是把主通风机安装在进风井口地面上,利用风硐使主通风机与进风井筒连通。当主通风机运转时,经过通风机的空气获得能量,风硐内空气压力增大,使之与井下、出风井口形成压力差,促使空气沿着预定路线流动,经各用风场所后,从出风井排出。在压入式通风矿井中,井下任何一点的空气压力都大于井外同标高的大气压力,因此,压入式通风又称正压通风。它的缺点是:

1.主要进风道需要安设风门,所以:给运输和行人带来不便;这些风门经常被损坏,很难维护;矿井进风路线上漏风较大,通风管理工作比较困难。

2.当主通风机因故停止运转时,井下空气压力下降,破坏了巷道中的空气压力与煤岩裂隙及采空区内气压的相对平衡,有利于瓦斯从煤岩裂隙和采空区内向巷道(工作面)空间涌出,使巷道和工作面空气中的瓦斯浓度增加,可能造成瓦斯积聚,威胁安全生产。因此,一般在瓦斯矿井很少采用压入式通风。

但在矿井浅部开采时,由于地表有塌陷出现裂缝与井下沟通时,为避免用抽出式通风将塌陷区的有害气体吸入井下,可在矿井开采第一水平时采用压入式通风,当开采下一水平时再改为抽出式通风。此外,当矿井火区比较严重,采用抽出式通风易将火区中的有毒气体抽到巷道中,威胁安全时,可采用压入式通风。

(三)抽压混合式通风

抽压混合式通风是在进风井口和出风井口地面上都安设主通风机,地面新鲜空气由压入式主通风机送入井下,污风由抽出式主通风机排出井外。通风系统的进风部分处于正压,回风部分处于负压,工作面大致处于中间状态。这种通风方法虽然矿井内部漏风小,能产生较大的通风压力以适应大阻力矿井的需要,但因所需通风设备多,动力消耗大,特别是在通风管理工作上比较复杂,所以一般很少采用。

二、矿井通风方式

(一)矿井通风方式的类别

矿井通风方式是指矿井进风井和出风井在井田范围内的布置方式。根据进风井和出风井在井田内的相互位置关系,矿井通风方式可分为4种类型,即中央式、对角式、区域式和混合式。

1.中央式

中央式是指出风井与进风井均大致位于井田沿走向中央的一种通风方式。根据出风井沿煤层倾斜方向位置的不同,又可分为中央并列式和中央分列式(边界式)两种:

(1)中央并列式。中央并列式是指进风井和出风井均并列集中布置在井田走向和倾斜方向的中央,两井位于同一工业广场内,如图5-3是斜井中央并列式,图5-4是立井中央并列式。

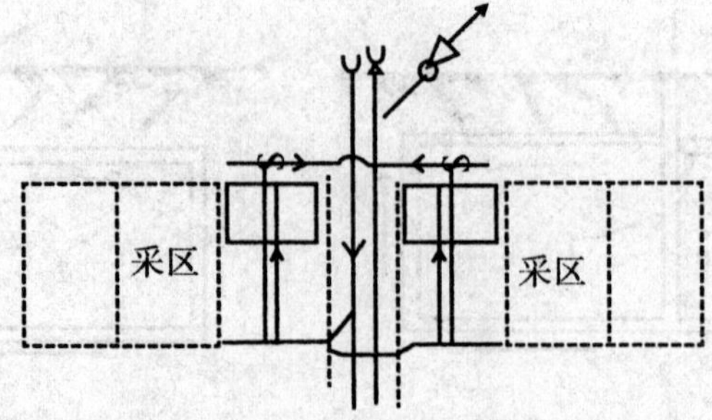

图5-3 斜井中央并列式通风

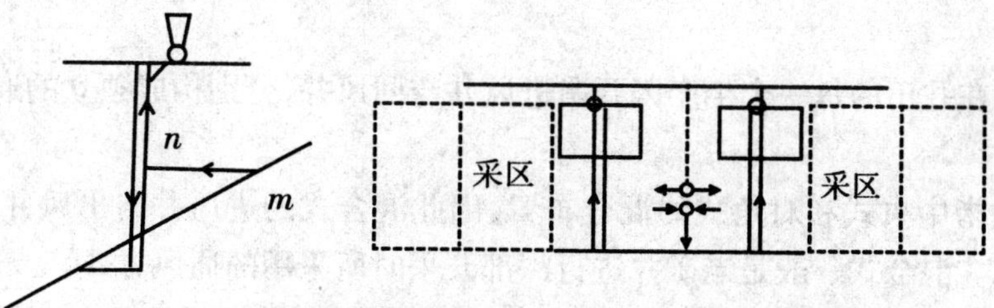

图5-4　立井中央并列式通风

(2)中央分列式(又名中央边界式)。中央分列式是指进风井位于井田中央,出风井大致位于井田倾斜上部边界的中间(沿走向的中央)。出风井的井底高于进风井的井底。为了满足一井提升煤炭,一井上下人员和提升物料的需要,以及便于水平延深,一般要在井田中央开掘两个进风井筒,如图5-5所示。

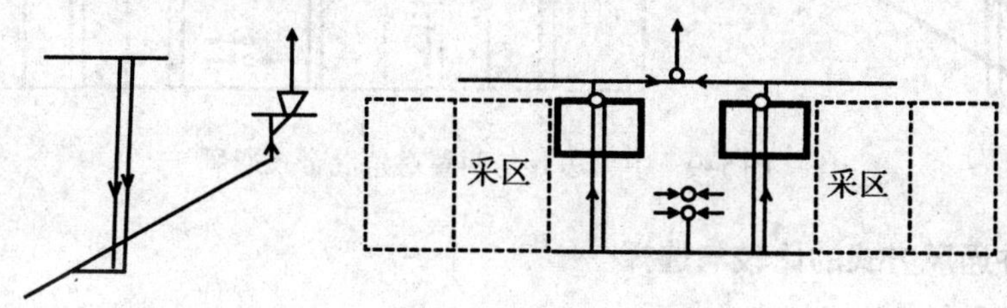

图5-5　中央分列式(边界式)通风

2.对角式

对角式是指进风井位于井田中央,出风井分别位于井田上部边界沿走向的两翼上。根据出风井沿走向位置的不同又可分为两翼对角式和分区对角式两种:

(1)两翼对角式。两翼对角式是指进风井位于井田的中央,出风井位于井田浅部沿走向的两翼边界附近或两翼边界采区的中央,如图5-6所示。

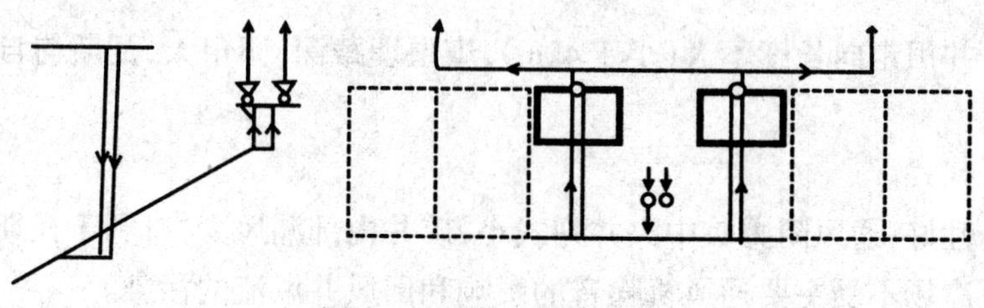

图5-6　两翼对角式通风

(2)分区对角式。分区对角式是指进风井位于井田中央,在每一个采区的上部边界各开掘一个回风井回风的通风方式。图5-7为立井分区对角式,图5-8为斜井分区对角式。

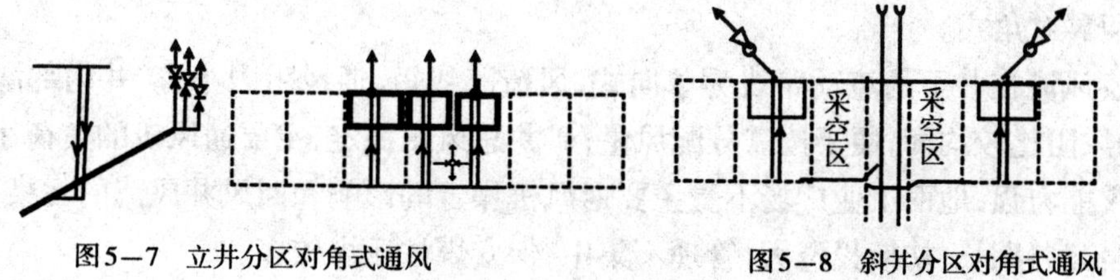

图5—7　立井分区对角式通风

图5—8　斜井分区对角式通风

3.区域式

区域式是在井田的每一个生产区开凿进风井与回风井，分别构成独立的通风系统。

4.混合式

混合式是指中央式和对角式的混合布置，因此混合式的进风井与出风井至少由3个以上的井筒组成。混合式一般是老矿井进行深部开采时所采用的通风方式。

混合式可有几种组合方式：中央并列与两翼对角混合式、中央边界与两翼对角混合式、中央并列与中央边界混合式等。图5-9为中央边界与两翼对角混合式通风。

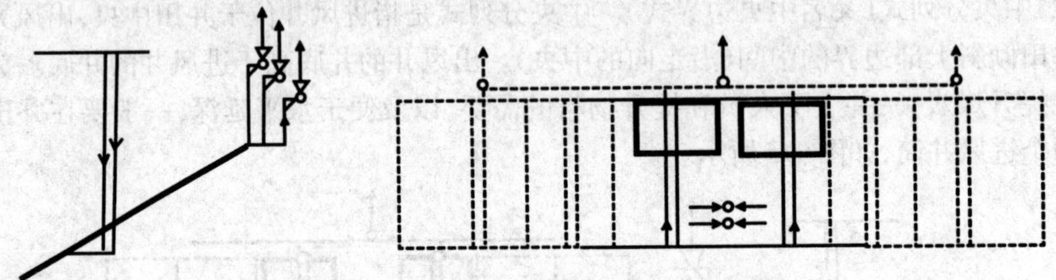

图5-9 中央边界与两翼对角混合式通风

(二)矿井通风方式的比较与选择

1.几种通风方式的优缺点比较

(1)中央并列式。

优点：初期开拓工程量小，投资少，投产快；地面建筑集中，便于管理；两个井筒集中布置，便于开掘，井筒延深工作方便，井筒安全煤柱少，易于实现矿井反风。

缺点：矿井通风路线是折返的，因此风路较长、阻力较大，而且风压不稳定，边缘采区可能出现风量不足、通风机效率低、电能消耗大；由于进、出风井距离太近，特别是井底漏风较大，容易造成风流短路；安全出口少。地面工业广场受主要通风机噪音影响较大、受出风井污风污染。

适用条件：井田走向长度不大（小于4km），煤层埋藏深、倾角大，瓦斯与自然发火均不严重的矿井。

(2)中央分列式。

优点：安全性好；通风阻力较中央并列式小，矿井内部漏风少，有利于瓦斯和自然发火的管理，地面工业广场不受主要通风机噪音的影响和回风井风流的污染。

缺点：增加一个地面工业场地（回风井），占地较多，保安煤柱多。

使用条件：井田走向长度不大（小于4km），煤层埋藏浅、倾角小，瓦斯与自然发火较严重的矿井。

(3)两翼对角式。

优点：风流在井下的流动路线为单向式，风流路线短，通风阻力小；矿井内部漏风少；各采区间的风阻比较均衡，便于按需分配风量；矿井总风压稳定，主要通风机的负荷小，安全出口多，抗灾能力强；地面工业广场不受主要通风机噪音的影响和回风井风流的污染。

缺点：建井期长，初期投资大，管理不集中，保安煤柱压煤较多。

使用条件：井田走向长度较长（大于4km）矿井需要风量大，煤炭容易自燃，有煤与瓦斯突出的矿井。

（4）分区对角式。

优点：各采区之间互不影响，便于风量分配与调节，建井工期短、初期投资少，出煤快，安全出口多，抗灾能力强，通风路线短，通风阻力小。

缺点：风井多，占地面积大，压煤多，主要通风机分散，不便管理，主要通风机服务范围小，矿井反风不易进行。

使用条件：煤层埋藏浅或因煤层分化带和地表起伏较大，无法开掘浅部总回风巷，在开采第一水平时，只能采用分区式通风。走向长度大，多煤层开采的矿井或井田走向长、产量大、矿井需风量大、煤炭容易自燃，有煤与瓦斯突出的矿井也可采用。

（5）区域式。

优点：进、回风井一一对应，初期建井快，风流路线短，通风阻力小，漏风少，网络结构简单，风流容易控制，便于选择主要通风机。

缺点：通风设备多，井筒多，管理分散、难度大。

使用条件：井田范围大、煤炭储量大或瓦斯含量较大的大型矿井。

（6）混合式。

优点：初期投资少，出煤快，回风井数目多，通风能力大适应性强。

缺点：多台通风机联合工作，通风网络较复杂，管理难度大。

使用条件：井田走向长度大、面积大，适用于老矿井的改造、扩建和深部开采。多煤层同时开采的矿井，矿井产量大、需风量大或采用分区开拓的大型矿井。

2.通风方式的选择

矿井的通风方式，应根据煤层赋存条件、地形条件、井田面积、瓦斯等级、煤层的自燃性等情况，在保证技术可行、经济合理和安全可靠的基础上加以分析，选择最佳方案。

第二节　通风网络的基本形式及其特性

矿井风流按照生产要求在井巷中流动时，风流分岔、汇合线路的结构形式，叫作通风网络（路），简称通风网或风网。

通风网络的基本连接形式有串联、并联、角联三种。根据通风网络构成形式的不同，可分为简单通风网络和复杂通风网络，仅由串联和并联构成的通风网络，称为简单通风网络或称串并联通风网络；通风网络中有对角风流时，称为复杂通风网络或角联通风网络。

一、通风网络的普遍规律

风流在风网中流动的规律，既有普遍性，又有特殊性。通风网络的普遍规律就是风流在任何通风网络中作连续稳定流动时，都必须遵守的基本定律（或叫基本原理），如风流在通风网络中流动时，遵守质量守恒和能量守恒定律就是普遍规律。

1.通风网络中常用的基本术语

（1）节点：指风流汇合与分流之点，也称汇点或分歧点，即3条及3条以上风路的交叉点。

每一个节点都有唯一的编号，称为节点号。如图5-10a中的p和图5-10b中的①—④均为节点和它的编号。

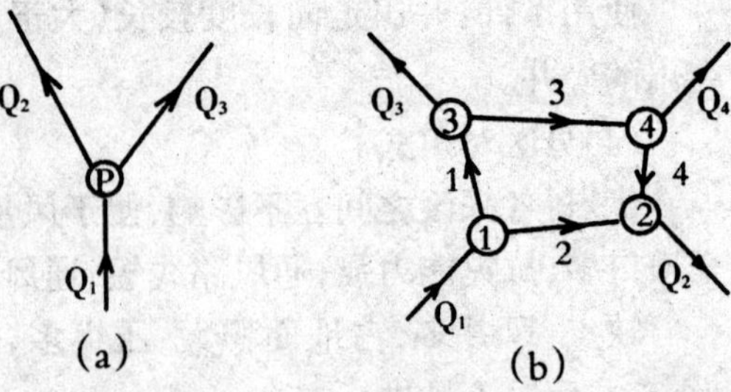

图5-10　风流的节点示意图

(2)分支：是指两节点间的连线，也叫风路或风道。

(3)回路和网孔：由3条及3条以上分支风路构成的闭合回路，该闭合回路中有其他分支者叫回路，如图5-11中的2—3—5—6。无分支者叫网孔。如图5-11中的2—3—4或4—5—6均为网孔。

(4)树、余树：由包括通风网络中的全部节点且任意两节点之间至少有一条通道和不构成回路或网孔的一部分分支构成的特殊图，称为树。每一通风网络具有若干棵树，通风网络图中余下的分支构成的图，称为余树。

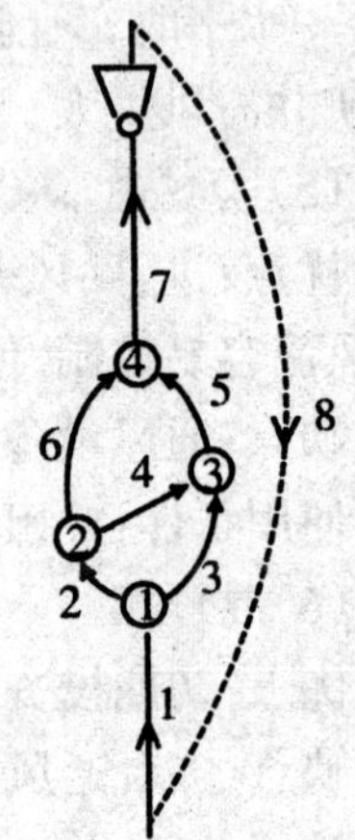

图5-11　简单通风网络图

2.风量平衡定律

根据质量守恒定律，在单位时间内流入一个节点的空气质量，等于单位时间内流出该节点的空气质量，由于矿井空气可视为不可压缩，故可用空气的体积流量(即风量)来代替空气的质量流量，在通风网络中，可认为流入某节点或闭合回路的风量等于流出该节点或闭合回路的风量。即任一节点或闭合回路的风量代数和为零。如图5-10a，可得：

$$Q_1=Q_2+Q_3, \mathrm{m^3/s}$$

$$Q_1-Q_2-Q_3=0, \mathrm{m^3/s} \tag{5-1}$$

由图5-10b，可得：

$$Q_1=Q_2+Q_3+Q_4, \mathrm{m^3/s}$$

或

$$Q_1-Q_2-Q_3-Q_4=0, \mathrm{m^3/s} \tag{5-2}$$

若以流入节点(网络)的风量为正(+)，流出节点(网络)的风量为(-)，则式(5-1)、式(5-2)用一般的数学表达式表示为：

$$\sum_{i=1}^{n} Q_i=0 \tag{5-3}$$

上式即风量平衡定律表达式，它表明：流入节点或闭合回路的风量与流出节点或闭合回路的风量之代数和等于零。

3.风压平衡定律

在通风网络中，任一网络的风流遵守能量守恒定律，闭合回路中不同流向的风流，它的风压(或阻力)必然平衡或相等，对图5-10b所示的网络，若取顺时针方向风流的风压为正(+)，逆时针方向风流的风压为负(-)，则有：

$$h_{1-3}+h_{3-4}+h_{4-2}=h_{1-2}, Pa$$

或 $$h_{1-3}+h_{3-4}+h_{4-2}-h_{1-2}=0, Pa \tag{5-4}$$

把上式写成一般数学式,则为:

$$\sum_{i=1}^{n} h_i = 0 \tag{5-5}$$

上式即为风压平衡定律表达式,它说明:对风网中任一网络,其中各段风路的风压(或阻力)的代数和等于零。

当网络中另有通风动力(通风机或自然风压)存在时,同样应符合风压平衡定律,即:

$$\sum_{i=1}^{n} h_i = h_{通} \pm h_{自}, \text{Pa}$$

或 $$\sum_{i=1}^{n} h_i - h_{通} \pm h_{自} = 0 \tag{5-6}$$

式中 $h_{通}$——辅助通风机工作风压,Pa;

$h_{自}$——自然风压,Pa。

4.通风阻力定律

通风阻力定律前面已讲过,就是风流在巷道中流动时所损失的风压h与风量Q和风阻R之间的关系。在通常情况下,矿井通风网络中的风流都属于紊流状态,因此通风阻力定律表达式为:

$$h=RQ^2, Pa。 \tag{5-7}$$

二.串联通风及其特性

2条及2条以上的通风巷道首尾相连进行通风或井下用风地点的回风再次进入其他用风地点的通风方式,叫做串联通风(如图5-12所示),串联通风也称为"一条龙"通风。其特性是:

1.总风量与分风量的关系

串联风路的总风量等于各段风路上的分风量。

由风流的连续性规律可知:

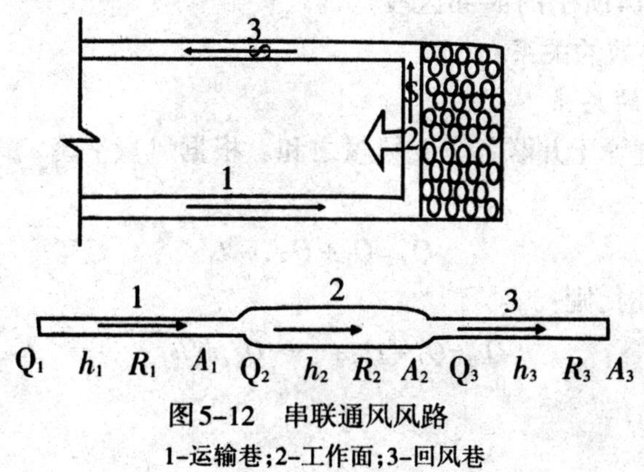

图5-12 串联通风风路

1-运输巷;2-工作面;3-回风巷

$$Q_{串}=Q_1=Q_2=\cdots\cdots=Q_n, m^3/s \quad (5-8)$$

2.总风压与分风压的关系

串联风路的总风压等于各段风路上的分风压之和。

根据风压迭加原理可知：

$$h_{串}=h_1+h_2+\cdots\cdots h_n, Pa \quad (5-9)$$

3.总风阻与分风阻的关系

串联风路的总风阻等于各段风路上的分风阻之和。

根据阻力定律$h=RQ^2$，可写出下列等式：

$$h_{串}=R_{串}Q_{串}^2、h_1=R_1Q_1^2、h_2=R_2Q_2^2\cdots\cdots h_n=R_nQ_n^2$$

将上列各式代入(5-9)式，

$$R_{串}Q_{串}^2=R_1Q_1^2+R_2Q_2^2+\cdots\cdots R_nQ_n^2$$

由于 $Q_{串}=Q_1=Q_2=\cdots\cdots=Q_n$

所以 $R_{串}=R_1+R_2+\cdots\cdots+R_n, kg/m^7$ (5-10)

4.总等积孔与分等积孔的关系

串联风路总等积孔平方的倒数，等于各段风路等积孔平方的倒数之和。

因为$A=\dfrac{1.19}{\sqrt{R}}$，所以$R=\dfrac{1.19^2}{A^2}$，代入(5-10)式，得：

$$\frac{1}{A_{串}^2}=\frac{1}{A_1^2}+\frac{1}{A_2^2}+\cdots\cdots+\frac{1}{A_n^2} \quad (5-11)$$

$$A_{串}=\frac{1}{\sqrt{\dfrac{1}{A_1^2}+\dfrac{1}{A_2^2}+\cdots\cdots+\dfrac{1}{A_n^2}}}, m^2 \quad (5-12)$$

三、并联通风及其特性

2条或2条以上的通风巷道自空气能量(压力)相等的某一节点分开，到另一能量(压力)相等的节点汇合，形成一个或几个网孔，其中没有交叉通风巷道时的通风，叫并联通风(网络)。只有一个网孔的称为简单并联(如图5-13所示的a—b区段)，有2个或2个以上网孔的称为复杂并联(如图5-14所示的a—b区段)。

(一)并联网络各参数的关系

1.总风量和分风量的关系

并联网络的总风量等于并联各分支风量之和。根据风量平衡定律，对图5-13所示的简单并联网络，有：

$$Q_{并}=Q_1+Q_2, m^3/s \quad (5-13)$$

若有n条风路并联时，则：

$$Q_{并}=Q_1+Q_2+\cdots\cdots Q_n, m^3/s \quad (5-14)$$

或 $Q_{并}=\sum_{i=1}^{n}Q_i, m^3/s$ (5-15)

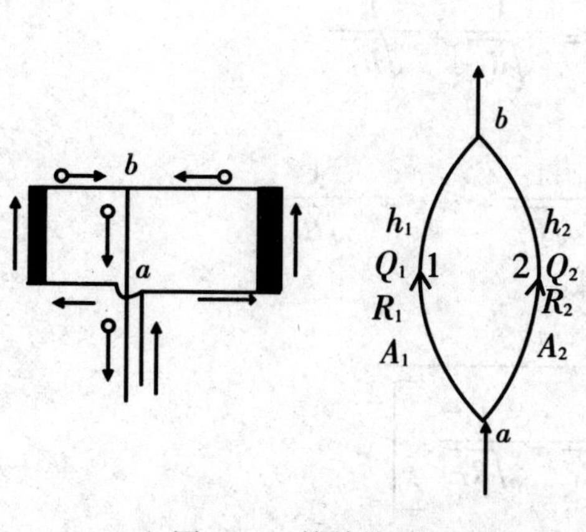

图5-13 简单并联网络

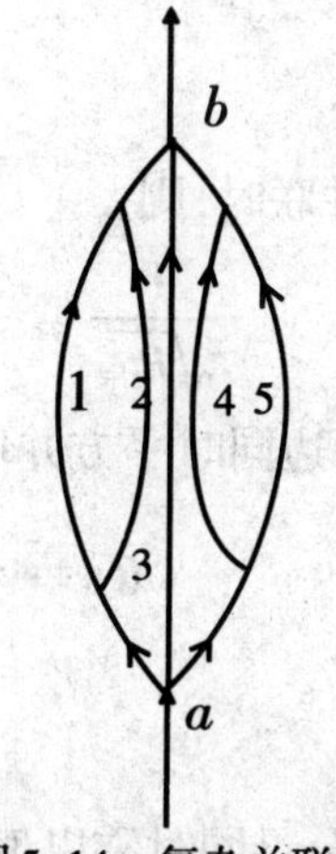

图5-14 复杂并联网络

1、2、3、4、5-分支风路

2.总风压和分风压的关系

并联网络的总风压等于任一并联分支的风压。

这一特性由风压平衡定律可直接得出。也可按下列方法分析：

从图5-13可看出，图中a点和b点是风流的分风点和汇合点，同时也是并联各分支和并联网络的共同起点（a点）和终点（b点），因为风压（或阻力）就是两断面之间的总压力差，所以有：

$$h_{并}=h_1=h_2=(P_{总a}-P_{总b}),Pa$$

式中 $P_{总a}-P_{总b}$——分别表示a、b两断面的总压力，Pa。

若有n条风路并联时，则：

$$h_{并}=h_1=h_2=\cdots\cdots h_n,Pa \tag{5-16}$$

3.总等积孔和分等积孔的关系

并联网络的总等积孔等于各条并联分支等积孔之和。

因$A=\dfrac{1.19}{\sqrt{R}}$，即$Q=\dfrac{A\sqrt{h}}{1.19}$，则式(5-13)可写成：

$$\frac{A_{并}\sqrt{h_{并}}}{1.19}=\frac{A_1\sqrt{h_1}}{1.19}+\frac{A_2\sqrt{h_2}}{1.19}$$

又$h_{并}=h_1=h_2$，所以：

$$A_{并}=A_1+A_2\ ,m^2 \tag{5-17}$$

若有n条风路并联时，则：

$$A_{并}=A_1+A_2+\cdots\cdots+A_n\ ,m^2 \tag{5-18}$$

4.总风阻与分风阻的关系

并联网络的总风阻平方根的倒数，等于并联各分支风阻平方根的倒数之和。

因$A=\dfrac{1.19}{\sqrt{R}}$，将其代入式(5-17)有：

$$\frac{1.19}{\sqrt{R_{并}}}=\frac{1.19}{\sqrt{R_1}}+\frac{1.19}{\sqrt{R_2}}$$

化简得：
$$\frac{1}{\sqrt{R_{并}}}=\frac{1}{\sqrt{R_1}}+\frac{1}{\sqrt{R_2}} \tag{5-19}$$

若有n条风路并联时，则：
$$\frac{1}{\sqrt{R_{并}}}=\frac{1}{\sqrt{R_1}}+\frac{1}{\sqrt{R_2}}+\cdots\cdots+\frac{1}{\sqrt{R_n}} \tag{5-20}$$

将式(5—19)两边同时平方并取倒数得：
$$R_{并}=\frac{1}{\left[\frac{1}{\sqrt{R_1}}+\frac{1}{\sqrt{R_2}}\right]^2}$$

等式右边分子分母同时乘以值R_1或R_2，得：
$$R_{并}=\frac{R_1}{\left[1+\sqrt{\frac{R_1}{R_2}}\right]^2}=\frac{R_2}{\left[1+\sqrt{\frac{R_2}{R_1}}\right]^2}\quad ,kg/m^7 \tag{5-21}$$

用同样的方法，可将式(5-20)简化为：
$$R_{并}=\frac{R_1}{\left[1+\sqrt{\frac{R_1}{R_2}}+\sqrt{\frac{R_1}{R_3}}+\cdots\cdots\sqrt{\frac{R_1}{R_n}}\right]^2}\quad ,kg/m^7 \tag{5-22}$$

若$R_1=R_2=\cdots\cdots R_n$时，则
$$R_{并}=\frac{R_1}{n^2}=\frac{R_2}{n^2}=\cdots\cdots\frac{R_n}{n^2}\ ,kg/m^7 \tag{5-23}$$

(二)并联网络中的风量自然分配

1. 风量自然分配的概念

在全矿井的通风网络中，风量的分配方法有2种：一是按需分配；二是自然分配。按需分配是指根据井下各用风场所的实际风量需要进行分配的方法，为了保证这种分配，必须采取一系列的控制措施。井下大部分风路(用风场所)的风量(又名固定风量)是用这种方法进行分配的。下面介绍并联网络中的风量自然分配。

对图5-13所示的仅由2条分支构成的简单并联网络，根据前面的分析：

$h_{并}=h_1=h_2$，由此式可得：$R_1Q_1^2=R_2Q_2^2$，即：
$$\frac{Q_1}{Q_2}=\sqrt{\frac{R_2}{R_1}} \tag{5-24}$$

上式说明：并联网络中自然流入各分支巷道的风量与各分支巷道风阻的平方根成反比，即风阻较大的分支巷道自然流入的风量较小，风阻较小的分支巷道自然流入的风量较大。所谓风量自然分配是指在并联网络中，风量按并联各分支巷道风阻值的大小自然分配的性

质，这也是并联网络的一种特性。风量按需分配实际上就是采取了调节、控制措施之后的自然分配。

2.自然分配风量的计算

(1)根据风阻计算。

在图5-13中，由公式$h_{并}=h_1=h_2$可列出下式：

$R_1Q_1^2=R_{并}Q_{并}^2$和$R_2Q_2^2=R_{并}Q_{并}^2$

①把$R_{并}=\dfrac{R_1}{\left[1+\sqrt{\dfrac{R_1}{R_2}}\right]^2}=\dfrac{R_2}{\left[1+\sqrt{\dfrac{R_2}{R_1}}\right]^2}$分别代入上述两式中，得：

$$R_1Q_1^2=\frac{R_1}{\left[1+\sqrt{\dfrac{R_1}{R_2}}\right]^2}\times Q^2_{并}$$

$$R_2Q_2^2=\frac{R_2}{\left[1+\sqrt{\dfrac{R_2}{R_1}}\right]^2}\times Q^2_{并}$$

化简后，得：

$$Q_1=\frac{Q_{并}}{1+\sqrt{\dfrac{R_1}{R_2}}},\mathrm{m^3/s} \tag{5-25}$$

$$Q_2=\frac{Q_{并}}{1+\sqrt{\dfrac{R_2}{R_1}}},\mathrm{m^3/s} \tag{5-26}$$

若有n条分支巷道并联时，则：

$$Q_1=\frac{Q_{并}}{1+\sqrt{\dfrac{R_1}{R_2}}+\sqrt{\dfrac{R_1}{R_3}}+\cdots\cdots+\cdots\sqrt{\dfrac{R_1}{R_n}}},\mathrm{m^3/s} \tag{5-27}$$

$$Q_2=\frac{Q_{并}}{1+\sqrt{\dfrac{R_2}{R_1}}+\sqrt{\dfrac{R_2}{R_3}}+\cdots\cdots+\cdots\sqrt{\dfrac{R_2}{R_n}}},\mathrm{m^3/s} \tag{5-28}$$

Q_3、Q_4……Q_n 的计算方法，以此类推。

若 $R_1=R_2=\cdots\cdots=R_n$ 时，则：

$$Q_1=Q_2=\cdots\cdots Q_n=\frac{Q_{并}}{n},\ \text{m}^3/\text{s} \tag{5-29}$$

②由 $R_1Q_1^2=R_{并}Q_{并}^2$ 和 $R_2Q_2^2=R_{并}Q_{并}^2$ 可直接得出：

$$Q_1=\sqrt{\frac{R_{并}}{R_1}}\times Q_{并},\text{m}^3/\text{s} \tag{5-30}$$

$$Q_2=\sqrt{\frac{R_{并}}{R_2}}\times Q_{并},\text{m}^3/\text{s} \tag{5-31}$$

(2)根据等积孔计算。

①由 $A_{并}=\frac{1.19}{\sqrt{R_{并}}}$、 $A_1=\frac{1.19}{\sqrt{R_1}}$ 和 $A_2=\frac{1.19}{\sqrt{R_2}}$ 可得：

$\sqrt{R_{并}}=\frac{1.19}{A_{并}}$、 $\sqrt{R_1}=\frac{1.19}{A_1}$ 和 $\sqrt{R_2}=\frac{1.19}{A_2}$

代入式(5-30)和式(5-31)，得：

$$Q_1=\frac{A_1}{A_{并}}\times Q_{并},\text{m}^3/\text{s} \tag{5-32}$$

$$Q_2=\frac{A_2}{A_{并}}\times Q_{并},\text{m}^3/\text{s} \tag{5-33}$$

②由 $A_{并}=\frac{1.19Q_{并}}{\sqrt{h_{并}}}$ 、$A_1=\frac{1.19Q_1}{\sqrt{h_1}}$ 、$A_2=\frac{1.19Q_2}{\sqrt{h_2}}$ 、…… $A_n=\frac{1.19Q_n}{\sqrt{h_n}}$

可得：

$\sqrt{h_{并}}=\frac{1.19Q_{并}}{A_{并}}$ 、$\sqrt{h_1}=\frac{1.19Q_1}{A_1}$ 、$\sqrt{h_2}=\frac{1.19Q_2}{A_2}$、…… $\sqrt{h_n}=\frac{1.19Q_n}{A_n}$

又 $h_{并}=h_1=h_2=\cdots\cdots=h_n$，(并联特点)

则：
$$\frac{Q_{并}}{A_{并}}=\frac{Q_1}{A_1}=\frac{Q_2}{A_2}=\cdots\cdots=\frac{Q_n}{A_n} \tag{5-34}$$

所以
$$Q_1=\frac{A_1}{A_{并}}\times Q_{并}\ ,\text{m}^3/\text{s}$$

$$Q_2=\frac{A_2}{A_{并}}\times Q_{并}\ ,\text{m}^3/\text{s}$$

……

$$Q_n=\frac{A_n}{A_{并}}\times Q_{并}\ ,\text{m}^3/\text{s}$$

在计算并联网络中各分支巷道自然分配的风量时，可根据给定条件，选择相对简便的公式计算。用等积孔(A)计算比用风阻(R)计算显得既简便，又不容易出错，应优先选择。

四.串联风路与并联网络的比较

(一)并联通风(网络)的优点

与串联比较,并联有下列明显优点:

1.总风阻小，总等积孔大，通风容易，通风动力费用少。为了便于说明问题，假设有2条通风井巷1和2,满足风阻$R_1=R_2=R$,通过的风量$Q_1=Q_2=Q$,故有$h_1=h_2=h$。若分别将这2条通风井巷构成串联风路和并联网络(如图5-15所示),看看各参数之间的关系:

(1)总风阻比较。

串联时:$R_{串}=R_1+R_2=2R,kg/m^7$

并联时:$R_{并}=\dfrac{R}{n^2}=\dfrac{R}{4},kg/m^7$

故$R_{并}=\dfrac{R_{串}}{8},kg/m^7$

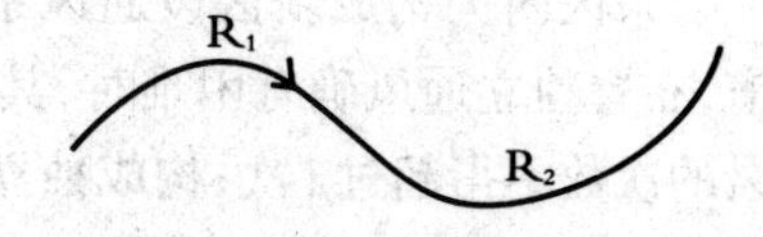

(a)串联风路

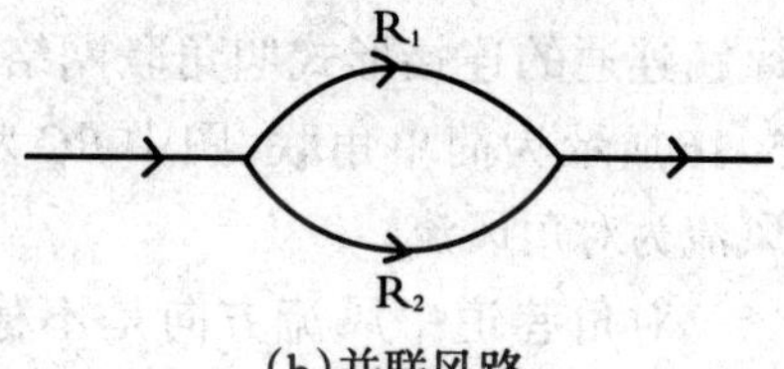

(b)并联风路

图5-15　串联风路并联网络的比较

(2)总风量比较。

串联时:$Q_{串}=Q_1=Q_2=Q,m^3/s$

并联时:$Q_{并}=Q_1+Q_2=2Q,m^3/s$

故　$Q_{并}=2Q_{串},m^3/s$

(3)总风压的比较。

串联时:$h_{串}=h_1+h_2=2h,Pa$

并联时:$h_{并}=h_1=h_2=h,Pa$

故$h_{并}=\dfrac{1}{2}h_{串},Pa$

从上述比较中可明显看出,在两条井巷通风条件完全相同的情况下,并联网络的总风阻仅为串联风路总风阻的1/8;并联网络的总风压为串联风路总风压的1/2,也就是说并联通风比串联通风的通风动力要节省一半,而总风量却大了1倍,这充分说明,并联网络通风比串联风路通风在经济上要优越得多。

2.并联网络中,各分支巷道各自独立通风,互不干扰,风流新鲜,风质好。

3.并联网络中,流经各分支巷道的风量可按需调节,有利于风流的调控。

4.事故发生率低,事故波及范围小,安全性好。因为并联网络的通风状况好,一般不易发生事故,即使某一分支巷道发生事故,也易于控制与隔绝,不致影响其他分支巷道。

(二)串联通风存在的严重缺点

通过上述分析,串联通风的严重缺点可归纳如下:

1.总风阻大,等积孔小,通风困难,通风动力费用相对较高。

2.位于后段的巷道或工作面中的风流不新鲜,风质较差,也就是后段巷道或工作面的工作人员要“吃”前段巷道或工作面的污风和炮烟(因为前段巷道的污风必然流经后段巷道,后段巷道难以获得新鲜风流)。

3.各段巷道(风路)或工作地点的风量不能进行调节,不能有效地利用风量。

4.事故波及范围大,安全性差。

综上分析比较可见,并联通风经济、安全、可靠。

《规程》113条规定,生产水平和采区必须实行分区通风。

《规程》第114条规定,采、掘工作面应实行独立通风。

同一采区内,同一煤层上下相连的2个同一风路中的采煤工作面、采煤工作面与其相连接的掘进工作面、相邻的2个掘进工作面,布置独立通风有困难时,在制定措施后,可采用串联通风,但串联通风的次数不得超过1次。

采区内为构成新区段通风系统的掘进巷道或采煤工作面遇地质构造而重新掘进的巷道,布置独立通风确有困难时,其回风可以串入采煤工作面,但必须制定安全措施,且串联通风的次数不得超过1次;构成独立通风系统后,必须立即改为独立通风。

五、角联通风及其特性

在并联的两条风路之间,还有一条或数条风路连通的连接形式叫角联网络(通风)。如图5-16所示为简单角联,图中BC为对角巷道,其风流为对角风流。

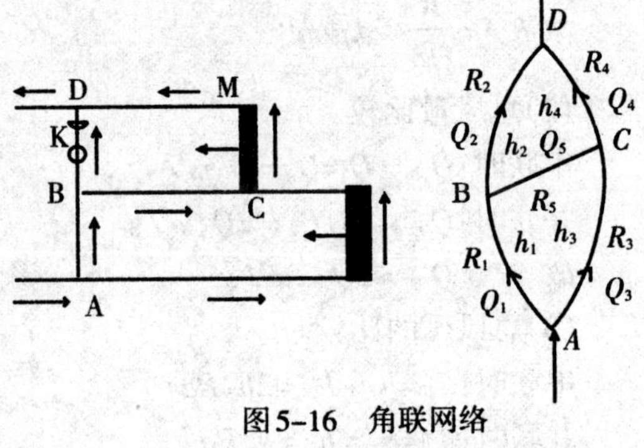

图5-16 角联网络

对角巷道中风流方向是不稳定的,风流可能由B流向C,也可能由C流向B,或BC巷道中根本就无风流。下面我们来分析一下出现上述3种情况的条件:

(一)BC巷道中无风流

如图5-16所示,若BC巷道中无风流(Q_5=0)则说明B、C两点的总压力相等,即$P_{B总}=P_{C总}$

因 $h_1=P_{A总}=P_{B总}$

$h_3=P_{A总}=P_{C总}$

故 $h_1=h_3$

即 $R_1Q_1^2=R_3Q_3^2$

同理可得: $h_2=h_4$

$R_2Q_2^2=R_4Q_4^2$

又Q_5=0(BC巷道中无风流),则,$Q_1=Q_2$,$Q_3=Q_4$

故上述两式相比,得:

$$\frac{R_1Q_1^2}{R_2Q_2^2}=\frac{R_3Q_3^2}{R_4Q_4^2}\rightarrow\frac{R_1}{R_2}=\frac{R_3}{R_4} \tag{5-35}$$

式(5-35)即为简单角联网络中,BC巷道中无风流通过的条件式。

(二)风流由B流向C

如图5-16所示,若风流由B流向C,则说明B点的总压力大于C点的总压力,即各段巷道的风量关系满足:

$$Q_1>Q_2,Q_3<Q_4$$

又
$$h_1=P_{A总}-P_{B总}$$
$$h_3=P_{A总}-P_{C总}$$

所以
$$h_1<h_3 \quad 即 \quad R_1Q_1^2<R_3Q_3^2$$

同理可得
$$h_2>h_4 \quad 即 \quad R_2Q_2^2>R_4Q_4^2$$

根据上述条件和不等式的性质可推演如下：

因
$$R_1Q_1^2<R_3Q_3^2$$

则
$$\frac{R_1Q_1^2}{R_2Q_2^2}<\frac{R_3Q_3^2}{R_2Q_2^2}$$
$$\frac{R_1Q_1^2}{R_2Q_2^2}<\frac{R_3Q_3^2}{R_4Q_4^2} \quad (R_2Q_2^2>R_4Q_4^2)$$
$$\frac{R_1Q_1^2}{R_2Q_1^2}<\frac{R_3Q_3^2}{R_4Q_3^2} \quad (Q_1>Q_2,Q_3<Q_4)$$

得
$$\frac{R_1}{R_2}<\frac{R_3}{R_4} \tag{5-36}$$

式(5-36)是简单角联网络中，BC巷道中风流由B流向C的条件式。

(三)风流由C流向B

用同样的分析方法可得风流由C流向B的条件为：
$$\frac{R_1}{R_2}>\frac{R_3}{R_4} \tag{5-37}$$

综上分析，角联通风网络的特性可归纳如下两点：

1.对角巷道的风流方向是不稳定的，风流方向的变化取决于各邻近巷道风阻的比值，而与对角巷道本身风阻值的大小无关。

2.在角联网络中，对角巷道分别把并联的2分支巷道分割为上下2段——上风流段和下风流段，当我们将同一并联分支的上风流段巷道的风阻和下风流段巷道的风阻作比较时，则对角巷道BC中的风流总是从风阻比值小的一侧流向风阻比值大的一侧。

由此可知，当通风系统中有对角风流存在时，往往可能由于某一风门(如图5-16中K处)未关闭使R_2减小，或某些巷道(如图5-16中M处)发生冒顶或堆积材料过多使R_4增大，因而改变了巷道的风阻比例关系，使对角风路中的风流方向发生变化(由C流向B)，引起工作面或采区风流倒转或风量不足，影响安全生产。因此，在实际工作中应尽量避免使用角联网络，若实在不能避免时，必须严格加强通风管理，各处风路风阻值不得随意改变，要控制风阻的比例关系，以防止由于对角巷道风流反向而形成瓦斯积聚甚至造成事故。

但在采区以外的矿井总进风与总回风系统中，对角通风系统是无害的，而且有利于降低通风阻力。

第三节　通风设施

因为生产的需要，井下的各种巷道总是纵横交错，彼此贯通，它们对风量的需求不尽一致。为了保证风流按拟定的路线流动，使各个用风地点得到所需要的风量，就必须在某些巷道内建筑相应的设施，对风流进行控制。我们称这些设施为控制风流的设施，也称通风构筑物。控制风流的设施可分为两大类：引导风流的设施；隔断风流的设施。

一、引导风流的设施

引导风流的设施主要有风硐、风桥、调节风窗、扩散器、风帘和导风板等。

（一）风桥

风桥是将两股平面交叉的新风和污风隔成立体交叉的一种控制风流的设施。一般污浊风流从桥上通过，新鲜风流从桥下通过。

1.风桥的种类

风桥按其结构不同，可分为3种。

(1) 绕道式风桥。当服务年限很长，通过的风量在20m³／s以上时可采用绕道式风桥，如图5–17所示。

(2) 混凝土风桥。当服务年限较长，通过的风量为10~20m³／s时，可以采用混凝土风桥，如图5–18所示。

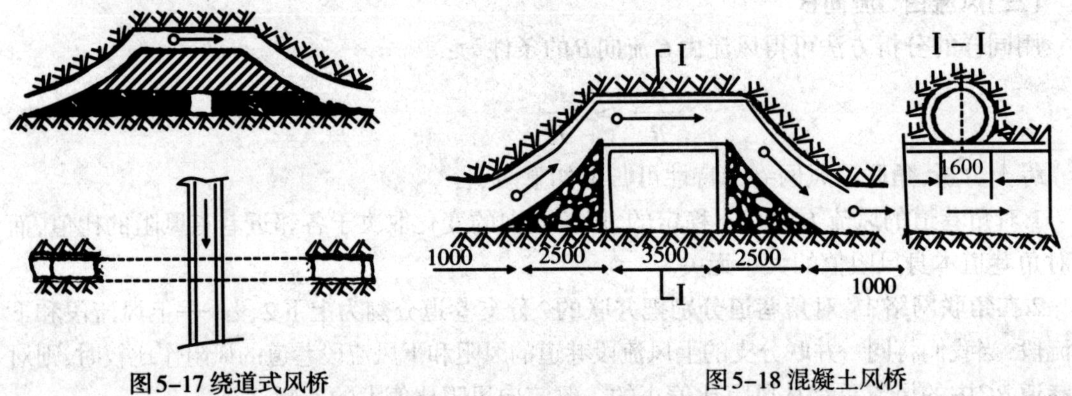

图5–17 绕道式风桥　　图5–18 混凝土风桥

(3)铁筒风桥。当服务年限很短，通过的风量在10m³／s以下时，可以使用铁筒风桥，如图5–19所示。

2.风桥的建筑质量要求

风桥一般应符合下列要求：

(1)主要风桥需用不燃性材料建筑，砌成流线形，坡度不大于25°，断面积不小于原巷道断面的80%，砌墙厚度不小于0.45m，掏槽深度与主要风门相同。

(2)桥下巷道前后6m支架需加固。

(3)铁筒式风桥（隔墙）四周须掏槽；风筒直径不得小于750mm，风筒壁厚不得小于5mm；每侧应设2道以上风门。

(4)通风阻力不得超过147Pa。

(5)漏风率不得大于3%。

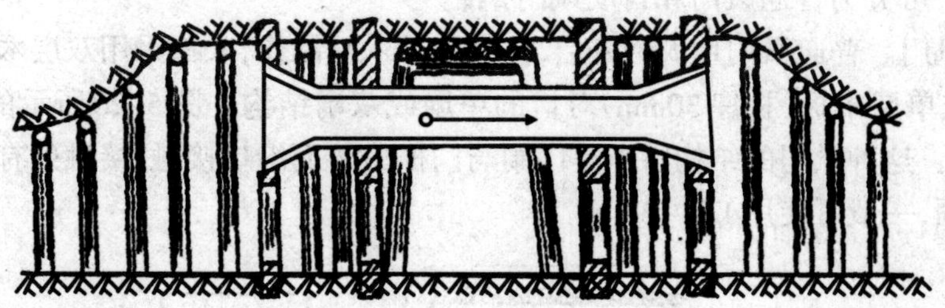

图5-19 铁筒风桥

(二)调节风窗

调节风窗是安装在风门或其他通风设施上可调节风量的窗口,它是利用增加巷道风阻来调节并联通风网中风量的一种通风设施。风窗设在需要减少风量的分支风路中,窗口的断面积根据通过风量的大小用插板进行调节,当窗口断面积减小时,巷道风阻增大,通过该风路的风量减少,而与其并联的其他分支风路中的风量增大。

1.对调节风窗的要求

(1)用不燃性材料建筑。

(2)调节风窗的墙体要掏槽,四周见硬底(顶)、硬帮,设在风门上的调节风窗,风门不漏风。

(3)调节风窗能随意调节窗口断面积大小,并设有固定装置。

(4)风窗前后5米内,巷道支护完好,无空顶空帮,无杂物、积水和淤泥。

(5)为了不影响运输,风窗应设在回风巷道中,窗口应设在顶部,但在开采突出煤层时,调节风窗应设在工作面的进风侧,并应设置两道牢固可靠的反向风门,调节风窗不能设置在风桥上。

(6)调节风窗应既能满足增加风量的需要,又能保证增阻巷道所需的最低风量。

2.设置调节风窗的施工要求

(1)挡风墙上需设调节风窗时,在墙的正上方预留窗口位置;风门上需设调节风窗时,在门扇正上方预留窗口位置。

(2)当风门墙或挡风墙砌筑到预留位置时,即可将制作好的调节风窗嵌入墙体内。

(3)调节风窗应有备用的可调节插板。

(4)调节风窗除窗口施工外,其余质量标准和施工要求与风门或密闭的质量标准和施工要求相同。

二、隔断风流的设施

隔断风流的设施主要有风门、挡风墙和防爆门。

(一)风门

风门是指在不允许风流通过,但需行人或通车的巷道内设置的一种控制风流的设施。风门关闭时,切断风流;开启时行人、通车。

1.风门的分类

按制作材料的不同,风门可分为木风门、铁风门和木铁混合材料风门3种;按结构或启动方式的不同,可分为普通风门和自动风门2种。

(1)普通风门。普通风门用人力开启,一般多用木材制作,大都采用双层木板(每层板厚15 mm)错缝或单层木板(板厚30mm)对口的单扇或双扇结构。图5-20所示的是单扇木质沿口普通风门。这种风门的结构特点是门扇与门框呈斜面沿口接触,接触处有可缩性衬垫,比较严密、坚固,一般可使用1.5~2年。

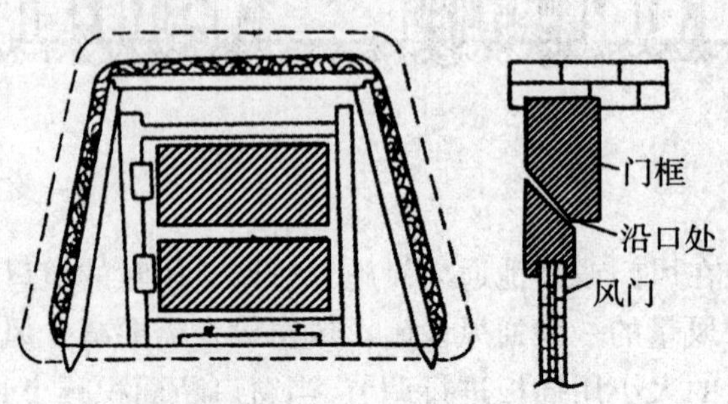

图5-20 木质沿口普通风门

(2)自动风门。自动风门是借助各种动力来开启与关闭的一种风门。按其动力不同,又分为撞杆式、水压式、气动式和电动式4种。自动风门也有单扇和双扇之分,单扇自动风门适合井下断面窄小的平巷使用;双扇自动风门则适用于通车频繁的宽敞平巷。

2.风门的质量要求

制作与安装风门应符合下列要求:

(1)门墙两帮和顶板均需掏槽,掏槽深度在煤中不小于0.3m,在岩石中不小于0.2m。槽中要填实,无缝隙,门墙厚度不小于0.6m。

(2)门框规整,向关门方向倾斜80°~85°,与门板接触处有可缩性衬垫(或做成沿口),门框下设门坎,过车巷道门坎处留轨道槽缝。

(3)门板要严密,错口接缝无漏风。木板厚度不小于30mm,铁门厚度不小于2mm,通车巷道门板下部设挡风帘。

(4)电缆、风管、水管孔要堵严。

(5)风门前后5m内支架完好,无空帮空顶,无杂物、积水和淤泥。

(6)自动风门结构要灵活、可靠,开启时,有足够的断面通过矿车,关闭时接缝严密。

(7)漏风率不大于3%。

3 设置风门时的注意事项

(1)风门应迎风开启,使风门承受风压作用关闭得更为严密,防止受通风压力的作用自行开启。

(2)为了防止在行人、行车时开启风门造成风流短路,应在同一巷道内至少设置2道风门。行人、行车时,禁止将2道风门同时开启。在风压高的地区,为了减少漏风,应设置3道以上的风门。

(3)在行驶电机车的巷道中,2道风门的距离应大于一列车的长度,以防止列车通过时2道风门同时打开而造成风流短路。在这类巷道中应设置自动风门,如设普通风门,需有专人看管。设置自动风门的巷道如需同时行人时,应在其一侧另外安设专供行人的普通风门。

(4)为了在矿井反风时不发生风流短路,在主要风路之间的风门应增设一道反向开启的风门，正常时开启，反风时关闭。

(5)《规程》规定：控制风流的风门、风桥、风墙、风窗等设施必须可靠。不应在倾斜运输巷中设置风门；如果必须设置风门，应安设自动风门或设专人管理，并有防止矿车或风门碰撞人员以及矿车碰坏风门的安全措施。

(二)挡风墙

挡风墙是指在既不允许风流通过，也不准许行人和通车的巷道中所设置的一种控制风流的设施，也叫密闭。如采空区、废巷、火区以及进风与回风大巷之间的联络小眼，都必须设置挡风墙，将风流隔断，以免造成风流短路或漏风或者由此而引起煤炭自燃、火区扩大和有害气体外逸。

1.挡风墙的分类

按结构及服务年限的不同，挡风墙可分为临时性挡风墙和永久性挡风墙2种。

(1)临时性挡风墙。一般是在立柱上钉木板，木板上抹黄泥建成临时性挡风墙(如图5-21所示)。但当巷道压力不稳定，并且挡风墙的服务年限不长(2年以内)时，可用长度约1m的圆木段和黄泥砌筑成挡风墙。这种挡风墙的特点是：可以缓冲顶板压力，风墙不会产生大量裂缝，从而减少漏风。但在潮湿的巷道中容易腐烂。

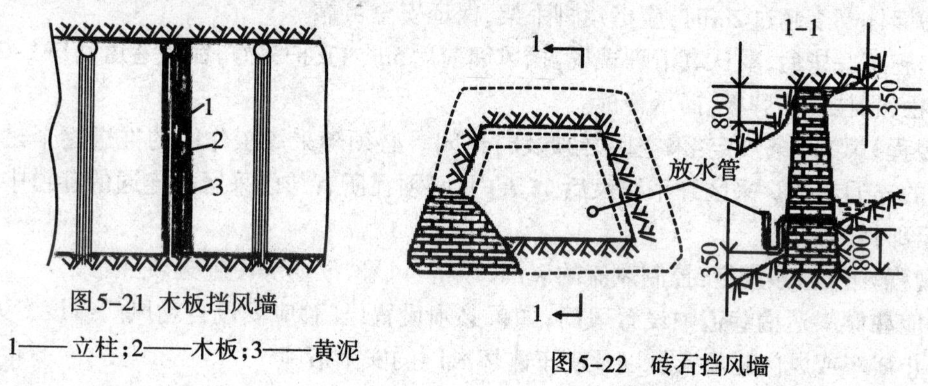

图5-21 木板挡风墙

1——立柱；2——木板；3——黄泥

图5-22　砖石挡风墙

(2)永久性挡风墙。一般服务年限在2年以上的都建成永久性挡风墙。采用砖、石、水泥等材料构筑(如图5-22所示)。为了便于检查密闭区内的气体成分及密闭区内发火时便于灌浆灭火，挡风墙上应设观测孔和注浆孔；密闭区内如有水，应设放水管或反水沟以排出积水。为了防止放水管在无水时漏风，放水管一端应做成U形，利用水封防止放水管漏风。

2.挡风墙的建筑质量要求

(1)临时挡风墙的建筑质量要求。

①挡风墙两帮、顶、底均需掏槽，槽深在煤中不小于0.5m；在岩石中不小于0.3m，并填实严密，无漏风。

②用木柱、木板砌筑时，木板接缝严密，并用黄泥、石灰抹面，无裂缝。

③墙内外5m内支架良好，并应用防腐支架，密闭巷道中无积煤。

④墙外设置栅栏、警标、说明牌板。

(2)永久性挡风墙的建筑质量要求。

①挡风墙两帮、顶、底均需掏槽,槽深在煤中不小于1m,填实。在岩石中不小于0.5m,并填实。

②用不燃性材料建筑,墙上部的厚度不小于0.45m;下部不小于1m,并用石灰抹面刷白,墙面平整无裂缝、重缝,无漏风。

③墙距巷道交岔口的距离不小于5m,墙内外5m内支架良好,用防腐支架,巷内无积煤。

④挡风墙内有水的要设反水池或放水管,有自然发火煤层的采空区挡风墙要设观测孔、注浆孔,孔口封堵严实。铁管孔口应伸入挡风墙内1m以上,外口距挡风墙至少0.2m,外口要设阀门,不用时关闭。

3.挡风墙施工中的注意事项

(1)掏槽应按先上后下的原则进行,掏出的煤、矸等应及时运走,巷道清理干净。掏槽不准采用放炮方法。

(2)掏槽深度规定,见硬底、硬帮。

(3)施工地点必须通风良好,瓦斯、二氧化碳等有害气体浓度不超过《规程》规定。

(4)在立眼或急倾斜巷道中施工时,必须佩带安全带,并制定安全措施。

(5)墙体高度超过2m时,应搭建脚手架,保证安全可靠。

(6)施工完毕后,要认真清理现场,挡风墙前后5m内支护完好,在距巷道岔口1~2m处应设置栅栏,悬挂说明牌板,揭示警标。

《规程》第117条规定:采空区必须及时封闭。必须随采煤工作面的推进逐个封闭通至采空区的连通巷道。采区开采结束后45天内,必须在所有与已采区相连通的巷道中设置防火墙,全部封闭采区。

《规程》第118条规定:控制风流的风门、风桥、风墙、风窗等设施必须可靠。

不应在倾斜运输巷道中设置风门;如果必须设置风门,应安设自动风门或设专人管理,并有防止矿车或风门碰撞人员以及矿车碰坏风门的安全措施。

开采突出煤层时,工作面回风侧不应设置风窗。

第四节　矿井通风系统图

矿井通风系统图是指反映全矿井通风系统当前状况,亦即反映风流路线及各用风场所之间的相互关系的图纸。它主要用于分析通风系统和风量分配的合理性,加强通风管理,编制通风计划,在发生灾害时正确指导处理事故,是矿井必备的图纸之一。

《规程》120条规定:矿井通风系统图必须标明风流方向、风量和通风设施的安装地点。必须按季绘制通风系统图,并按月补充修改。多煤层同时开采的矿井,必须绘制分层通风系统图。

矿井应绘制矿井通风系统立体示意图和矿井通风网络图。

一、矿井通风系统图

矿井通风系统图按照绘制方法的不同,一般可分为:平面图、平面示意图和立体示意图。

1.通风系统平面图。由在采掘工程平面图上加上风流方向以及通风系统图所必须具备的内容所组成。它是绘制通风系统立体示意图和通风网络图的基础图纸，要求按月填绘，按比例绘制。

2.通风系统平面示意图。根据采掘工程平面图中现行实际通风井巷的平面相对位置，用不按比例的单线条绘制而成。图5-23为立井对角式通风系统平面示意图。这种画法的特点是：既可清楚地看到每一分层的通风情况，又可看清两个分层通风系统之间的关系。

3.通风系统立体示意图。根据矿井各煤层各井巷的立体相对位置，以轴侧投影方式用不按比例的单线条或双线条绘制而成，具有立体感。图5-24a为对角式通风系统立体示意图。

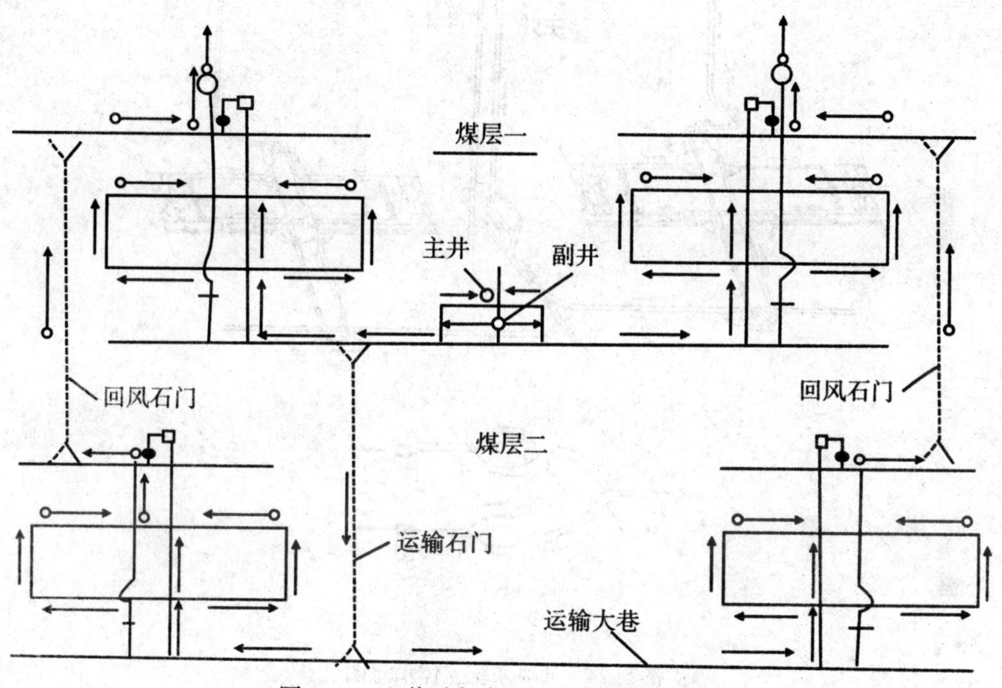

图5-23 立井对角式通风系统平面示意图

二、通风网络图

通风网络图是指用不按比例、不反映空间关系的单线条来表示矿井通风网络的图。通风网络图可以把各通风巷道之间的关系和风流流动情况更加清晰地表示出来，便于分析、研究通风系统的合理性，进行通风网络解算，改善和加强通风管理。图5-24b是对应于图5-24a的通风网络图。

绘制矿井通风网络图的具体方法和原则如下：

1. 在通风系统图上，沿风流流动路线将各分岔点和汇合点依次编节点号，编号顺序通常是沿风流方向由小到大，也可按系统、按翼分开编号。编号不能重复且要保持连续性。再沿编号顺序将风流流动路线按各分岔、汇合的情况依次绘成单线图，并在各线段上标明风流方向、巷道风阻、通过的风量及通风阻力等数值。

2. 几个相距很近的节点，可简化为一点，某些局部区段网络可简化为一根单线，但应注明此区段始末两点的编号，线段上所注的风阻、风量及阻力应为此区段的总风阻、总风量及总阻力。

3. 无通风机工作的几个标高相差不大的井口，可以闭合成一点。

4. 通风网络图的线条要画均匀，并联风流最好画成互相对称的圆弧曲线。

5. 主要漏风地段及主要通风设施应画出。

6. 通风网络图的节点可以移动，分支可以曲直伸缩。

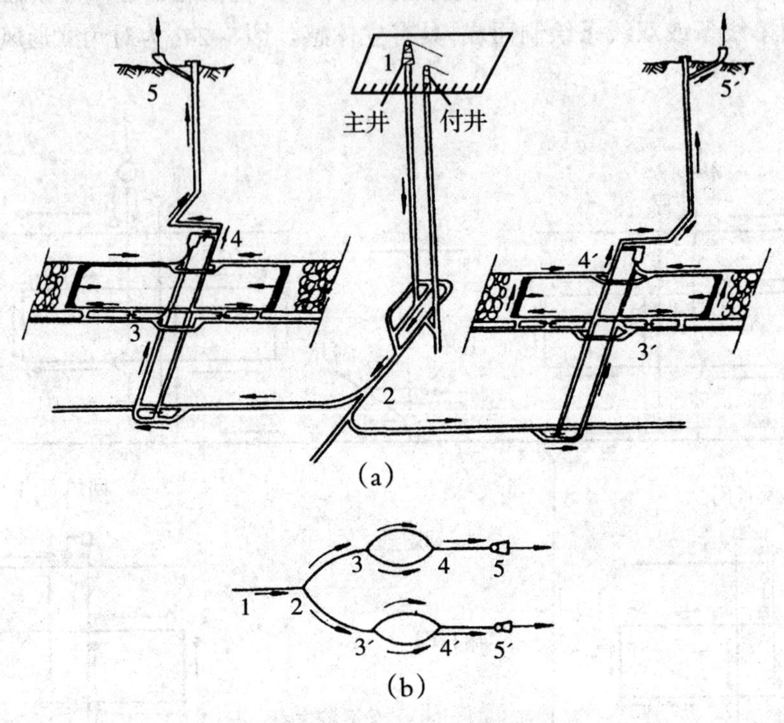

图5-24　通风系统立体示意图

a——对角式通风系统立体示意图；b——通风网络图

第五节　矿井漏风及提高矿井有效风量的措施

一、矿井漏风的概念及其危害

(一)矿井漏风的概念

矿井漏风是指在矿井通风中，进入井巷的风流未达到用风地点，而通过通风构筑物的缝隙、采空区、煤柱裂隙及地表塌陷裂缝等直接渗透到回风巷或地面的现象。抽出式一般从地面漏入井下；压入式一般从井下漏出地面。

产生漏风的条件是有漏风通道且在其两端存在压力差。井下控制风流的设施不严密、采空区顶板岩石冒落后未被压实、煤柱被压坏或地表有裂缝等，都能造成漏风。

1.内部漏风与外部漏风。内部漏风是指通过井下各种通风设施、采空区、煤柱等的漏风。外部漏风是指通过地表裂缝或井口通风设施（如井口风门、风硐闸门、反风装置、井口密闭等）风流直接漏入（漏出）风硐及矿井内的漏风。

2.漏风量与有效风量。漏风量是指进入井下的风量在未达到用风地点之前沿途漏出或漏入的风量。有效风量是指独立回风的用风地点实际得到的风量。矿井有效风量是指井下所有独立回风的用风地点（采掘工作面、硐室以及其他用风巷道等）实际得到的风量之和。

（二）矿井漏风的危害

矿井漏风的危害主要有：

1.漏风使工作地点风量减少，可能造成瓦斯积聚、空气温度升高、气候条件恶化，不仅影响井下工人的劳动效率，而且影响工人的身体健康和矿井安全。

2.漏风的存在，使矿井通风系统复杂化，降低了通风系统的稳定性、可靠性，影响井下风流控制和调节效果。

3.大量漏风会造成矿井通风电费的大量浪费，甚至使主要通风机能力不足。

4.采空区、留有浮煤的封闭巷道以及被压碎的煤柱等处的漏风，可能促使煤炭自然发火，而地表塌陷区风量的漏入，会将采空区有害气体带入井下，直接威胁采掘工作面的安全生产。

二、衡量矿井通风状况的指标

一个矿井通风状况的优劣、通风管理的好坏、矿井漏风的程度如何，可以通过以下各种参数来衡量。

（一）矿井内部漏风率（$P_{内}$）

矿井总进风量$Q_{进}$与矿井有效风量$Q_{效}$之差称为矿井内部漏风量；矿井内部漏风率$P_{内}$是指矿井内部漏风量占矿井总进风量$Q_{进}$的百分率（%），即：

$$P_{内}=\frac{Q_{进}-Q_{效}}{Q_{进}}\times100\% \tag{5-38}$$

（二）矿井外部漏风率（$P_{外}$）

矿井主要通风机的工作风量$Q_{机}$与矿井总回风量$Q_{回}$之差称为矿井外部漏风量；矿井外部漏风率$P_{外}$是指矿井外部漏风量占主要通风机工作风量$Q_{机}$的百分率（%），即：

$$P_{外}=\frac{Q_{机}-Q_{回}}{Q_{机}}\times100\% \tag{5-39}$$

《规程》第121条第一项规定：主要通风机必须安装在地面；装有通风机的井口必须封闭严密，其外部漏风率在无提升设备时不得超过5%，有提升设备时不得超过15%。

（三）矿井有效风量率（$P_{有效}$）

矿井有效风量率$P_{有效}$是指矿井有效风量$Q_{效}$占矿井总进风量$Q_{进}$的百分率（%），即：

$$P_{有效}=\frac{Q_{效}}{Q_{进}}\times100\% \tag{5-40}$$

矿井有效风量率是反映矿井风量利用情况、内部漏风状况和井下通风设施管理好坏的一个重要指标。我国《矿井通风质量标准及检查评比办法》规定:矿井有效风量率不低于85%。

(四)矿井漏风系数(K)

矿井漏风系数是指矿井总进风量与矿井总有效风量之比,即:

$$K=Q_{总进}/Q_{有效}$$

式中　$Q_{总进}$——矿井实测总进风量换成标准状态下的风量,m^3/s。

三、提高矿井有效风量率及防止漏风的措施

要提高矿井有效风量,就要减少矿井漏风。减少矿井漏风,应首先对矿井漏风情况做周密细致地调查、测定和研究,摸清漏风地点及产生漏风的原因,从而有的放矢地采取相应措施。

减少矿井漏风应从提高漏风区域所设置通风设施(风硐、反风道、安全出口风门、井下风门和密闭等)的严密性和设法降低漏风通道两端的风压差这两个方面着手,具体措施如下:

1.合理选择通风系统。在拟定矿井或采区通风系统时,注意进、回风巷道的距离不宜太近,同时,尽量不要使进、回风反向平行流动。

2.合理确定开拓系统、开采顺序和开采方法。

(1)服务年限较长的主要巷道应开掘在岩层中。

(2)采区的主要进回风道应开掘在采动影响范围之外。

(3) 尽量采用后退式、下行式开采顺序。

(4) 采用冒落法管理顶板的工作面采空区的漏风大,应考虑适当增加煤柱尺寸和提高挡风墙的质量。

3.及时充填地面塌陷坑洞及裂隙、封闭地面小窑,以减少塌陷区和地表之间的漏风。

4.减少井口漏风。对于斜井可多设几道风门并加强其工程质量,对于立井应加强井盖的密封。此外,也应防止反风装置和闸门的漏风。

5.箕斗井井底贮煤仓、采区煤仓和溜煤眼中的存煤必须保持足够的数量,以免大量漏风。

6.正确选择井下控制风流设施的位置,提高控制风流设施的建筑施工质量,加强日常检修,严格管理制度,使之规范化、系列化。井下控制风流设施的漏风一般是矿井漏风的主要组成部分。风门是矿井内数量较多的设施,在井下漏风中,风门漏风所占比例最大,风桥次之,挡风墙的漏风一般不大,但也不能忽视。

7.降低漏风通道两端的风压差。

8.采空区和不使用的联络巷必须及时封闭。

第六节　采区通风

通常一个矿井总是有几个采区同时进行采煤或准备。每一个采区都是矿井通风系统中的一个独立的通风区域,它们各自与矿井的主要进风巷和回风巷相连通。采区通风的好坏,对保证矿井的安全生产有着重要的意义。

一、采区通风系统及其基本要求

采区通风系统是指矿井风流经主要进风道进入采区,流经有关巷道,清洗采掘工作面、硐室和其他用风地点后，沿采区回风巷排至矿井主要回风巷的整个网络。采区通风系统主要取决于采区巷道布置和采煤方法，同时要满足采区通风的特殊要求，如高瓦斯矿井和气温很高的深井，有时是决定采区通风系统的重要因素。在确定采区通风系统时，必须遵守安全、经济、技术合理等原则，并满足下列基本要求：

1.采区必须有独立的风道，必须实行分区通风。采区进、回风巷必须贯穿整个采区，严禁将一条上山、下山或盘区的风巷分为二段，其中一段为进风巷，另一段为回风巷。

2.采掘工作面、硐室都应实行独立通风。不得已而采用串联通风时，必须严格遵守《规程》第114条的有关规定。

3.准备采区必须在采区构成通风系统以后，方可开掘其他巷道；采煤工作面必须在采区构成完整的通风、排水系统后，方可回采。

4.高瓦斯矿井、有煤（岩）与瓦斯（二氧化碳）突出危险的矿井的每个采区和开采容易自燃的煤层的每个采区，必须设置至少一条专用回风巷；低瓦斯矿井开采煤层群和分层开采采用联合布置的每个采区，必须设置至少一条专用回风巷。

5.按瓦斯、二氧化碳、气候条件和工业卫生的要求，合理配风。要尽量减少采区漏风，并避免新风到达工作面之前被污染和加热。

6.要保证通风阻力小，通风能力大，风流畅通。

7.采区通风系统要力求简单，以便在发生事故时易于控制和撤离人员，为此应尽量减少通风构筑物的数量，采区内设置的通风设施和通风设备要选择适当位置，严格管理，保证通风设备安全运转。将主要风门开关、局部通风机开停等状态参数、空气成分变化参数和风流变化参数纳入矿井安全监控系统中，以便及时发现和处理问题。

8.要尽量避免采用对角风路，无法避免时，要有保证风流稳定性的措施。

9.有利于采空区瓦斯的合理排放及防止采空区的遗煤自燃。

10.要有较强的抗灾和防灾能力。为此要设置防尘管路、避灾路线、避难硐室和灾变时的风流控制设施及明显的安全标志，必要时还要建立抽放瓦斯、防火灌浆和降温设施。

11.采区变电所必须有独立的通风系统。

12.有煤（岩）与瓦斯（二氧化碳）突出危险的采煤工作面不得采用下行通风。

二、采区进、回风上（下）山的选择

对于走向长壁开采的采区，通常一个采区布置2条上山。一条是运煤上山，也叫带式输送机上山或刮板输送机上山，专作运煤之用；另一条是轨道上山，专作运料、运矸石之用。当采区生产能力大，产量集中，瓦斯涌出量大及开采容易自燃煤层时，可设3条甚至4条上山。布置两条上山时，可选择轨道上山进风、输送机上山回风的采区通风系统；也可选择输送机上山进风、轨道上山回风的采区通风系统。2种方案各有利弊，现分述如下：

（一）输送机上山进风、轨道上山回风

1.风流方向与运煤方向相反，容易引起煤尘飞扬，使进风流和工作面风流中的煤尘浓度增大。

2.煤炭在运输过程中仍然不断解吸、释放瓦斯，使进风流和工作面风流中的瓦斯浓度升

高，影响了工作面的安全卫生条件。

3.输送机上山电气设备多，散热量大，将使进风流和工作面的温度升高。

4.轨道上山下部车场内安设风门，因此处矿车来往频繁，风门易被撞坏，需加强管理，防止风流短路。

5.煤炭运输设备在进风巷内，比较安全。

（二）轨道上山进风、输送机上山回风

此方案避免了上述不足，但是，这种系统需要在轨道上山的上部和中部甩车场设置风门，而且风门数量较多，运料、行人时容易造成风流短路，通风管理比较复杂。

（三）采区进、回风上山的选择

从上面的分析可以看出，从安全角度出发，在瓦斯涌出量高、煤尘爆炸危险性大、工作面温度较高的采区，采用轨道上山进风、输送机上山回风的采区通风系统较为合理。如果采区的瓦斯、煤尘危险性小，而且巷道中的风速不大，并采取了一定的防尘措施时，可以采用输送机上山进风、轨道上山回风的采区通风系统。对于煤层群分组集中上山联合布置的采区、厚煤层分层开采的采区以及综合机械化采区等，由于产量集中，瓦斯涌出量大，供风量大，以及受允许风速的限制，或为了降低通风阻力，往往需要开掘3条或3条以上的上山以供进风和回风使用。

三、采煤工作面（回采区段）的通风系统

采煤工作面的通风系统是由工作面的进风巷、回风巷和工作面组成。长壁式采煤工作面的通风系统有U型、Y型、Z型、W型、H型、双Z型、U+L型等多种形式，采煤工作面通风系统应综合考虑工作面的瓦斯、温度和煤层自燃发火的因素及采煤方法来确定，我国大部分矿井采用走向长壁后退式采煤法。下面以后退式采煤法说明上述几种采煤工作面通风系统的特性。《规程》第48条最后一项规定：突出矿井、高瓦斯矿井、低瓦斯矿井高瓦斯区域的采煤工作面，不得采用前进式采煤方法。

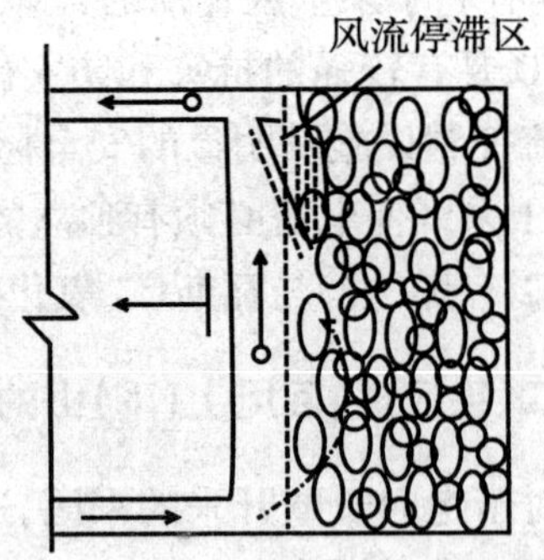

图5-25　U型(反向)通风系统

(1)U型通风系统(图5-25)。工作面只有一条进风巷和一条回风巷，是我国煤矿普遍采用的一种工作面通风方式，工作面进风巷和回风巷的风流流动方向相反，所以也叫反向通风系统。这种通风系统的优点是系统简单，巷道施工维护费用小，采空区漏风小，风流稳定，便于管理。但在工作面回风隅角附近(因工作面通风主要采用上行风，故工作面回风隅角常指工作面上隅角)，由于风流速度低或完全不流动，易积聚瓦斯，从而影响采煤工作面的安全生产，当瓦斯涌出量不大时，为了防止工作面上隅角的风流停滞区积聚瓦斯，可采取安设导风设施或利用尾巷排放瓦斯等措施。

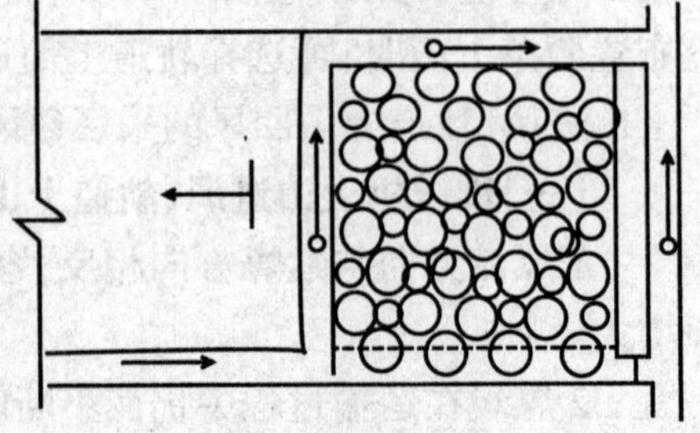

图5-26　Z型(顺向)通风系统

（2）Z型通风系统（图5-26）。这种通风系统，工作面进风巷和回风巷的风流流动方向为同向，所以也叫顺向通风系统。采煤工作面的回风巷道从沿采空区所留巷道（沿空留巷）和采区边界上山排出。它能利用采空区漏风将瓦斯带到工作面的回风巷，从而避免了采空区瓦斯涌到工作面上隅角。但沿空留巷维护工程量大，采空区漏风严重，容易发生采空区煤炭自燃。

（3）Y型通风系统（图5-27）。当瓦斯涌出量大，采用顺向通风系统仍不能降低工作面回风流中瓦斯浓度时，可在工作面上部增加一条巷道引入少量新鲜风流，形成两进一回的Y型通风系统。利用上部进风巷的风流消除上隅角瓦斯积聚现象，稀释回风巷风流中瓦斯浓度，而后直接排出。但工作面的上部巷道事先必须全部贯通，掘进工程量大。同时，Y型通风系统还具有Z型通风系统的缺点。

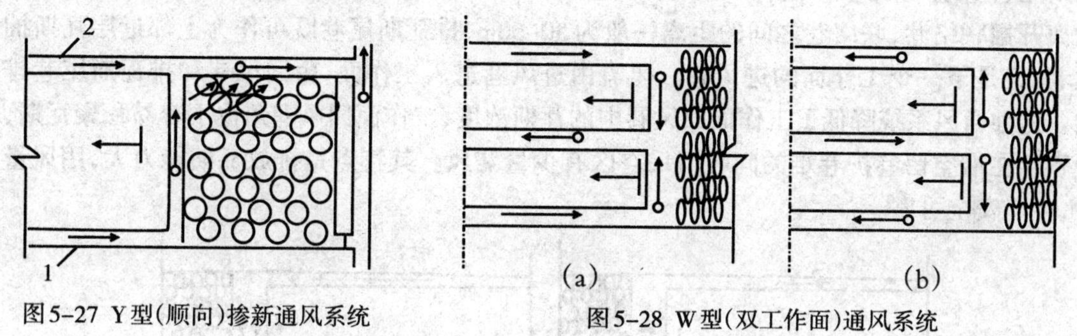

图5-27　Y型（顺向）掺新通风系统

图5-28　W型（双工作面）通风系统

（4）W型（双工作面）通风系统（图5-28）。这种形式的通风系统可采用一进两回，如图5-28b所示通风系统，风流从工作面中间巷道进入，经上、下工作面后沿上下回风巷排出。也可采用两进一回，如图5-28a所示通风系统，风流从上、下进风巷进入，经工作面后沿中间回风巷排出。W型通风系统可使工作面风量增大，有利于稀释瓦斯，改善工作面作业环境，但工作面存在下行风流易形成下行风。

（5）H型通风系统（图5-29）。H型通风系统有两进两回（图5-29a）和三进一回（图5-29b）两种形式，当工作面和采空区瓦斯涌出量较大，需要增大进、回风量来稀释整个工作面瓦斯时，可考虑采用H型通风系统。它的特点是：工作面风量大，稀释和吹散工作面及回风巷瓦斯的能力强，采空区的瓦斯不涌向工作面，气候条件好，增加了安全出口，易于排出工作面上隅角的瓦斯，通风阻力小。但需要留设2条沿空留巷，巷道维护困难、费用高，掘进工程量大，可能影响通风的稳定性，通风管理复杂。

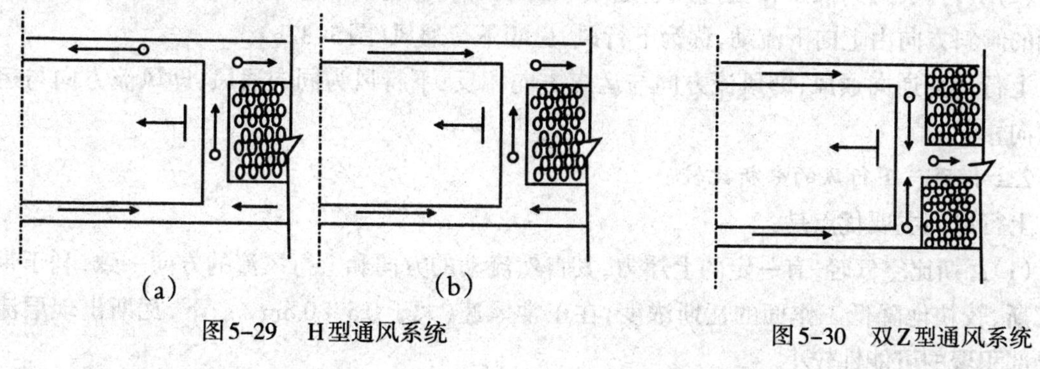

图5-29　H型通风系统

图5-30　双Z型通风系统

（6）双Z型通风系统（图5-30）风流从工作面上、下顺槽同时进入采煤工作面，由工作面

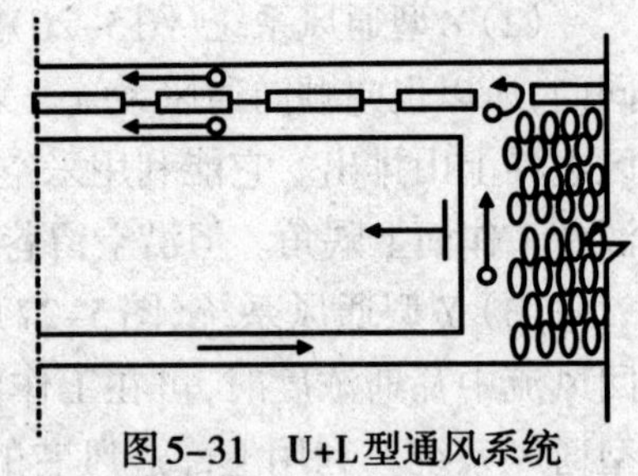
图5-31　U+L型通风系统

中部沿采空区留设的回风巷排出。采空区瓦斯不进入工作面，比较安全，但有沿空留巷，巷道维护费用高，有半个工作面为下行通风。

(7)U+L型通风系统(图5-31)。当U型通风系统工作面送风量达到极限时(工作面风速达到《规程》规定上限)，仍无法解决采煤工作面回风巷瓦斯浓度超限及回风隅角积聚瓦斯问题，就必须考虑其他形式的通风系统。

U +L型通风系统是由上下区段平巷、工作面及排放瓦斯尾巷所组成，形成一进两回的通风系统。工作面回风巷和排放瓦斯尾巷之间每隔一定距离开掘联络巷，联络巷之间的距离一般为50~60m，排瓦斯尾巷既可作为上邻近层瓦斯抽放巷，又是下一个工作面的进风巷。风流由进风巷进入工作面，由回风巷和排瓦斯尾巷排出。这种通风系统降低了工作面回风巷中的瓦斯浓度，工作面回风隅角也不容易积聚瓦斯，也不存在沿空留巷护巷难的问题但采空区有少量漏风。其特点是排放瓦斯能力大，用风量少，生产安全可靠。

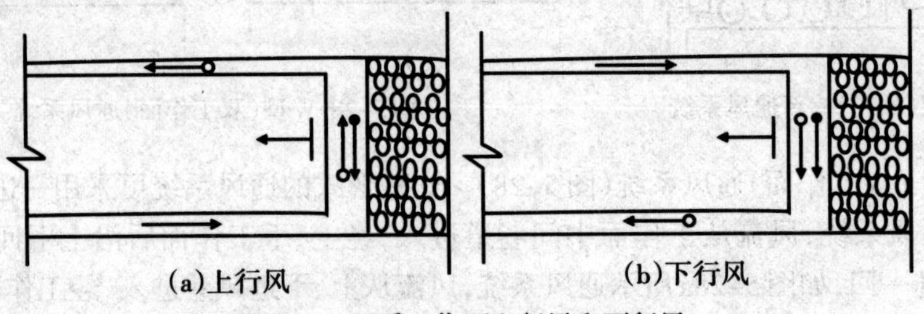

图5-32　回采工作面上行风和下行风

四、采煤工作面上行风和下行风的分析

1.上行风和下行风的概念

上行风和下行风是就风流方向与煤层倾斜的关系而言的。

(1)上行风：当采煤工作面进风巷道水平低于回风巷道水平时，采煤工作面的风流沿工作面的倾斜方向由下向上流动，称为上行风，也叫上行通风(图5-32a)。

(2)下行风：当采煤工作面进风巷道水平高于回风巷道水平时，采煤工作面的风流沿工作面的倾斜方向由上向下流动，称为下行风，也叫下行通风(图5-32b)。

上行风为逆向通风，即风流方向与运煤方向相反；下行风为同向通风，即风流方向与运煤方向相同。

2.上行风与下行风的分析比较

上行风的主要优点是：

(1)瓦斯比空气轻，有一定的上浮力，其自然流动的方向和上行风流的方向一致，利于带走瓦斯、较快地降低工作面的瓦斯浓度，在正常风速(大于0.5 ~ 0.8m / s)下，瓦斯出现层流和局部积聚的可能性较小。

(2)采用上行风时,工作面运输平巷中的运输设备位于新鲜风流中,安全性较好。

(3)工作面发生火灾时,采用上行风在起火地点发生瓦斯爆炸的可能性比下行风要小。

(4)除浅矿井的夏季之外,采用上行风时,采区进风流和回风流之间产生的自然风压和机械风压的作用方向相同,对通风有利。

上行风的主要缺点是:

(1)上行风风流方向与运煤方向相反,易引起煤尘飞扬,使采煤工作面进风流及工作面风流中的煤尘浓度增大。

(2)煤炭在运输过程中所释放出的瓦斯,被上行风流带入工作面,使进风流和工作面风流中的瓦斯浓度升高,影响了工作面的安全卫生条件。

(3)采用上行风时,进风风流流经的路线较长,风流温度会由于压缩和地温加热而升高;又加上运输巷内设备运转时所产生的热量对风流的加热作用,使空气温度升高随进风流返回到采煤工作面,故上行风比下行风工作面的气温要高。

下行风的主要优点是:

(1)采煤工作面及其进风流中的煤尘、瓦斯浓度相对较小。

(2)采煤工作面及其进风流中的空气被加热的程度较小。

(3)下行风流方向与瓦斯自然流向相反,当风流保持足够的风速时,就能对向上轻浮的瓦斯具有较强的扰动、混合能力,因此不易出现瓦斯分层流动和局部积聚的现象。

下行风的主要缺点是:

(1)采用下行风时,运输设备安装在回风巷道中,安全性较差。

(2)工作面一旦起火,所产生的火风压和下行风工作面的机械风压作用方向相反,会使工作面的风量减少,瓦斯浓度升高,故下行风在起火地点引起瓦斯爆炸的可能性比上行风要大;灭火工作较困难。

(3)除浅矿井的夏季之外,采用下行风时,采区进风流和回风流之间产生的自然风压和机械风压的作用方向相反,削弱了矿井通风能力。而且,一旦主通风机停止运转,工作面的下行风流就有停风或反风(或逆转)的可能。

综上分析,上行风和下行风各有利弊,但一般认为上行风稍优于下行风,尽管国内外有些矿井为了降低工作面气温、减少工作面的瓦斯和煤尘浓度,采用了下行通风方式,并取得了较好的效果。但是,各国的安全规程对下行风的使用目前仍采取谨慎态度。《规程》第115条规定:有煤(岩)与瓦斯(二氧化碳)突出危险的采煤工作面不得采用下行通风。

第二部分　专业核心知识点

1.矿井通风方法:包括抽出式、压入式、压抽混合式各自的特点及适用条件。

2.矿井通风方式:包括中央式、对角式、区域式、混合式各自的优缺点及适用条件。

3.矿井通风网络:包括串联、并联的特性。

4.矿井通风设施:包括引导风流的设施和隔断风流的设施,施工与质量的要求。

5.简单通风网络解算。

6.采区通风系统及工作面通风系统的选择。

7.上行风的优缺点,下行风的优缺点。

8.矿井通风系统图及网络图的绘制。

第三部分　专业技能训练

根据某矿井的采掘工程平面图绘制该矿井的通风系统图和通风网络图。

复习题

1.什么叫矿井通风系统？主要包括哪些内容？
2.矿井通风方法包括哪几种？为什么瓦斯矿井大多采用抽出式通风？
3.矿井通风方式包括哪些内容？
4.什么叫矿井通风网络？并联通风与串联通风相比较有哪些优点？
5.什么叫风量自然分配？影响并联网络分支风路的因素是什么？
6.矿井通风系统的基本要求有哪些？
7.矿井通风系统图上必须标明哪些内容？
8.采区通风系统应满足哪些要求？
9.永久性风门的质量要求有哪些？
10.永久性密闭墙的质量要求有哪些？
11.什么叫上行通风？什么叫下行通风？试分析各自的优缺点。
12.《规程》对工作面串联通风是如何规定的？
13.什么叫漏风？漏风的主要危害有哪些？
14.产生漏风的原因是什么？如何防止漏风？
15.绘制通风网络图的一般步骤是什么？
16.绘制通风网络图的一般原则是什么？
17.根据下列矿井通风系统简化图，绘制所对应的通风网络图。

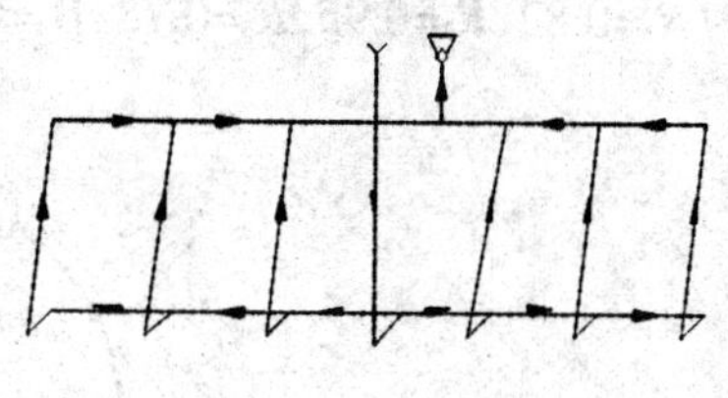
图1

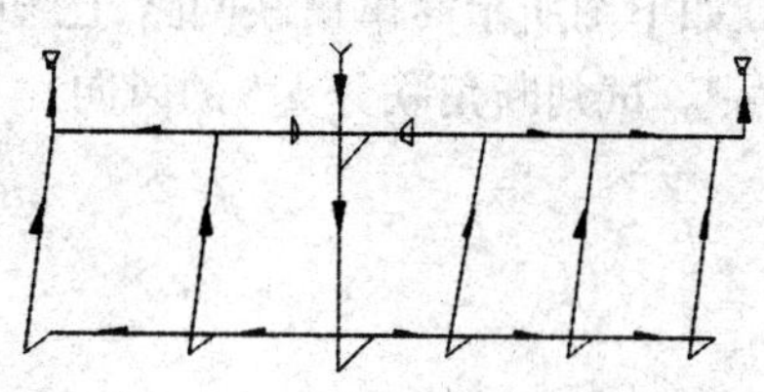
图2

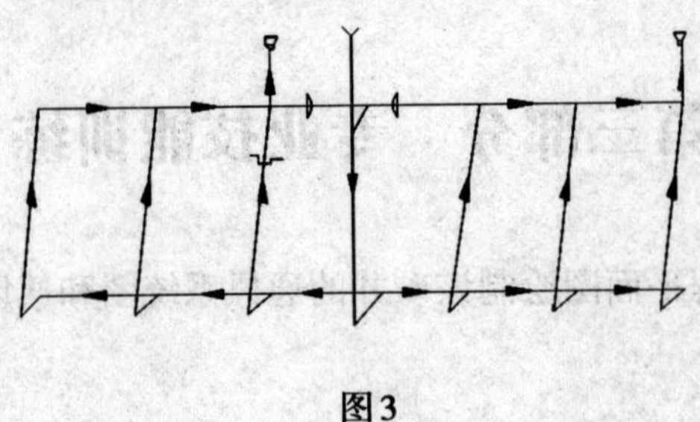

图3

18.如下图所示，某回采工作面通风系统，已知 $R_1=0.46$，$R_2=1.48$，$R_3=0.87$，$R_4=1.48$，$R_5=0.46$，单位为 Ns^2/m^8，该系统的总风压 $h_{16}=80Pa$。

(1)风门K关闭时，求工作面风量；

(2)当风门K打开时，总风压保持不变的情况下，求工作面风量及流过风门K的风量。

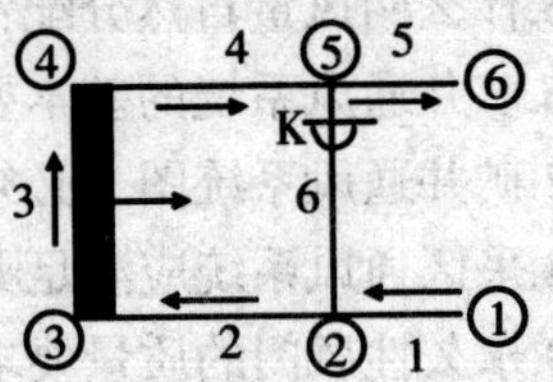

19. 如下图所示某并联网路，已知各分支风阻为 $R_1=1.23$，$R_2=1.78$，$R_3=1.37$，$R_4=1.08$，单位为 Ns^2/m^8，总风量为 48 m^3/s，求：

(1)并联网路的总风阻；

(2)各分支风量。

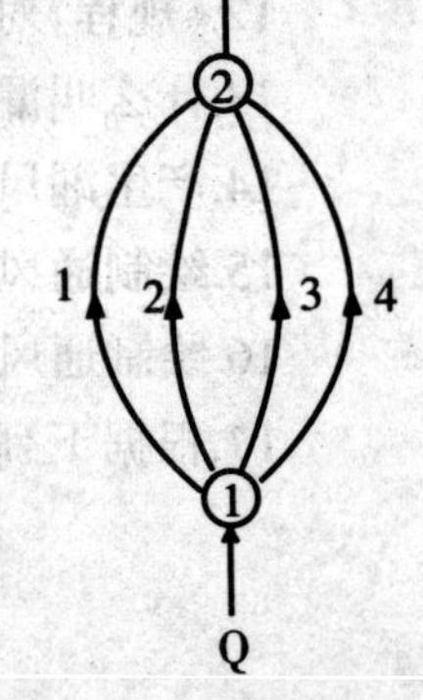

20.如下图所示简单角联网路，已知各分支风阻为 $R_1=0.82$，$R_2=0.95$，$R_3=0.73$，$R_4=0.36$，单位为 Ns^2/m^8。试判断角联分支5的风向。

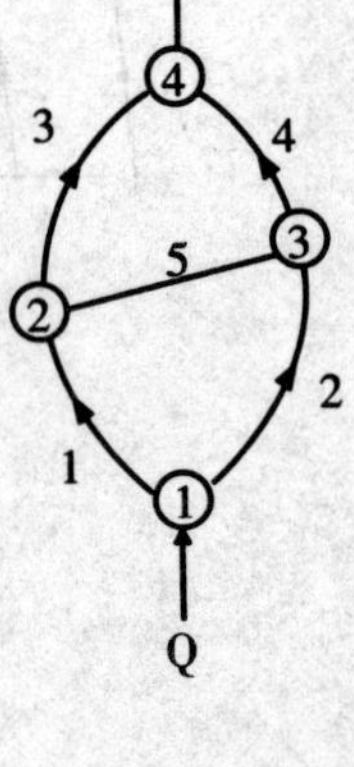

讨论题：

1.如何才能使矿井通风系统合理地为矿井安全生产服务？
2.什么是上行通风，为何瓦斯较大的矿井应采用上行通风？
3.什么是矿井漏风，如何防止漏风？

第六章　矿井风量调节

第一部分　系统理论知识

随着矿井生产的发展，矿井风网的风阻会因巷道的延伸、工作面的推进等因素不断地发生变化。另外，瓦斯涌出量等发生变化也会引起风网内需风量的变化。这些变化都会导致井下各用风地点的实际需求风量和风压产生较大差异，甚至引起矿井总需风量和风压的变化。从而使原有风量和风压不能满足矿井生产和安全的需要。为了保证井下各用风点的风量始终保质保量；风流按所需的风量和预定的路线流动，就必须对矿井风量进行调节。这是矿井通风管理的十分重要并且是经常性的工作内容之一。

通常，在采区内、采区之间和生产水平之间的风量调节称为局部风量调节；对全矿总风量进行增减的调节称为矿井总风量调节。

第一节　局部风量调节

局部风量调节有3种方法：增加风阻调节法（简称增阻法）、降低风阻调节法（简称降阻法）和辅助通风机调节法（简称增压法）。

一、增加风阻调节法

（一）增阻法调节风量原理

增阻法的实质就是以并联风网中阻力较大的分支阻力值为基准，在阻力较小的分支中增加一项局部阻力，使并联各分支的阻力达到平衡，以保证风量按需分配。

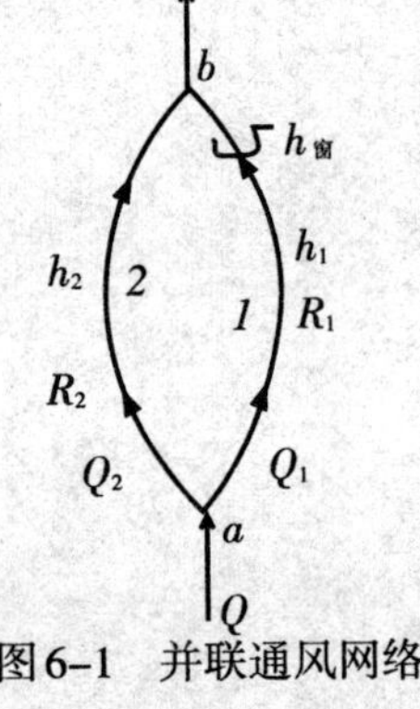

图6-1　并联通风网络

如图6-1为某采区2个采煤工作面的通风网络图。已知2风路的风阻值$R_1=0.8Ns^2/m^8$，$R_2=1.2Ns^2/m^8$，若总风量$Q=16m^3/s$，则该并联网络中自然分配的风量分别为：

$$Q_1=\frac{Q}{1+\sqrt{\frac{R_1}{R_2}}}=\frac{16}{1+\sqrt{\frac{0.8}{1.2}}}=8.8m^3/s$$

$$Q_2=Q-Q_1=16-8.8=7.2m^3/s$$

如按实际生产要求，分支1的风量应为$Q_1=6.0m^3/s$，分支2的风量应为$Q_2=10.0m^3/s$，显然自然分配的风量不符合生产要求。按满足生产要求的风量，2分支的阻力分别为：

$$h_1=R_1Q_1^2=0.8\times6^2=28.8Pa;\ h_2=R_2Q_2^2=1.2\times10^2=120.0Pa$$

分支风路2的阻力大于分支风路1的阻力，这与并联网络2分支分压平衡的规律不符。因此，必须进行调节。采用增阻法调节，即以h_2的数值为并联风网的总阻力，在分支风路1上增加一项局部阻力$h_窗$，使2风路的阻力相等，这时进入2风路的风量即为需要的风量。

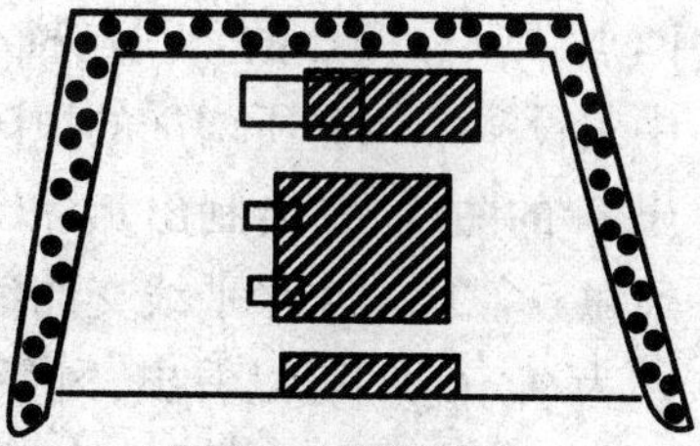

$$h_1+h_{窗}=h_2 \quad 或 \quad h_{窗}=h_2-h_1$$

即 $$h_{窗}=120-28.8=91.2\text{Pa}$$

增阻法的实质就是以并联风网中阻力较大的分支阻力值为基准,在阻力较小的分支中增加一项局部阻力,使并联各分支的阻力达到平衡,以保证风量按需分配。

图6-2 调节风窗

增阻调节法的主要措施,是在调节支路设置调节风窗(如图6-2所示)、临时风帘、风幕等调节装置。其中调节风窗由于其调节风量范围大,安装和制造都较简单,在生产中应用最广。

调节风窗的断面积计算:

当$S_{窗}/S\leqslant 0.5$时,

$$S_{窗}=\frac{QS}{0.65Q+0.84S\sqrt{h_{窗}}} \tag{6-1}$$

或
$$S_{窗}=\frac{S}{0.65+0.84S\sqrt{R_{窗}}} \tag{6-2}$$

当$S_{窗}/S>0.5$时,

$$S_{窗}=\frac{QS}{Q+0.76S\sqrt{h_{窗}}} \tag{6-3}$$

或
$$S_{窗}=\frac{S}{1+0.76S\sqrt{R_{窗}}} \tag{6-4}$$

式中 $S_{窗}$——调节风窗的通风断面积,m^2;

Q——通过的风量,m^3/s;

S——设置调节风窗的巷道断面积,m^2;

$h_{窗}$——调节风窗的阻力,Pa;

$R_{窗}$——调节风窗的风阻,Ns^2/m^8。

对于图6-1所示并联通风网络中,若分支1设置调节风窗处的巷道断面$S_1=8m^2$,则调节风窗的断面积为:

$$S窗=\frac{QS}{0.65Q+0.84S\sqrt{h_{窗}}}-\frac{QS}{0.65Q+0.84\times 8\sqrt{91.2}}=0.74m^2$$

则$S_{窗}/S=0.74/8=0.0925<0.5$,故可用。

(二)增阻法调节的分析

1. 采用增阻法调节风量使通风网络总风阻增加,如果主要通风机特性曲线不变,总风量会减少,有时可能达不到调节风量的预期效果。

如图6-3所示,已知主要通风机特性曲线I和两分支风阻曲线R_1、R_2。在图上按照“风压相等,风量相加”的原则,绘制出并联网中R_1与R_2并联后的总风阻曲线R。R与I的交点a即为主要通风机的工作点,a点的横坐标则为矿井的总风量Q。从a作水平线和R_1、R_2交于b、c

两点，则b、c两点的垂线与横坐标的交点Q_1、Q_2即为两风路的自然分配风量。如需在风路1中安设调节风窗所增加的风阻值为$R_{窗}$，则风路1中的风阻上升为R'_1（$R'_1=R_1+R_{窗}$），在图上绘出R_1'的曲线，并绘制出R_1'和R_2并联的风阻曲线R'，由R'与I的交点a'得出调节后的矿井总风量Q'。由a'作水平线交曲线R_1'和R_2于b'、c'两点，则调节后分配在两分支风路中的风量分别为Q_1'、Q_2'。可以看出，风量调节后由于矿井总风阻值的增加，使总风量减少，其减少值为$\triangle Q=Q-Q'$；增阻的分支1中风量也减少，其减少值为$\triangle Q_1=Q_1-Q_1'$；另一分支风量增加，其增加值为$\triangle Q_2=Q_2'-Q_2$。显然减少的多，增加的少，减少的风量与增加的风量二者的差值就等于总风量的减少值，差值越大，总风量减少的越多，风量调节的效果越差。

$$\triangle Q=(Q_1+Q_2)-(Q_1'+Q_2')$$
$$=(Q_1-Q_1')-(Q_2'-Q_2)$$
$$=\triangle Q_1-\triangle Q_2,\ m^3/s$$

2. 总风量的减少值△Q与主要通风机性能曲线的缓、陡有关。如图6–4所示，I、II分别为2个通风机风压特性曲线。R'、R分别为调节前后的风阻曲线。可以看出，$\triangle Q<\triangle Q'$，表明通风机风压特性曲线越陡，总风量减少值越小；通风机风压特性曲线越平缓，总风量减少值则越大。

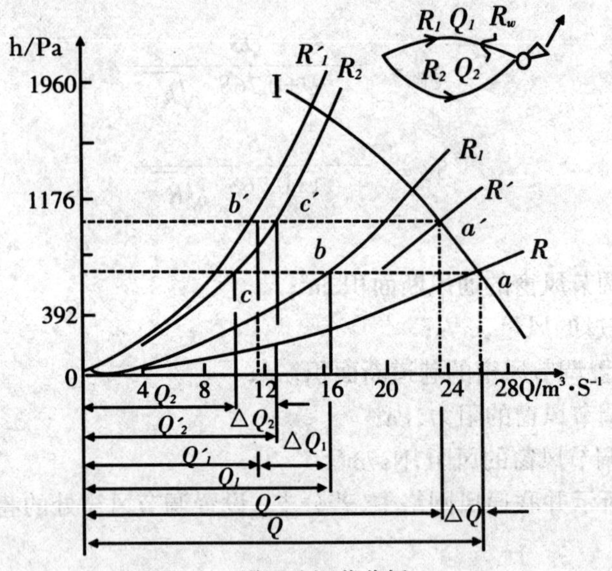

图6–3　增阻法调节分析

（三）采用增阻法调节风量的注意事项

1.瓦斯涌出形式为普通涌出形式的矿井，调节风窗一般安设在回风侧，以免影响运输。特殊涌出形式的矿井，即煤（岩）与瓦斯（二氧化碳）突出矿井，调节风窗应安设在进风侧。为了避免大量喷出（突出）的瓦斯破坏通风系统，使风流逆转或紊乱，还应当在进风侧设置2道牢固、可靠的反向风门。

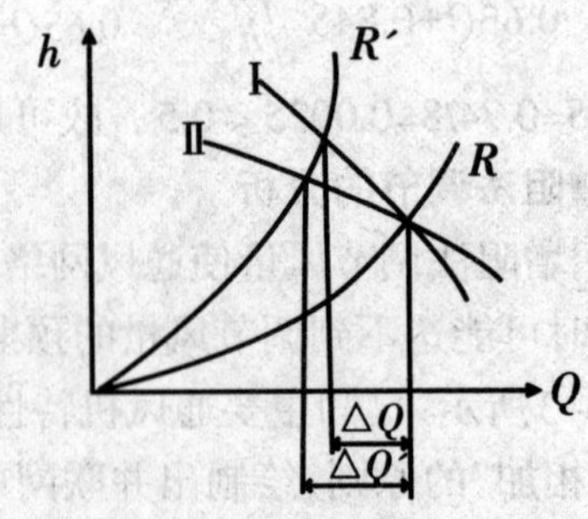

图6–4　通风机风压特性曲线陡缓对风量调节的影响

当必须安设在进风(运输)巷道时,可采取多段调节,即用若干个大面积调节风窗代替一个面积较小的调节风窗,且小面积风窗的阻力等于所有大面积风窗的阻力之和。

2.在复杂风网中采用增阻法调节风量时,应按先内后外的顺序逐渐调节。使每个网孔的阻力达到平衡。要合理确定风窗的位置,防止重复设置,避免增加不必要的风阻。例如:图6-5所示的复杂网络,若各条风路所需的风压值已确定,合理的调节顺序应该按*B*→*C*→*D*→*E*→*A*网孔,依次调节,并分别在*ab*分支风路、*cd*分支风路、*ef*分支风路设置调节风窗,增加的风压值分别为32Pa、45Pa、90Pa。

3.在设有风桥的风路中需要安设调节风窗时,风窗一般安设在风桥之后[图6-6(b)]。如果将风窗安设在风桥之前[图6-6(a)],由于风流经风窗后风压降很大,造成风桥上、下风流的压差增大,可能导致风桥漏风增大。

增阻法具有简单易行、安全可靠的优点,是局部风量调节应用最广泛的调节方法。但采用增阻法会使矿井的总风阻增加,总风量下降。若总风量下降太多,使主要通风机供给井下的风量达不到生产和安全的需要,就得改变主要通风机工作状态,即改变主要通风机风压特性曲线,以弥补增阻后总风量的减少。

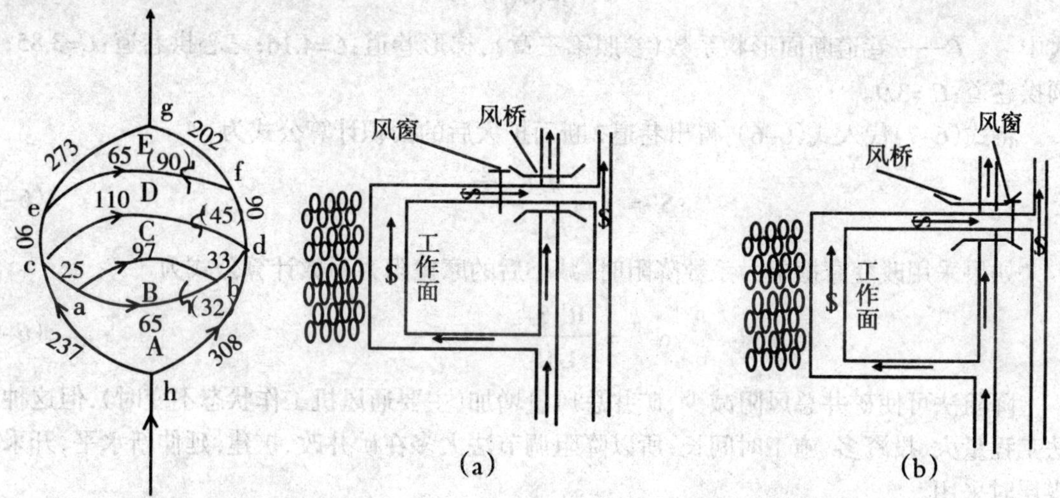

图6-5 复杂网络中风窗调节顺序

图6-6 风桥前后风窗的位置

二、降低风阻调节法

(一)降阻法调节风量原理

降阻法与增阻法相反。为了保证风量的按需分配,当并联风网中的阻力不相等时,以小阻力分支为基准,设法降低大阻力巷道的风阻,使风网达到阻力平衡,从而实现风量调节的目的。

如图6-7所示的并联通风网络,2分支风路的风阻分别为R_1和R_2(Ns^2/m^8),所需风量分别为Q_1和Q_2(m^3/s),则2条风路产生的阻力分别为$h_1=R_1Q_1^2$、$h_2=R_2Q_2^2$。如果$h_2>h_1$,采用降阻法调节时,则以h_1的数值为基准,使h_2减少到$h_2'=h_1$,为此,需把R_2降到R_2',即

$$h_2'=R_2'Q_2^2$$

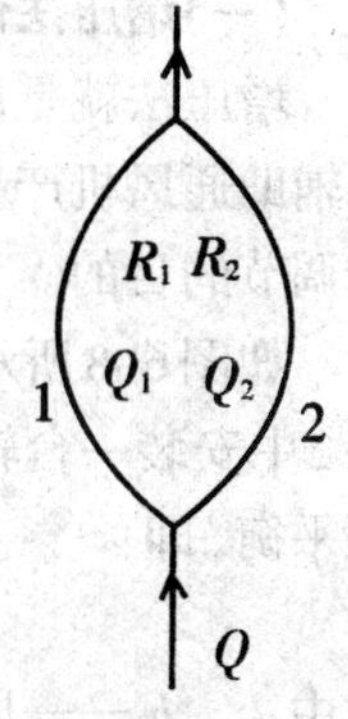

图6-7 并联通风网络

$$R_2' = \frac{h_1}{Q_2^2} \tag{6-5}$$

(二)降阻法的计算

降低风阻值的方法可根据所需降阻数值的大小和矿井通风状况而定。当所需降阻值不大时,应首先考虑减小局部阻力,改变巷道壁面平滑程度或支架形式,以减少摩擦阻力系数降低风阻;还可以在阻力大的巷道旁侧开掘新的并联巷道或修复利用废弃巷道,当所需降阻值较大时,可采用扩大巷道断面的方法,条件允许时,也可缩短风流路线长度降低风阻。

如果将图6-7中分支2的巷道断面扩大到S_2' (m^2),则

$$R_2' = \frac{\alpha_2' L_2 U_2'}{S'^3_2} \tag{6-6}$$

式中 R'_2——分支2巷道断面扩大后的风阻,Ns^2/m^8;

α'_2——断面扩大后的摩擦阻力系数,Ns^2/m^4;

U'_2——分支2巷道断面扩大后的周长,m。

$$U'_2 = C\sqrt{S'_2} \tag{6-7}$$

式中 C——巷道断面形状系数(参照第三章),梯形巷道:C=4.16;三心拱巷道:C=3.85;半圆拱巷道:C =3.9。

将式(6-7)代入式(6-6),得出巷道2断面扩大后的面积计算公式为

$$S'_2 = \left(\frac{a'_2 L_2 C}{R_2^1}\right)^{\frac{2}{5}} \tag{6-8}$$

如果采用改变摩擦阻力系数降阻时,减小后的摩擦阻力系数计算公式为

$$\alpha_2' = \frac{R^1_2 S_2^3}{L_2 U_2} \tag{6-9}$$

降阻法可使矿井总风阻减少,矿井总风量增加(主要通风机工作状态不变时),但这种方法工程量大、投资多、施工时间长,所以降阻调节法大多在矿井改、扩建,延伸新水平,开采新煤层时采用。

三、辅助通风机调节法

(一)增压法调节风量原理

增压法就是以阻力小的风路阻力为依据,在阻力较大的风路中安装一台辅助通风机,利用辅助通风机产生的风压克服一部分通风阻力,使并联通风网络阻力达到平衡,从而达到风量调节的目的。

如图6-8所示,如果按需要风量Q_1、Q_2计算出2风路的阻力$h_2>h_1$时,可在阻力较大的风路2中安装一台辅助通风机,用辅助通风机的风压克服该并联通风网的阻力差,使其符合风压平衡,即:

$$h_2 - h_1 = h_{辅} \tag{6-10}$$

式中 h_1——风路1按需风量(Q_1)计算的阻力,Pa;

h_2——风路2按需风量(Q_2)计算的阻力,Pa;

$h_{辅}$——辅助通风机风压，Pa。

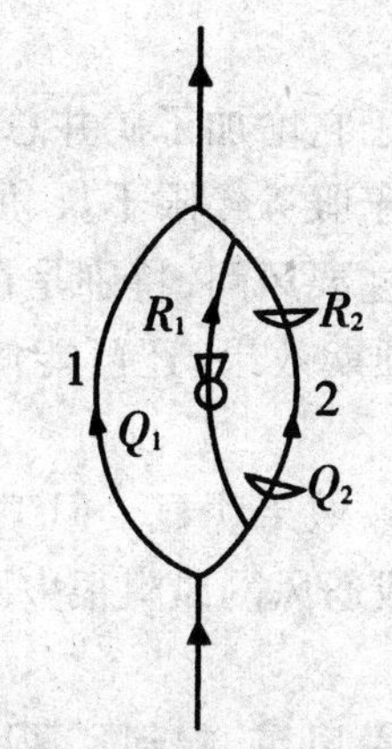

图6-8 增压法调节原理

图6-9 辅助通风机的安装

(二)辅助通风机的选择

辅助通风机的选择方法有多种，这里只介绍一种简单方法。

1.辅助通风机的风量

辅助通风机的风量，就是该分支风路的需风量，即

$$Q_{辅}=Q_2 \tag{6-11}$$

2.辅助通风机的风压

辅助通风机的风压，就是并联通风网的2分支的阻力差。由式(6-10)可知：

$$h_{辅}=R_2Q_2^2-R_1Q_1^2 \tag{6-12}$$

式中 R_1、R_2——1、2分支的风阻，NS^2/m^8；

Q_1、Q_2——1、2分支的需风量，m^3/s。

通过计算出的辅助通风机的风量和风压，就可选择辅助通风机。

(三)辅助通风机的安装和使用

1.为了保证新鲜风流通过辅助通风机而不致影响运输，一般把辅助通风机安设在进风流的绕道中(如图6-9所示)，但在原进风巷道中至少要安装2道自动风门，其间距必须大于一列车的长度，满足运输的要求，风门必须向压力大的方向开启。如果把辅助通风机安设在回风流中，安设方法基本相同，但要设法引入一股新鲜风流给风机的电动机通风(如利用大钻孔导风等方法)，使电动机在新鲜风流中运转。为此，安设电动机的硐室必须与回风流严密隔开。

2.如果辅助通风机因故停止运转，必须立即打开原来进风巷道中的两道风门，以防发生相邻区域的风流逆转，甚至产生循环风。此时，应根据具体情况，采取相应的安全措施。重新启动辅助通风机之前，应检查附近20m内的瓦斯浓度，只有在瓦斯浓度不超过《规程》规定时，才允许启动辅助风机。

3.采空区附近的巷道中安设辅助通风机时，要选择合适的位置。否则，有可能产生通过采空区的循环风或漏风，易引起采空区的煤炭自燃。

4.严禁在煤(岩)与瓦斯(二氧化碳)突出的矿井中安设辅助通风机。

四、各种调节方法的评价

增阻法的优点是简单易行、安全可靠、比较经济。但由于它增加了矿井总风阻,当通风机工作状态不变时,矿井总风量会减少,因此这种方法只适于服务年限不长、所调节区域的总风阻占矿井总风阻的比重不大的采区范围内。对于矿井主要风路,特别是在阻力搭配不均的矿井两翼调风,则尽量避免采用。否则,不但达不到预期效果,还可能使全矿井通风恶化。

降阻法的优点是减少了矿井总风阻,增加了矿井总风量,效果明显。但工程量较大、费用高。因此,这种方法多用于服务年限长、巷道年久失修造成通风网风阻很大而又不能使用辅助通风机调节的区域。

辅助通风机调节法的优点是简便、易行,且提高了矿井总风量,起到了帮助主要通风机通风的作用。但管理工作较复杂,安全性较差。因此,这种方法可在并联风路阻力相差悬殊、矿井主要通风机能力不能满足较大阻力风路需要时使用。

总之,上述3种风量调节方法各有特点,在实际工作中要根据具体情况,选用合理的方法。当单独采用一种方法不能满足要求时,可考虑综合运用。

第二节　矿井总风量调节

当采用局部风量调节方法不能满足生产需要时,就必须对矿井总风量进行调节。矿井总风量调节主要是调整主要通风机的工况点。其方法是改变主要通风机的特性曲线,或改变主要通风机的工作风阻(改变矿井总风阻)。

一、改变主要通风机工作风阻调节法

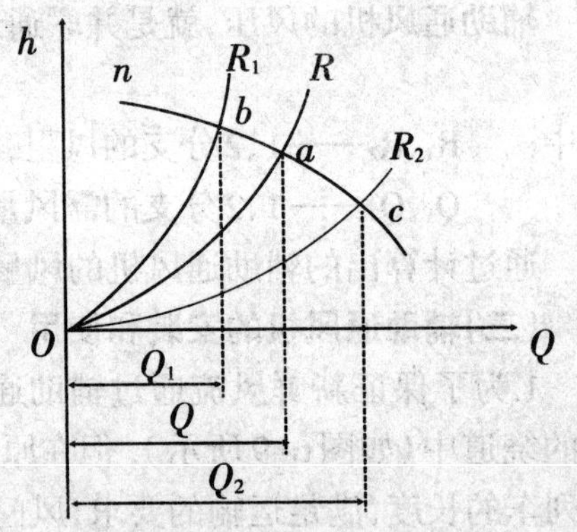

图6-10　改变主要通风机工作风阻调节法

如图6-10所示的通风机工况,通风机特性曲线为n,当矿井总风阻增大时风阻特性曲线由曲线R变为R_1,通风机的工况点由a变到b,矿井总风量由Q减少至Q_1;反之,工况点由a变到c,矿井总风量由Q增加到Q_2。因此,当矿井要求的通风能力超过主要通风机最大通风能力又无法采用其他调节法时,就必须采取扩大巷道断面、降低摩擦阻力系数等降阻方法降低矿井总风阻,以满足矿井通风要求。

如果主要通风机的风量大于矿井实际需要(风量满足要求即可,不宜过大),可以增加主要通风机的工作风阻,使总风量下降。由于离心式通风机的输入功率随风量的减少而降低,所以,对于离心式通风机,当矿井所需风量变小时,可利用风硐中的的闸门增加风阻,减少风量,降低通风机电耗;对于轴流式通风机,通风机的输入功率随风量的减小而增加,故一般不用闸门调节而多采用改变通风机的叶片安装角度,或降低风机转速进行调节;对于有前导器的通风机，当需风量变小时，可用改变前导器叶片角度的方法来调节，但其调节幅度比较小。

二、改变主要通风机特性曲线调节法

1.离心式通风机

对于离心式通风机，其实际工作特性曲线主要决定于风机的转速。如图6-11所示，当离心式通风机转速为n_1时，其风压特性曲线为Ⅰ。如果实际产生的风量(Q_1)不能满足矿井需风量(Q_2)时，可用比例定律求出该风机所需新的转速n_2，即

$$n_2 = n_1 \frac{Q_2}{Q_1}, \text{ r/min} \tag{6-13}$$

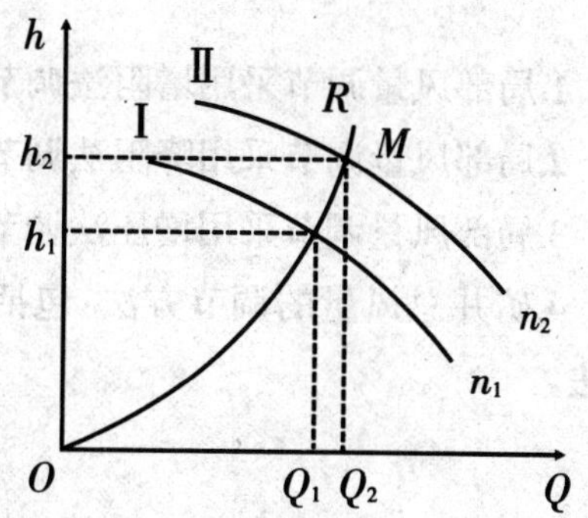

图6-11　改变主要通风机转速调节风量

绘出在转速n_2时的全风压特性曲线Ⅱ，它和矿井总风阻曲线R的交点M即为通风机新的工况点。同时，根据转速n_2的效率特性曲线和功率特性曲线，检查新的工况点是否在合理工作范围内，并验算电动机的能力。

改变通风机转速是改变离心式通风机特性曲线的主要方法。如果通风机和电动机之间是间接传动，可以改变传动比或改变电动机的转速；如果通风机和电动机是直接传动，则可改变电动机的转速或更换电动机。

2.轴流式通风机

轴流式通风机特性曲线的改变，主要取决于通风机动轮叶片安装角和通风机转速2个因素。在矿井生产中，常采用改变轴流式通风机叶片安装角的方法实施调节。如图6-12所示，正常运转时，叶片安装角θ为25°，通风机工况点为特性曲线I上的a点；由于生产需要，矿井总阻力增加，为保证原有的风量，主通风机运转工况点移至b点，此时，则把叶片安装角θ调整到30°，才能使风压特性曲线I'通过b点，从而保证矿井总风量的需要。

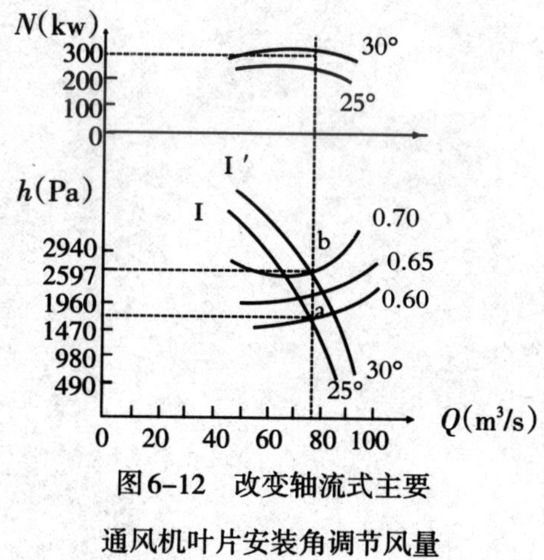

图6-12　改变轴流式主要通风机叶片安装角调节风量

轴流式通风机的叶片调节范围比较大，一般每次可调5°（每次最小可调2.5°），而且可使通风机在最合理工作区域工作。此外，采用变频技术控制主要通风机的矿井，也可通过改变通风机转速，实现矿井总风量的调节。

3.对旋式通风机

对旋式通风机的调节方法和轴流式通风机相似，可以同时调整通风机两级动轮上的叶片安装角，也可调整其中一级动轮上的叶片安装角，也可以改变电动机的转速。由于对旋式通风机的两级动轮由各自的电动机驱动，在矿井投产初期甚至可单级运行。

第二部分　专业核心知识点

1.局部风量调节采用增阻法调节的原理及注意事项；

2.局部风量调节采用降阻法调节的原理及其计算；

3.局部风量调节采用增压法调节的原理、辅助通风机的选择与安装使用及其注意事项；

4.矿井总风量的调节方法：包括增加通风机工作风阻调节法和改变通风机工作特性调节法。

第三部分　专业技能训练

1.改变主要通风机工作风阻,调节矿井总风量。

在模拟通风管网中,采用离心式通风机作抽出式通风,在风硐内设置闸门,利用闸门开合大小来改变通风管网中的风阻。同时测定通过通风管网中的风量。

2.利用调节风窗进行并联网络中的局部风量调节。

在模拟通风巷道中建立带风窗的风门,准备一定数量的风窗插板,通过插板调节风窗断面积,同时测定通过巷道的风量,直到通过风量达到要求。

复习题

1.什么是局部风量调节？包括哪几种方法？

2.什么是矿井总风量调节？包括哪几种方法？

3.增阻法的实质是什么？

4.采用增阻法调节风量时有哪些注意事项？

5.降阻调节法的实质是什么？

6.增压法的实质是什么？

7.采用增压法调节风量时有哪些注意事项？

8.某并联通风网络如下图(左)所示,各段巷道的风阻为:R_1=0.06,R_2=0.13,R_3=0.22,R_4=0.15,R_5=0.11Ns^2/m^8,系统总风量Q_1=30m^3/s,各分支需要的风量为:Q_2=10m^3/s,Q_3= 6.5m^3/s,Q_4=3.5 m^3/s。若采用风窗调节(风窗设置处巷道断面积为S=4 .2m^2),应如何设置风窗?风窗的面积值为多少？调节后系统的总风阻、总等积孔为多少？

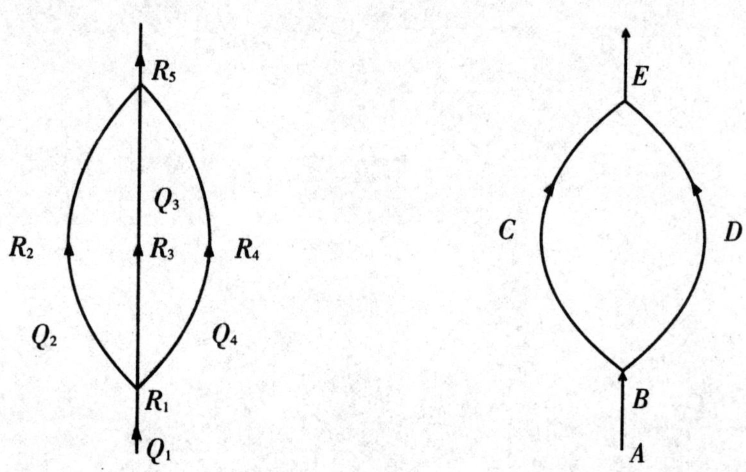

9.如上图(右)所示的并联通风网络,已知:R_{BCE}=1.8,R_{BDE}=1.1 Ns^2/m^8,L_{BCE}=1300m,L_{BDE}=900m。因生产需要,两分支BCE、BDE的风量均为15m^3/s,若采用扩大断面的调节方法,问需要在哪一分支上扩大断面?断面扩大到多少平方米?

讨论题

1.矿井风量调节的意义。
2.增阻法调节风量有哪些优缺点?
3.辐流式主要通风机风量调节有哪些方法?

第七章　掘进通风

第一部分　系统理论知识

在矿井生产过程中，为了准备新水平、新采区和采煤工作面，都必须掘进大量的巷道。在掘进巷道时，为了供给作业人员新鲜空气，稀释掘进工作面的瓦斯及爆破后产生的有害气体、炮烟和矿尘，并创造良好的气候条件，必须对掘进工作面进行通风。这种掘进巷道时的通风称为掘进通风，它属于局部通风的范畴。

掘进通风的主要特点是：只有一个出口（独头巷道），本身不能形成通风系统，易发生瓦斯浓度超限或局部积聚，是井下作业地点当中发生瓦斯爆炸、煤尘爆炸和火灾事故概率较高的作业场所。掘进通风方法主要有4种，即利用矿井全风压通风、水力或压气引射器通风、利用局部通风机通风和扩散通风。

第一节　掘进通风方法

一、利用全风压进行通风

全风压通风是指直接利用矿井主要通风机及自然因素造成的风压，并借导风设备对掘进工作面进行通风的一种方法。全风压是指通风系统中主要通风机出口侧和进口侧的总风压差。《规程》第127条规定，掘进巷道必须采用矿井全风压通风或局部通风机通风。

（一）全风压通风方法的分类

全风压通风常用方法一般有以下4种：

1.利用纵向风障通风

在掘进巷道中，安设或砌筑纵向风障将巷道分隔成两部分，其中一部分进风，另一部分回风，如图7-1所示。

选择风障材料的原则是：阻燃、抗静电、漏风小、经久耐用、就地取材、成本低，一般多用木板、砖、石和涂胶帆布。纵向风障在矿山压力作用下容易变形破坏，容易产生漏风。所以这种通风方法只能在地质构造稳定、矿山压力较小、长度较短、断面较大的巷道掘进中使用。送风距离不长（一般在200m以内）。

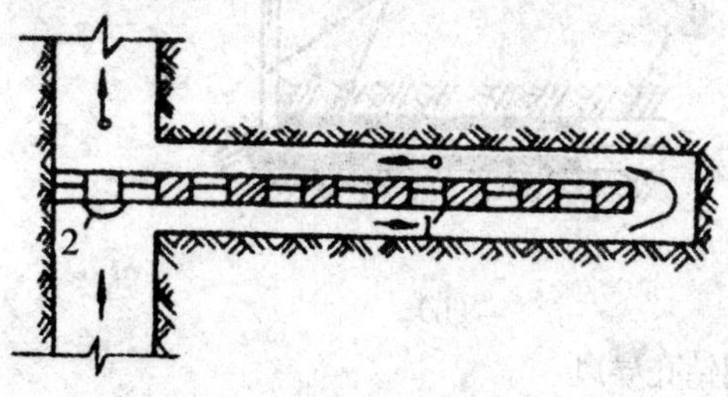

图7-1　利用纵向风障通风
1——风幛；2——调节风门

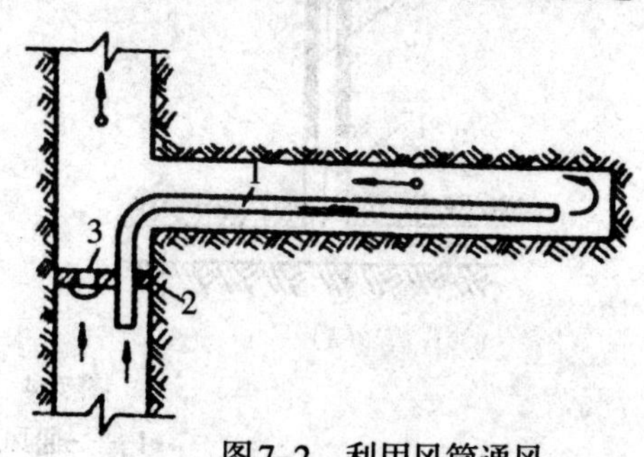

图7-2　利用风筒通风
1——风筒；2——风墙；3——调节风门

2.利用风筒通风

利用风筒通风就是利用风筒将新鲜风流导入掘进工作面，清洗工作面后的污风从掘进巷道排出的一种通风方法。为了将新鲜风流有效地导入风筒，应在风筒入口处设置卡风筒的挡风墙或调节风门，如图7–2所示；也可挂风帘。前者用于较长巷道的掘进，后者多在掘进长度不大的联络巷或掘进硐室时使用，风筒应选用刚性风筒。

3.利用平行巷道通风

当掘进巷道较长，采用风障和风筒通风有困难时，可采用2条平行巷道通风。即采用双巷道掘进的方法，在掘进主巷道的同时，距主巷10～20m平行掘一条副巷(或称配风巷)，主、副巷之间每隔一定距离(一般为50~60m)掘一个联络巷贯通(也称横贯)。利用矿井全风压使风流从其中一条巷道流入，从另一条巷道流出。当前一联络巷贯通时，后一联络巷及时封闭。两条巷道的独头部分，则可采用风筒或风障导风，如图7–3所示。

利用平行巷道通风连续可靠，不用局部通风机就可实现较长距离的通风。这种通风方法适用于有瓦斯、冒顶和透水危险的长巷掘进中，特别适用于在开拓布局而通风距离又不长的巷道掘进中。

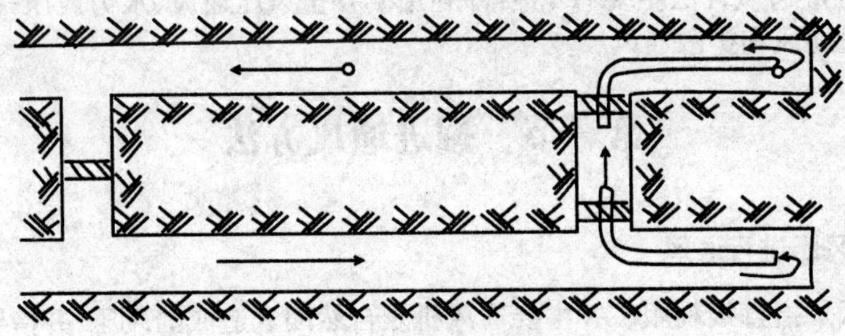

图7–3　利用平行巷道通风

4.利用钻孔导风

离地表或邻近水平较近处掘进长巷反眼或上山时，可用钻孔提前将地表与掘进巷道沟通，邻近水平之间掘进巷道时，可在掘进巷道内打钻孔，利用钻孔提前将2水平巷道贯通，以便形成贯穿风流，如图7–4所示。

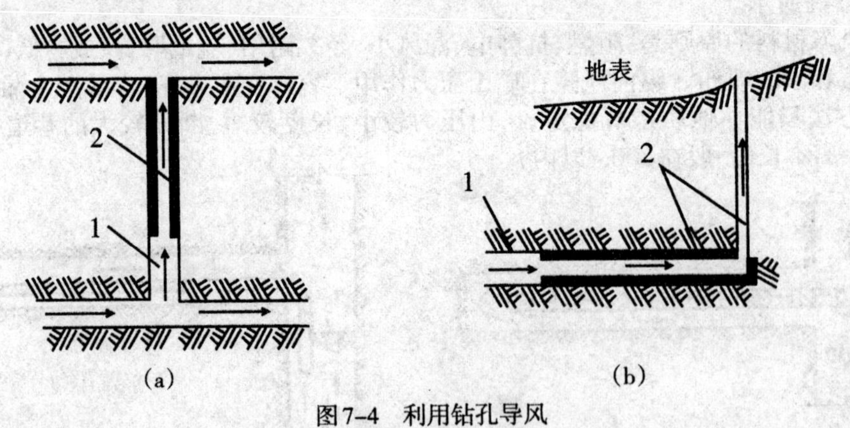

图7–4　利用钻孔导风

1——通风巷道；2——钻孔。

为克服钻孔阻力，增大风量，可用大直径钻孔（直径300~400mm）或在钻孔口安装风机。这种通风方法曾应用于煤层上山的掘进通风，取得了良好的通风排瓦斯效果。

（二）优缺点及适用条件

由上述分析可知，矿井全风压通风，具有通风连续、可靠和安全性好等优点。但这种方法要消耗矿井全风压，且掘进地点、通风距离受到限制。所以它仅适用于使用局部通风机通风不方便，而通风距离又不长的巷道掘进中。

二、引射器通风

引射器通风的原理如图7-5所示，利用喷嘴1喷出高压流体（高压水或压气）时，在喷嘴射流的周围造成负压而吸入空气并在混合管2内混合，将能量传递给被吸入的空气使之具有通风压力，以克服风筒阻力，达到通风的目的。

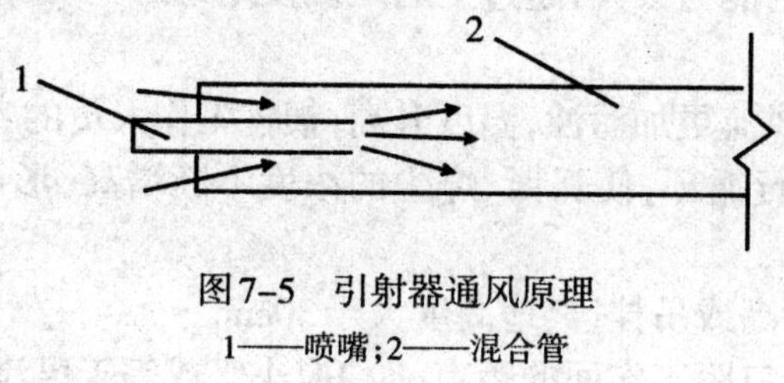

图7-5　引射器通风原理

1——喷嘴；2——混合管

引射器通风一般都是采用压入式，其布置如图7-6所示。煤矿中使用的引射器，有水力引射器和压气引射器2种。从能量消耗看，水力引射器较压气引射器经济些。

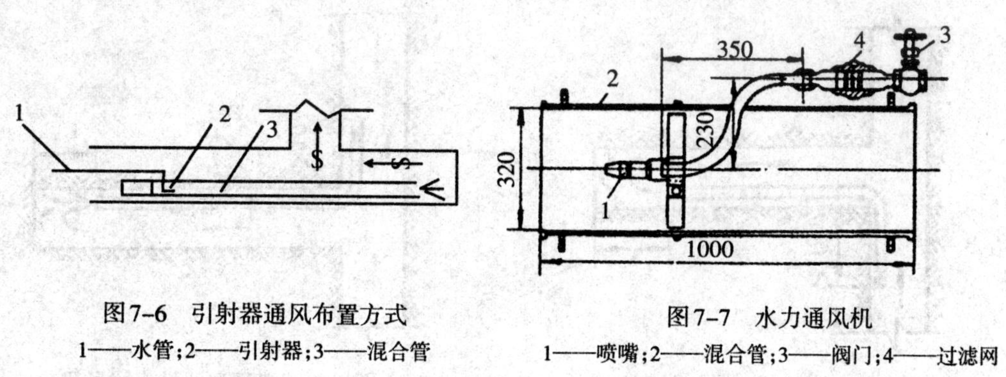

图7-6　引射器通风布置方式

1——水管；2——引射器；3——混合管

图7-7　水力通风机

1——喷嘴；2——混合管；3——阀门；4——过滤网

水力引射器又叫水力通风机，图7-7所示为抚顺矿务局使用过的水力通风机。

采用引射器通风的主要优点是：无电气设备，无噪声，比较安全。若采用水力引射器通风，还能起到降温、降尘的作用。其缺点是：供风量小、效率低、需要水源或压气，巷道容易出现积水。故引射器通风适用于需风量不大的短距离通风。

三、局部通风机通风

局部通风机通风是我国煤矿广泛采用的一种掘进（局部）通风方法，其通风方式可分为压入式、抽出式和混合式3种。

(一) 局部通风机通风方式

1.压入式通风

如图7–8所示，压入式通风是利用局部通风机和风筒将新鲜风流压入掘进工作面，污风沿掘进巷道排出。其布置要求是:

(1)压入式局部通风机和启动装置，必须安装在进风巷道中，距掘进巷道回风口不得小于10m。局部通风机的吸入风量必须小于全风压供给该处的风量，以免产生循环风。

所谓循环风是指局部通风机的回风，部分或全部再进入同一部局部通风机的进风风流中的现象。

产生循环风的原因：

①局部通风机安设的位置距离掘进巷道口太近。

②矿井总风压的供风量小于局部通风机的吸风量。

③所选局部通风机的能力太大，超过主通风机在此处的全风压。

循环风的危害有：

①使掘进工作面的风流更加污浊，温度升高，损害工作人员的身体健康；

②由于风流不断进行循环，使瓦斯、煤尘的浓度不断增高，形成瓦斯、煤尘爆炸事故的隐患。

(2)局部通风机应抬高或吊挂，离地高度大于30cm。

(3)压入式风筒出风口距工作面的距离($L_{压}$)应小于或等于风流的有效射程($L_{射}$)，即：

$$L_{压} \leqslant L_{射}$$

所谓有效射程是指压入式通风机的风流从风筒末端以自由射流状态射向掘进工作面时，自风筒出风口到风流转向点处的距离，一般可达7～8m。

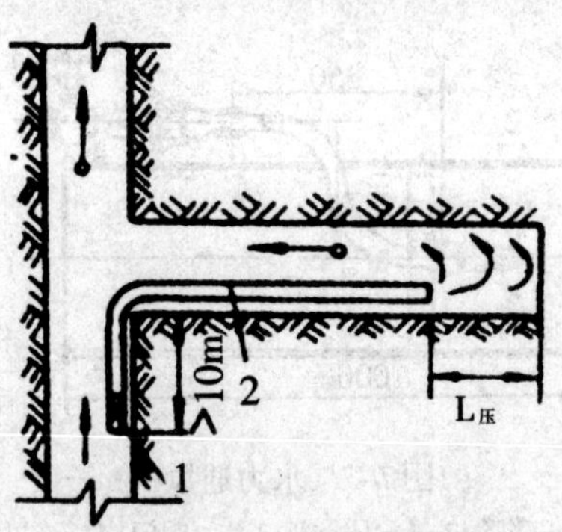

图7–8 局部通风机压入式通风

1——局部通风机；2——风筒

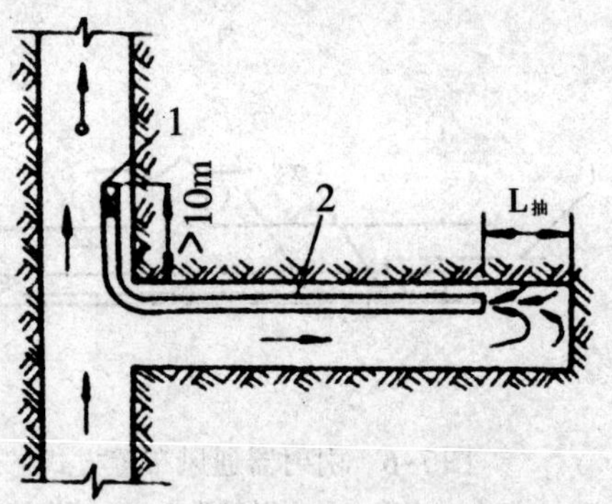

图7–9 局部通风机抽出式通风

1——局部通风机；2——风筒

2.抽出式通风

如图7–9所示，抽出式通风与压入式通风相反，新鲜风流沿掘进巷道进入掘进工作面，污风经风筒由局部通风机抽出。其布置要求是：

(1)抽出式局部通风机应安设在掘进巷道口10m以外的回风侧。局部通风机的吸入风量必须小于全风压供给该处的风量，以免发生循环风。

(2)局部通风机应抬高或吊挂，离地高度大于30cm。

(3)抽出式风筒吸风口与工作面的距离($L_{抽}$)应小于或等于风流的有效吸程($L_{吸}$)，即：

$$L_{抽} \leqslant L_{吸}$$

所谓有效吸程是指沿掘进巷道流动的风流转向点至风筒吸风口的距离。一般只有3～4m。如风筒末端距工作面的距离较长，有效吸程以外的风流将形成涡流停滞区，通风效果不良。

3.混合式通风

混合式通风就是把上述两种通风方式同时混合使用。新风是利用压入式局部通风机和风筒压入工作面，而污风则由抽出式局部通风机和风筒排出。混合式的布置方式有长抽长压式、长压短抽式和长抽短压式3种，图7-10所示为长抽短压式。其布置要求是：

(1)压入式局部通风机和启动装置必须安装在进风巷道中，距抽出式风筒吸风口不得小于10m。

(2)抽出式局部通风机应安设在掘进巷道口10m以外的回风侧。

(3)局部通风机的吸入风量必须小于全风压供给该处的风量，且抽出式局部通风机的吸入风量($Q_{抽}$)应大于压入式局部通风机的吸入风量($Q_{压}$)，即：$Q_{抽}>Q_{压}$。

(4)$L_{压}\leqslant L_{射}$；$L_{抽}\geqslant L_{抛}$。

式中$L_{抛}$——炮烟抛掷长度，一般为40～50m。

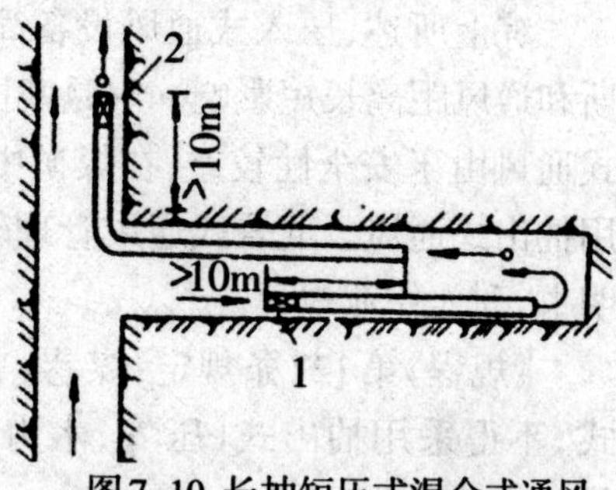

图7-10 长抽短压式混合式通风

四、几种通风方式的比较

压入式通风的优点：

(1)局部通风机位于新鲜风流中，安全性好；

(2)有效射程大，排除工作面炮烟及瓦斯的能力强；

(3)适应性强，既可用柔性风筒，又可用刚性风筒；

(4)风筒的漏风对排除炮烟和瓦斯起到有益的作用。

压入式通风的缺点：

(1)炮烟沿掘进巷道排出，劳动卫生条件较差；

(2)排除整个掘进巷道中的炮烟时间长，影响掘进速度。

抽出式通风的优点：

(1)污风经风筒排出，可以使掘进巷道中保持新鲜空气，劳动卫生条件好；

(2)爆破时，人员只需撤到安全距离之外即可(不必撤至掘进巷道口以外)，往返距离短，所需时间少；

(3)所需排烟的(巷道)长度，仅为工作面至风筒吸入口之间的距离，故排烟时间短，有利于提高掘进速度。

抽出式通风的缺点：

(1)污风经由局部通风机排出，安全性差，一旦局部通风机产生火花，将有引起瓦斯、煤尘爆炸的危险；

(2)有效吸程较短，通风效果不良；

(3)适应性较差，只能使用刚性风筒。

混合式通风的优点：

(1) 混合式通风兼有压入式和抽出式的优点，有效射程大，通风距离长，通风效果好；

(2)掘进巷道中抽出式风筒段空气新鲜，劳动卫生条件好；

(3)排烟时间较压入式短。

混合式通风的缺点：

(1)抽出式局部通风机安设在回风巷道中，安全性差；

(2)使用两套设备，电能消耗大，管理也比较复杂；

(3)有引起瓦斯、煤尘爆炸的危险。

综上所述，压入式通风设备简单，安全性好，效果佳。因此，这种通风方式，不受有无瓦斯和通风距离长短影响。它是我国煤矿目前应用最广泛的一种局部通风机通风方式。抽出式通风由于安全性较差，在煤矿中很少应用。但竖井掘进时，为迅速排出炮烟和矿尘，可采用抽出式通风。混合式通风管理较复杂，采用此种通风方式时，必须制定专门的通风设计说明书，列入作业规程。

《规程》第127条规定：煤巷、半煤岩巷和有瓦斯涌出的岩巷的掘进通风方式应采用压入式，不得采用抽出式(压气、水力引射器不受此限)；如果采用混合式通风，必须制定安全措施。

瓦斯喷出区域和煤(岩)与瓦斯(一氧化碳)突出煤层的掘进通风方式必须采用压入式。

第二节　掘进工作面所需风量的确定

掘进工作面实际所需风量应按照冲淡和排除炮烟、将瓦斯浓度稀释至《煤矿安全规程》规定的浓度以下和有效稀释、排除粉尘的需要等方面分别进行计算，然后取其最大值，最后再进行风速验算。

一、按稀释和排除炮烟进行计算

1.压入式通风

压入式局部通风机工作方式，工作面实际所需风量或风筒出口的风量为：

$$Q=\frac{7.8}{t}\sqrt[3]{A(L\cdot S)^2},\ m^3/min \tag{7-1}$$

式中　Q——掘进工作面实际所需风量，m^3/min；

t——通风排烟时间，min，一般为20~30min；

A——同时一次爆破最大炸药用量，kg；

S——掘进巷道通风断面积，m^2；

L——从工作面至炮烟稀释到安全浓度的距离，m。可用下式计算：

$$L=400\frac{A}{S},\ m \tag{7-2}$$

当掘进巷道的实际长度小于L时(掘进巷道初期开口阶段)，用巷道实际长度置换式中L。

2.抽出式通风

抽出式局部通风机工作方式，掘进工作面实际所需风量或风筒入口的风量为：

$$Q=\frac{18}{t}\sqrt{A\cdot S\cdot L},m^3/min \quad (7-3)$$

式中　Q——掘进工作面实际所需风量，m^3/min；

A——同时一次爆破最大炸药用量，kg；

S——掘进巷道通风断面积，m^2；

L——炮烟抛掷的长度，m。可用下式计算：

$$L=15+\frac{A}{S},m \quad (7-4)$$

t——通风排烟时间，min。一般为20~30min。

3.混合式通风

在长抽短压的混合式通风方式中，应使抽出式风筒入口的风量$Q_{抽}$大于压入式风筒出口的风量$Q_{压}$，以防产生循环风和使两风筒交叉区段的最低风速符合《煤矿安全规程》之规定。因此先用6-3式计算$Q_{压}$，然后再用下式计算$Q_{抽}$：

$$Q_{抽}\geqslant Q_{压}+60\upsilon S,m^3/min; \quad (7-5)$$

式中　$Q_{抽}$——混合式通风方式中，抽出式局部通风机工作方式掘进工作面实际所需风量，m^3/min；

$Q_{压}$——单一压入式工作方式掘进工作面实际所需风量，m^3/min；

S——掘进巷道通风断面积，m^2；

υ——最低允许风速，m/s；煤巷、半煤岩巷取0.25m/s、岩巷取0.15m/s、按排瓦斯取0.5m/s。

二、按冲淡和排除瓦斯计算

按瓦斯涌出量确定掘进工作面实际所需风量时，应确保掘进工作面风流中瓦斯最高浓度低于1.0%计算。其计算方法如下：

$$Q=100\times\frac{QCH_4}{C_{max}-C_O}K_{CH4},m^3/min \quad (7-6)$$

式中　Q——掘进工作面实际所需风量，m^3/min；

100——按照将瓦斯稀100倍配风；

QCH_4——掘进巷道绝对瓦斯涌出量，m^3/min；

C_{max}——掘进巷道最高允许瓦斯浓度，取1.0%；

C_0——进风流中的瓦斯浓度，%；

KCH_4——掘进工作面瓦斯涌出不均衡系数，一般取1.5~2.0。实际工作中可通过实测取得，其为最大瓦斯涌出量除以平均绝对瓦斯涌出量。

三、按通风排尘计算

按照风流中的最高含尘量不超过《煤矿安全规程》之规定来确定，可用下式计算：

$$Q=\frac{G}{G_{max}-G_O},m^3/min \quad (7-7)$$

式中　Q——掘进巷道排尘所需风量，m^3/min；

G——掘进巷道的产尘量，mg/min；

G_{max}——最高允许含尘量，当矿尘中游离 SiO_2 含量大于10%时，为 $2mg/m^3$；小于10%时，为 $10mg/m^3$；

G_0——进风流中含尘量，一般要求不超过 $0.5mg/m^3$。

四、按合理风速验算

从上述3项计算结果中取其最大值进行风速验算。煤巷、半煤岩巷允许的最低风速为0.25m/s（即15m/min）；岩巷最低风速为0.15m/s（即9m/min）。

因此，煤巷、半煤岩巷掘进工作面的最小风量为：$Q \geqslant 15S$，m^3/min

岩巷掘进工作面最小风量为：$Q \geqslant 9S$，m^3/min

所有掘进巷的最高风速不得超过4m/s（即240m/min），因此按最大风速验算的风量应满足：$Q \leqslant 240S$，m^3/min。即：

$$15S \leqslant Q \leqslant 240S, m^3/min$$

岩巷掘进时，掘进工作面实际所需风量应满足：

$$9S \leqslant Q \leqslant 240S, m^3/min$$

第三节　局部通风机通风设备及技术管理

加强局部通风机通风技术管理的意义主要在于：

一是消除矿井中的大部分瓦斯事故。据统计发生在掘进地区的通风瓦斯事故占总通风瓦斯事故的一半以上。

二是实现以较少的设备投入实现长距离的掘进通风。

加强局部通风机通风技术管理的主要内容是减少风筒漏风，保证通风机安全可靠地运转。

（一）减少风筒漏风

1.改进风筒接头方法和减少接头数目

风筒接头质量的优劣直接影响风筒的漏风和风筒的阻力。因此，改进接头方法，减少接头数目，是防止风筒漏风的重要措施之一。

（1）改进接头方法。风筒的接头方法有插接法、反边接法、罗圈接法和胶粘接法等。

①插接法。所谓插接法就是把风筒的一端顺风流方向插入另一节风筒之中，然后拉紧风筒，使2个铁环靠紧。这种接头方法操作简单，但不牢固、漏风大。所以，目前广泛采用的是反边接头法。

②反边接法。反边接法又分单反边、双反边和多反边3种。

单反边接头的连接程序如图7-11所示：首先，将铁环1套入风筒一端并留200～300mm

的反边，然后将铁环1缝牢（如图7-11a所示）；其次，顺风流方向将缝有铁环1的风筒插入套有铁环2的风筒内，拉紧风筒，使2铁环钩紧，如图7-11b所示；再次，将反边翻卷到风筒2上（如图7-11c所示）即成。

双反边接头的连接程序，如图7-12所示：首先在两节风筒的相邻一端分别套上铁环1、2，各留200~300mm的反边（如图7-12a所示）；第二，按风流方向将套有铁环1的风筒插入套有铁环2的风筒中，拉紧风筒，使2节风筒的铁环紧扣在一起，不要使风筒歪斜和褶皱（如图7-12b所示）；第三，将风筒1的反边翻卷到风筒2上，再将2节风筒的反边一同翻卷到风筒1上（如图7-12c所示）即可。

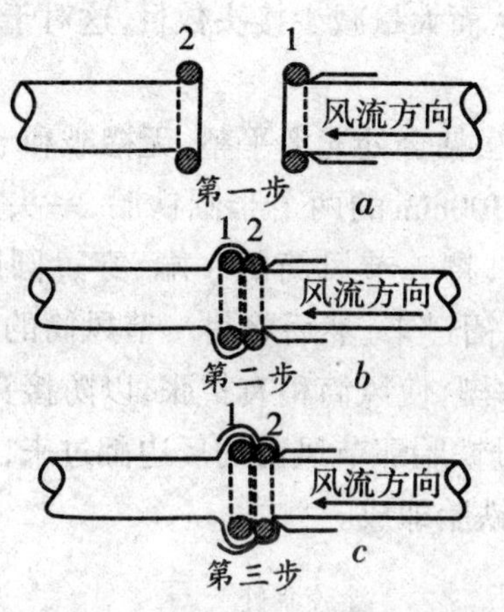

图7-11单反边接头的连接程序

1——铁环；2——风筒

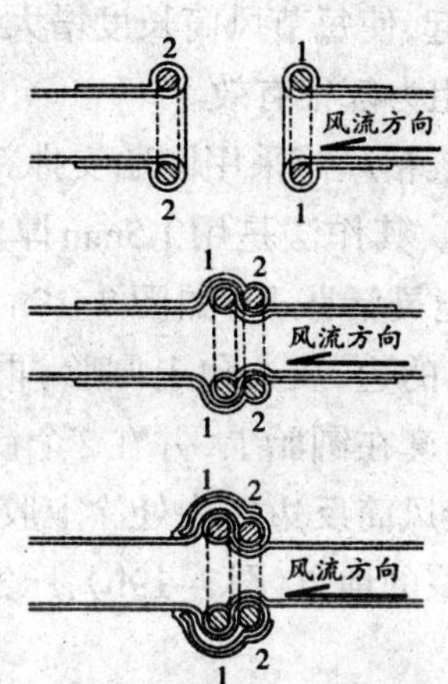

图7-12双反边接头的连接程序

多反边接头的连接程序如图7-13所示。首先在2节风筒的相邻一端分别套上铁环1、2，各留出200~300mm的反边，并在下风侧风筒端再套上铁环3，如图7-13a所示；第二，顺风流方向将上风侧风筒（铁环1）插入下风侧风筒（铁环2）内，将铁环1的反边翻转包在铁环2的风筒上，并将铁环3套在铁环1和2的反边上面，如图7-13b所示；第三，将1和2的反边同时翻压在铁环3、1上（如图7-13c所示）即可。

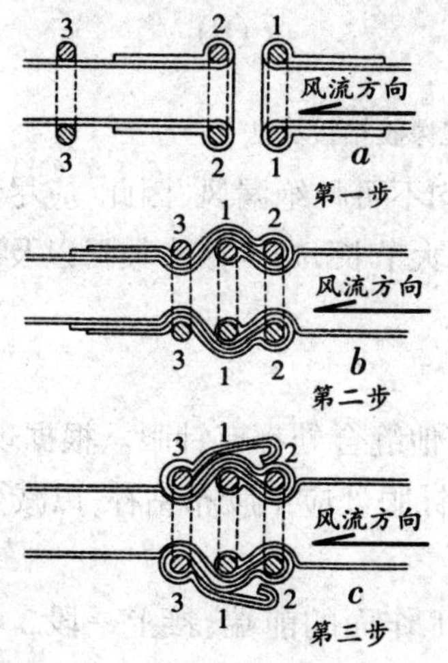

图7-13 多反边接头的连接程序

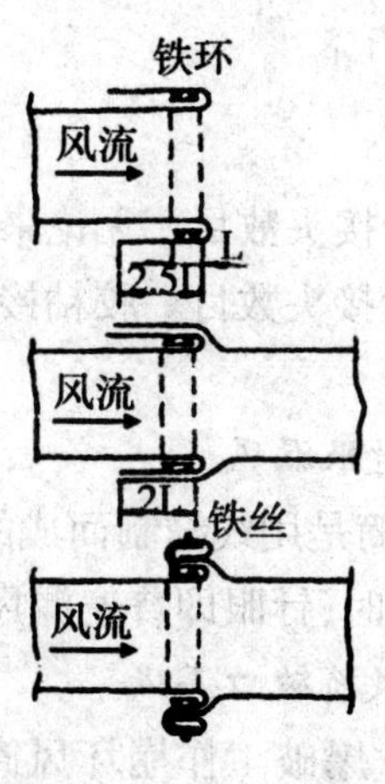

图7-14 罗圈接头法

反边接头法的翻压层数越多,漏风越少。

③罗圈接头法。枣庄矿创造了罗圈接头法,接头严密而牢固,漏风和阻力都比较小。如图7-14所示,做一个直径稍小于风筒直径的铁圈,宽100mm,厚度1.5mm。在铁圈外面焊上两个直径为7mm的铁环,以便接好风筒后,用铁丝紧固。接头时,先将风筒一端伸入铁圈内,然后将风筒翻回一段,其长度约为铁圈宽度的2.5倍,再将另一节风筒头套在前节风筒外面,套入长度为铁圈宽度的2倍并将两个接头翻于铁圈上,最后用铁丝紧固即成。

④胶粘接头法。为杜绝漏风,可采用胶粘接头法,即将现有的10m一节的胶质风筒5~10节粘在一起,使每节风筒长度增大到50~100m,从而大量减少接头数目,这对于减少风筒漏风和降低阻力都很有效。

枣庄矿胶粘风筒采用圆胎支撑粘接法,这种方法粘合处光滑平整,无褶皱和卡腰,阻力小而不漏风。其作法是用1.5mm厚的铁板做成宽300mm的两个半圆铁胎,一头用螺钉连接,另一头能灵活张开,如图7-19a所示。粘接时,将一节风筒的一端,穿过圆胎并留出450~500mm的边,反边包上圆胎,再将余下的边反褶过来;然后将另一节风筒的一端反边150~200mm套在圆胎上,并在2个铁胎接合处加木楔,使风筒稍有扩张,以防接头处卡腰;最后,在连接风筒反边接头处涂上胶浆,并将未穿过铁胎那节风筒的反边翻过来,贴在前一节风筒涂胶浆的地方(图7-19b),压实粘接处,取下铁胎即成。

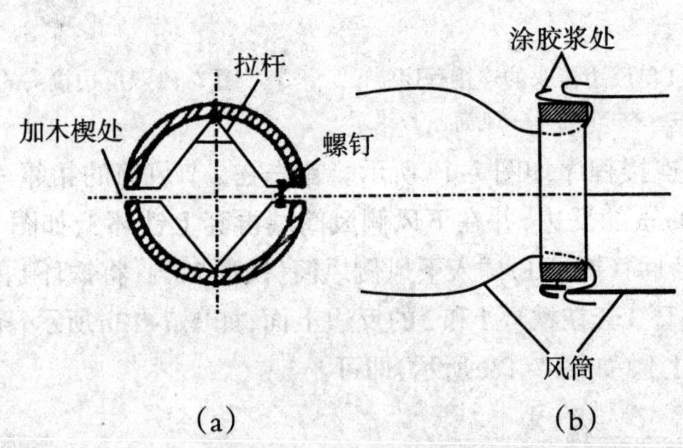

图7-15 圆胎支撑胶粘接头法

(2)减少接头数目。无论采用哪种接头方法,均不可杜绝漏风,因此,应尽量选用节长大的风筒,减少接头数目。胶粘接头法是柔性风筒增大节长,减少接头数目以及减少漏风的有效措施。

2.减少针眼漏风

胶布风筒是用线缝制而成的,在风筒吊环和其他缝合处都有针眼。根据现场观测,当风压达到1 kPa时,针眼即普遍漏风。因此,在风筒的针眼处应用胶布粘补,以减少漏风。

3.防止风筒破口漏风

(1)防止爆破工作崩坏风筒。柔性风筒靠近工作面的前端,接上一段3~4m的金属风筒,随工作面推进而前移,以防爆破工作崩坏风筒。

(2)加强支护,防止冒顶片帮砸坏风筒。

(3)防止矿车刮破风筒。风筒要悬挂在巷道上帮的顶角处。

(4)及时粘补破口、裂缝,及时更换损坏严重的风筒。

(二)降低风筒阻力

防止矿车刮破风筒。为了减少风筒阻力,必须做到确保风筒吊挂质量和风筒不被压弯。

1.确保风筒吊挂质量。具体要求是:

(1)逢环必挂、缺环必补、吊挂平直、拉紧吊稳;

(2)局部通风机要用托架抬高,和风筒保持一条直线;

(3)风筒拐弯应圆缓,避免直角拐弯,勿使风筒褶皱、变形;

(4)同一台局部通风机应尽量使用同一规格的风筒,如使用不同直径的风筒时,应使用异径风筒连接。

2.加强维护,及时放掉风筒中的积水,以防风筒被压弯、变形而增加阻力。放水方法是在有积水处安设自行车气门嘴,放水时拧开,放完水后再拧紧,以防漏风。

(三)保证局部通风机安全可靠运转

为了保证局部通风机的安全可靠运转,必须加强局部通风机使用过程的检查和维修工作,严禁带"病"运行;严格执行局部通风机的安装、使用、停开等管理制度。《规程》第128条规定,安装和使用局部通风机和风筒应遵守下列规定:

1.局部通风机必须由指定人员负责管理,不得随意停开,并实行挂牌管理,保证正常运转。

2.局部通风机在下井安装之前,必须经过检查试转,要求设备齐全,并具有良好的防爆性能。

3.为防止电动机烧坏,除加强对局部通风机和启动装置的检查和维修外,应设立保护装置。

4.采用双风机、双电源、自动换机和风筒自动导风装置,保证局部通风机的连续运转。对局部通风机和风筒安设开关量传感器进行集中监测监控。

5.压入式局部通风机和启动装置,必须安装在进风巷道中,距掘进巷道回风口不得小于10m;全风压供给该处的风量必须大于局部通风机的吸入风量,局部通风机安装地点到回风口间的巷道中的最低风速必须符合《规程》第101条的有关规定。

6.必须采用抗静电、阻燃风筒。风筒口到掘进工作面的距离以及混合式通风的局部通风机和风筒的安设,应在作业规程中明确规定。根据理论分析和实践证明,风筒出口到工作面的距离:

(1)煤巷、半煤岩巷,不大于5m。

(2)全岩巷道,不大于8m。对于抽出式通风一般不大于3m。

7.低瓦斯矿井掘进工作面的局部通风机,可采用装有选择性漏电保护装置的供电线路供电,或与采煤工作面分开供电。

8.低瓦斯矿的高瓦斯区域、高瓦斯矿井、煤(岩)与瓦斯突出矿井中的煤巷、半煤岩巷和有瓦斯涌出的岩巷的掘进工作面,局部通风机必须安设并正常使用"三专两闭锁"装置(专用变压器、专用开关、专用线路;瓦斯电闭锁、风电闭锁);其供电也可采用装有选择性漏电保护装置的供电线路供电,但每天应有专人检查1次,保证局部通风机可靠运转。

9.严禁使用3台以上(含3台)的局部通风机同时向1个掘进工作面供风。不得使用1台局部通风机同时向2个作业的掘进工作面供风。

《规程》第129条规定:使用局部通风机通风的掘进工作面不得停风;因检修、停电等原因停风时,必须撤出人员,切断电源。恢复通风前,必须检查瓦斯。只有在局部通风机及其开关附近10m以内风流中的瓦斯浓度都不超过0.5%时,方可人工启动局部通风机。

第二部分　专业核心知识点

1.利用局部通风机通风采用压入式、抽出式与混合式通风时的注意事项与局部通风机的安装要求。

2.利用矿井全风压进行通风的方法。

3.掘进通风的管理包括局部通风机的管理及风筒的管理。

4.局部通风机形成循环风的原因,防止产生循环风的措施。

复习题

1.什么叫掘进通风?

2.掘进通风有哪些特点?

3.掘进通风方法有哪几种?《规程》对掘进通风有何规定?

4.利用矿井全风压通风的方法有哪几种?其适用条件是什么?

5.局部通风机通风采用压入式和抽出式的优缺点及适用条件?

6.压入式通风的技术要求有哪些?

7.局部通风机形成循环风的原因有哪些?

8.有效射程、有效吸程的含义是什么?

9.风筒的选择和使用应注意哪些问题?

10."三专两闭锁"的内容指什么?

讨论题

1.如何搞好矿井掘进通风?

2.如何避免局部通风机循环风?

3.局部通风机恢复供电应满足什么条件?

第八章　矿井通风设计

第一部分　概　述

矿井通风设计是整个矿井设计内容的重要组成部分，是保证矿井安全生产的重要环节。通风设计的质量，直接影响到矿井基本建设投资大小、矿井投产和达产的时间，而且在投产后的较长时间内，影响着矿井的安全和生产。矿井通风设计的基本任务是建立一个安全可靠、技术先进和经济合理的矿井通风系统。对于改建或扩建矿井通风设计，必须对矿井原有的生产与通风情况作出详细的调查，分析通风存在的问题，考虑矿井生产的特点和发展规划，充分利用原有的井巷与通风设备、设施，在原有基础上提出更完善、更合理、更切合实际的通风设计。对于新建矿井的通风设计既要考虑当前的需要，又要考虑长远发展的可能需要，无论新建、改建或扩建矿井的通风设计，都必须贯彻国家的经济政策，遵守国家颁布的煤矿安全规程、技术操作规程、煤矿设计规范和有关的规定。

新建矿井通风设计一般分为两个时期的设计，即基建时期的设计和生产时期的设计。

一、矿井基建时期的通风

矿井基建时期的通风是指建井过程中掘进井巷时的通风，多用局部通风机对独头巷道进行局部通风。当主要进、回风井筒贯通，安装主要通风机后，便可用主要通风机对已开凿的井巷实行全风压通风，从而可缩短其余井巷和硐室掘进时局部通风的距离。

二、矿井生产时期的通风

矿井生产时期的通风是指矿井投产后，对采、掘工作面、井下主要硐室以及其他用风地点和井巷的通风。根据矿井生产服务年限的长短，又可分为2种情况：

1.矿井服务年限不长时(大约15～20*a*)，只做一次通风设计。矿井达产后通风阻力最小时期为矿井通风容易时期；矿井通风阻力最大时期为矿井通风困难时期。根据两个时期的生产情况分别进行设计与计算。选出对这两个时期的通风都适宜的通风设备。

2.矿井服务年限较长时，考虑到通风设备选型，矿井所需风量和风压的变化等因素，又需分为2期进行通风设计。矿井生产初期(或第一水平)为第一期，分别对该时期内通风容易和困难两个时期详细地进行设计计算。第二期的通风设计只做一般的原则规划，但对矿井通风系统，应根据矿井整个生产时期的技术经济因素，作出全面的考虑，以使确定的通风系统既可适应现实生产的要求，又能兼顾长远的生产发展与变化情况。

(一)矿井通风设计的依据

1.矿区水文、气象资料；

2.矿井地质报告；
3.煤层自燃倾向性；
4.瓦斯垂直分带情况，瓦斯涌出量梯度，各煤层瓦斯含量、压力等；
5.煤尘爆炸性；
6.矿岩游离二氧化硅、硫、放射性物质及有害气体的含量；
7.矿区老窑情况；
8.矿井年产量、服务年限、开拓系统、回采顺序、开采方法；
9.同时作业的采、掘工作面数及备用工作面个数；
10.同时开动的各种型号的机电设备及其分布；
11同时工作的最多人数等。

(二)矿井通风设计的要求

(1)将足够的新鲜空气有效地送到井下工作场所，保证生产和创造良好的劳动条件；
(2)通风系统简单，风流稳定，易于管理，具有抗灾能力；
(3)发生事故时，风流易于控制，人员便于撤出；
(4)有符合规定的井下环境及安全监测系统或检测措施；
(5)通风系统的基建投资省、营运费用低、综合经济效益好。

(三)矿井通风设计的内容

(1)拟定矿井通风系统；
(2)计算和分配矿井总风量；
(3)计算矿井通风总阻力；
(4)选择矿井通风设备；
(5)概算矿井通风费用。

第一节　拟定矿井通风系统

一、矿井通风系统的要求

拟定矿井通风系统总的要求是：投产快、安全可靠、技术经济指标合理、便于管理。并且必须符合现行《煤矿安全规程》和《煤炭设计规范》及有关规定。基本要求是：

1.每一个矿井必须有完整独立的通风系统。

2.每个矿井必须至少要有2个能行人的通达地面的安全出口，各个出口之间的距离不得少于30m，并保证至少一个进风井安全出口和一个出风井安全出口。井下每一个水平到上一个水平和每一个采区都必须至少有2个便于行人的安全出口，并与通达地面的安全出口相连通。通达地面的二个出口和二个水平之间的安全出口，都必须有便于行人的设施。新建和改建矿井，如果采用中央式通风时，还要在井田边界附近设置安全出口，当井田一翼走向较长，矿井发生灾害不能保证人员及时安全撤出时，也要在井田边界附近设置安全出口。

3.进风井口应按全年风向频率，布置在粉尘、有害和高温气体不能侵入的地方。已布置在粉尘、有害和高温气体能侵入的地点的，应制定安全措施。

4.井口位置都必须高于当地历年最高洪水位（大中型矿井考虑百年一遇、小型矿井考虑50年一遇）。

5.箕斗提升井兼作回风井时，井上下装、卸载装置和井塔（架）必须有完善的封闭措施，其漏风率不得超过15%，并应有可靠的防尘措施。装有带式输送机的井筒兼作回风井时，井筒中的风速不得超过6m/s，且必须装设甲烷断电仪。箕斗提升井或装有带式输送机的井兼作进风井时，箕斗提升井筒中的风速不得超过6m/s、装有胶带输送机的井筒中的风速不得超过4m/s，并应有可靠的防尘措施，井筒中必须装设自动报警灭火装置和敷设消防管路。

6.多风机通风矿井，在满足风量按需分配的前提下，各主要通风机的工作风压应接近，当通风机之间的风压相差较大时，应减少共用风路的风压，使其不超过任何一个通风机风压的30%。

7.每一个生产水平和每一个采区，都必须实行分区通风。

8.井下采、掘工作面和主要硐室必须实行独立通风，井下爆破材料库的回风风流必须直接引入矿井的总回风巷或主要回风巷中。

9.井下充电室必须用单独的新鲜风流通风，回风风流引入回风巷。

10.矿井开拓新水平和准备新采区的回风，必须引入总回风巷或主要回风巷中。

11.尽可能避免设置大量风桥和风门或采用容易引起大量漏风的通风系统。

12.尽可能降低通风阻力，尽量采用并联通风，并使主要并联风路的风压接近相等，以避免过多的风量调节。

二、确定矿井通风系统

根据矿井瓦斯涌出量、煤层瓦斯含量、压力，煤层自燃倾向性，矿井设计生产能力，煤层赋存条件，煤尘爆炸性，表土层厚度，井田面积，地温，煤层自燃倾向性及兼顾中后期生产需要等条件，提出2~3个技术上可行的方案，通过优化或技术经济比较后确定矿井通风系统。

第二节　矿井总风量分配和计算

矿井总风量是井下各个工作地点的有效风量和矿井总漏风量的总和。

一、矿井配风

（一）矿井配风的原则和方法

根据实际需要，按照“由里向外”配风的原则计算矿井总风量。即首先确定井下各用风地点（如采掘工作面、硐室、火药库等）所需的有效风量，然后加上各风路中允许的漏风量（即矿井的内部漏风量），求得各风路的风量和矿井的总进风量；根据求得的矿井总进风量再加上因空气体积膨胀（一般回风流温度较高）而产生的风量（约占总进风量的5%），即得矿井总回风量；最后加上矿井外部漏风量即得出通过主要通风机的总风量。

（二）矿井配风的依据

矿井各处所配给的风量，必须符合《规程》的有关规定，即：

1.氧气浓度的规定；

2.瓦斯、二氧化碳、氢气和其他有害气体最高允许浓度的规定；

3.井巷中的允许风流速度的规定；

4.采掘工作面和机电硐室最高温度的规定；

5.空气中悬浮粉尘最高允许浓度的规定。

沿途漏风，特别是风流短路，对通风的安全性和经济性有较大影响，应该尽量减少。

在装有局部通风机的巷道内，巷道内风量应不小于局部通风机的吸风量，并且原通风巷道中的风速应符合《规程》规定。

二、矿井风量的计算原则

根据《规程》规定，矿井所需要的风量应按下列要求分别计算，并选取其中最大值。

1.按井下同时工作最多人数计算，每人每分钟供给风量不得少于4 m^3；

2.按采煤、掘进、硐室及其他地点实际需要风量的总和进行计算。按实际需要计算风量时，应避免备用风量过大或过小。煤矿企业应根据具体条件制定风量计算方法，至少每5年修订1次。

三、矿井所需风量的计算

（一）按井下同时工作最多人数计算

$$Q_{矿}=4NK \tag{8-1}$$

式中　$Q_{矿}$——矿井总需风量，m^3/min；

4——每人每分钟供风标准，m^3/min；

N——井下同时工作最多人数；

K——矿井通风系数，包括矿井内部漏风和风量分配不均匀等因素。采用压入式和中央并列式通风，K取1.20~1.25；采用中央分列式或混合式通风时，K取1.15~1.20；采用对角式或区域式通风时，K取1.10~1.15。矿井年产量T≥90Mt/a时，K取小值；矿井年产量$T<90$Mt/a时，K取大值。

（二）按采煤、掘进、硐室及其他地点实际需要风量的总和进行计算

1.采煤工作面需风量的计算

采煤实际所需风量（$\Sigma Q_{采}$）应按同时回采的各采煤工作面实际需要风量的总和计算，即：

$$\Sigma Q_{采}=(Q_{采1}+Q_{采2}+\cdots+Q_{采n})K_{采备} \tag{8-2}$$

式中　$\Sigma Q_{采}$——全部采煤工作面实际所需风量，m^3/min；

$Q_{采1}+Q_{采2}+\cdots+Q_{采n}$——同时回采的各采煤工作面实际需要的风量，$m^3/min$；

$K_{采备}$——采煤工作面风量备用系数，一般取$K_{采备}=1.1$，当备用工作面已单独计算风量列入上式时，则$K_{采备}=1.0$。

每个采煤工作面需风量应按下列因素分别计算，然后取其中最大值。

（1）按瓦斯（或二氧化碳）涌出量计算。

$$Q_{采}=100Q_{采CH_4}K_{采通} \tag{8-3}$$

式中　100——瓦斯允许浓度为1%时，每稀释1 m^3瓦斯所需要的风量；

$Q_{采CH_4}$——采煤工作面的绝对瓦斯涌出量，m^3／min；

$K_{采通}$——采煤工作面因瓦斯涌出不均匀的备用风量系数，它是该工作面瓦斯绝对涌出量的最大值与平均值之比。生产矿井可根据各个工作面正常生产条件，至少进行5昼夜的观测，得出5个比值，取其中最大值。通常机采工作面$K_{采通}$=1.2～1.6；炮采工作面$K_{采通}$=1.4～2.0；水采工作面$K_{采通}$=2.0~3.0。

(2)按工作面进风流温度计算。

采煤工作面应有良好的气候条件，其进风流温度可根据风流温度预测方法进行计算。其气温和风速应符合表8-1的要求。

表8-1　　采煤工作面空气温度和风速对应表

采掘工作面进风流温度/℃	采掘工作面风速/$m \cdot s^{-1}$
<15	0.3~0.5
15~18	0.5~0.8
18~20	0.8~1.0
20~23	1.0~1.5
23~26	1.5~1.8

采煤工作面的需风量按下式计算：

$$Q_{采}=60v_{采}S_{采}K_{采} \tag{8-4}$$

式中　$v_{采}$——采煤工作面的适宜风速，按其进风流温度从表8-1中选取；

$S_{采}$——采煤工作面有效通风断面积，取最大和最小控顶时有效断面积的平均值；

$K_{采}$——采煤工作面长度风量系数，可按表8-2选取。

表8-2　　采煤工作面长度风量系数表

采掘工作面长度/m	工作面长度风量系数K采
<15	0.8
50~80	0.9
80~120	1.0
120~150	1.1
150~180	1.2
>180	1.30~1.40

(3)按最大使用炸药量计算。

$$Q_{采}=25A_{采} \tag{8-5}$$

式中　25——每使用1 kg炸药的供风量，m^3／(min·kg)；

$A_{采}$——采煤工作面一次爆破使用的最大炸药量，kg。

(4)按工作面人员数量计算。

$$Q_{采}=4N_{采} \tag{8-6}$$

式中　4——每人每分钟应供给的最低风量，m^3／(人·min)；

$N_{采}$——采煤工作面同时工作的最多人数，人。

根据上述各项所计算的结果，取其中最大值，然后进行风速验算。

(5)按风速进行验算。

按最低风速(0.25 m／s)验算各个采煤工作面的最大通风断面：

$$Q_{采} \geq 60 \times 0.25 \times S_{采大} \quad (8-7)$$

按最高风速(4m／s)验算各个采煤工作面的最小通风断面：

$$Q_{采} \leq 60 \times 4 \times S_{采小} \quad (8-8)$$

故采煤工作面的风量应满足：

$$60 \times 0.25 \times S_{采大} \leq Q_{采} \leq 60 \times 4 \times S_{采小} \quad (8-9)$$

备用工作面亦按上述要求计算，且不得低于其回采时需风量的50%。

例：已知某采煤工作面的采高为1.8m，最大控顶距为3.2 m，最小控顶距为2.4 m，工作面的长度为100 m，工作面空气温度为20℃，绝对瓦斯涌出量为1.9m³／min，工作面同时工作的最多人数为20人，一次爆破使用的最大炸药量为8 kg，矿井年产量为1.2Mt/a。试确定该工作面的供风量。

①按瓦斯涌出量计算：

$$Q_{采}=100Q_{采CH_4}K_{采通}=100 \times 1.9 \times 1.9=361(m^3／min),$$

②按工作面进风流温度计算：

$$Q_{采}=60v_{采}S_{采}k_{采}=60 \times 1.2 \times 5.04 \times 1.0=362.88(m^3／min),$$

(查表8-1取$v_{采}=1.2$，查表8-2取$k_{采}=1.0$)

③按最大使用炸药量计算：

$$Q_{采}=25A_{采}=25 \times 8=200(m^3／min),$$

④按工作人员数量计算：

$$Q_{采}=4N_{采}=4 \times 20=80(m^3／min),$$

根据上述各项所计算的结果，取最大值362.88(m³／min)，然后进行风速验算。

⑤按风速进行验算：

按最低风速(0.25 m／s)验算各个采煤工作面的最大断面：

$$Q_{采} \geq 60 \times 0.25 \times S_{采大}=60 \times 0.25 \times 5.76=86.4$$

按最高风速(4 m／s)验算各个采煤工作面的最小断面：

$$Q_{采} \leq 60 \times 4 \times S_{采小}=60 \times 4 \times 4.32=1036.8$$

即工作面风量应满足：86.4m³／min≤362.88 m³／min≤1036.8m³／min。

所以，确定该采煤工作面的供风量为363m³／min。

2.掘进工作面所需风量的计算

掘进工作面所需风量，应按矿井各个需要独立通风的掘进工作面实际需要风量的总和计算。

$$\Sigma Q_{掘}=(Q_{掘1}+Q_{掘2}+\cdots+Q_{掘n})K_{掘备} \quad (8-10)$$

式中　$\Sigma Q_{掘}$——掘进工作面实际所需风量的总和，m³／min；

$Q_{掘1}+Q_{掘2}+\cdots+Q_{掘n}$——各掘进工作面实际需要的风量，m³／min；

$K_{掘备}$——备用掘进工作面系数，一般取为1.2，当备用工作面已单独计算风量列入上式时，则$K_{掘备}$=1.0。

每个独立通风的掘进工作面实际所需要的风量，应按下列因素分别进行计算，并取其中的最大值。

(1)按瓦斯或二氧化碳涌出量计算：

$$Q_{掘}=100Q_{掘}CH_4K_{掘通} \tag{8-11}$$

式中　$Q_{掘}$——掘进工作面实际需要的风量，m^3／min；

$Q_{掘}CH_4$——掘进工作面的绝对瓦斯涌出量，m^3／min；

$K_{掘通}$——掘进工作面的瓦斯涌出不均衡和备用风量系数，一般可取$K_{掘通}$=1.5～2.0

(2)按最大使用炸药量计算：

$$Q_{掘}=25A_{掘} \tag{8-12}$$

式中　25——每使用1 kg炸药的供风量，m^3／(min·kg)；

$A_{掘}$——掘进工作面一次爆破使用的最大炸药量，kg。

(3)按工作人员数量计算：

$$Q_{掘}=4N_{掘} \tag{8-13}$$

式中　4——每人每分钟应供给的最低风量，m^3／(人·min)；

$N_{掘}$——掘进工作面同时工作的最多人数，人。

(4)按局部通风机实际吸入风量计算：

$$Q_{掘}=\Sigma Q_{掘通}K_{局通}\ m^3/min \tag{8-14}$$

式中　$\Sigma Q_{掘通}$——掘进工作面同时运转的局部通风机额定风量的和。各局部通风机的额定风量可按表8-3中选取。

$K_{局通}$——为防止局部通风机吸循环风的风量备用系数，一般取1.2～1.3。进风巷道中无瓦斯涌出时取1.2，有瓦斯涌出时取1.3。

表8-3　各种通风机的额定风量

风机型号	额定风量/$m^3·min^{-1}$
JBT—51	150
JBT—52	200
JBT—61	250
JBT—62	300

根据上述各项所计算的结果，取其中最大值，然后进行风速验算。

(5)按风速进行验算：

按最小风速验算，各个岩巷掘进工作面最小风量：

$$Q_{掘} \geq 60 \times 0.15 \times S_{掘} \tag{8-15}$$

各个煤巷和半煤岩巷掘进工作面最小风量：

$$Q_{掘} \geq 60 \times 0.25 \times S_{掘} \tag{8-16}$$

按最高风速验算，各个煤、岩巷掘进工作面最大风量：

$$Q_{掘} \leq 60 \times 4 \times S_{掘} \tag{8-17}$$

式中　$S_{掘}$——掘进工作面巷道的通风净断面积，m^2。

3.硐室需风量的计算

各个独立通风硐室的供风量，应根据不同类型的硐室分别计算。

(1)机电硐室。

按硐室中运行的机电设备发热量进行计算：

$$Q_{硐1}=\frac{3600\theta\Sigma P}{\rho C_p \cdot 60 \cdot \Delta t},(m^3/min) \tag{8-18}$$

式中　$Q_{硐1}$——机电硐室的需风量，m^3/min；

ΣP——机电硐室中运转的电动机(变压器)总功率，kW；

θ——机电硐室的发热系数，可根据实测机电硐室内机械设备运转时的实际热量转换为相当于电器设备容量作无用功的系数确定，也可按表8-4中选取；

ρ——空气密度，一般可取1.2 kg/m^3；

C_p——空气的定压比热，一般可取1 kJ(kg·K)；

Δt——机电硐室进、回风流的温度差，℃；

3600——热功当量，1KW·h=3600KJ。

表8-4　　机电硐室的发热系数表

机电硐室名称	发热系数
空气压缩房	0.15~0.23
水泵房	0.01~0.03
变电所	0.02~0.04

采区变电所及变电硐室等小型机电硐室，可按经验值确定需风量：

$$Q_{硐2}=60\sim80m^3/min \tag{8-19}$$

(2)井下爆破材料库。

$$Q_{硐3}=4\times V/60 \tag{8-20}$$

式中　V——包括联络巷道在内的爆破材料库的空间总体积，m^3；

4——应按每小时换4次爆破材料库内空气计算，也可按经验值确定风量。大型爆破材料库为100~150 m^3/min，中小型爆破材料库为60~100m^3/min。

(3)充电硐室。

充电硐室需要风量，应按其回风流中氢气浓度小于0.5%计算：

$$Q_{硐4}=200\times Q_{氢} \tag{8-21}$$

式中　$Q_{氢}$——充电硐室在充电时产生的氢气量，m^3/min。

4.其他用风巷道的需风量计算

各个其他巷道的需风量，应根据瓦斯涌出量和风速分别计算，并选取其中最大值。

(1)按瓦斯(或二氧化碳)涌出量计算：

$$Q_{其他}=133Q_{CH_4}K_{其他} \tag{8-22}$$

式中　$Q_{其他}$——其他巷道实际需要的风量，m^3/min；

Q_{CH_4}——其他巷道的瓦斯绝对涌出量，m^3/min；

$K_{其他}$——其他巷道的通风系数，一般取$K_{其他}$=1.1~1.3。

(2)按最低风速验算。

井巷中最低风速不得小于0.15m／s，故其他巷道中的风量$Q_{其他}$应为：

$$Q_{其他} \geqslant (60 \times 0.15) S_{其他} = 9S_{其他}, m^3/min \quad (8-23)$$

式中　$S_{其他}$——其他巷道的净断面积。

新建矿井，其他用风量难以计算时，可按采煤、掘进、硐室的总需风量的3%~5%估算。

5.矿井总风量的计算

矿井的总风量Q，应按采煤、掘进、硐室及其他地点实际需要风量的总和计算：

$$Q = (\Sigma Q_{采} + \Sigma Q_{掘} + \Sigma Q_{硐} + \Sigma Q_{其他}) \quad (8-24)$$

式中　$\Sigma Q_{采}$——采煤工作面和备用工作面所需风量之和，m^3／min；

$\Sigma Q_{掘}$——掘进工作面所需风量之和，m^3／min；

$\Sigma Q_{硐}$——硐室所需风量之和，m^3／min；

$\Sigma Q_{其他}$——其他用风地点所需风量之和，m^3／min；

$K_{矿通}$——矿井通风(包括矿井内部漏风和配风不均匀等因素)系数，可取$K_{矿通}$=1.15~1.25

第三节　矿井通风阻力计算

矿井通风总阻力是选择矿井主要通风机的重要因素之一。为了合理地选用主要通风机，必须首先正确计算矿井通风总阻力。

一、矿井通风总阻力的计算原则

(1)为保证合理地选用通风机，计算矿井通风阻力时，应分别计算出通风机服务年限内通风容易时期的通风阻力和通风困难时期的通风阻力。如果矿井服务年限不长(10~20a)，选择达到设计产量以后的通风容易和困难两个时期通风阻力最大的风流路线，沿着这两条风路，分别计算出各段井巷的通风阻力，然后分别累加起来，便得出这两个时期的矿井通风最小总阻力$h_{最小}$和最大总阻力$h_{最大}$。所选用的主通风机，既能满足通风困难时期的要求，又能在通风容易时期做到合理使用；如果矿井服务年限较长(30~50a)，则只计算前15~20a左右的矿井通风容易和困难两个时期的$h_{最小}$和$h_{最大}$；在计算时，必须先绘出各个时期的通风网络图。

(2)各个时期的矿井通风网络中有较多的并联系统，且难以确定哪个并联系统的通风阻力最大时，应选取几条阻力较大的路线分别计算进行比较，以确定通风阻力大的路线作为计算依据。

在计算时，要先区分各个计算系统中自然分配风量和按需分配风量的区段，然后再分别按各自分配的风量计算各段的通风阻力。

(3)为了减少矿井的外部漏风和主通风机运转费用，防止因主通风机风压过大而引起煤炭自然发火，避免因通风机选型太大使通风费用加大，矿井通风困难时期的通风阻力不易过大(一般不超过2940 Pa,特大型矿井除外),必要时需对某些局部巷道采取降阻措施。

(4)计算矿井总阻力,可不考虑风路沿途的漏风。因不考虑漏风所计算出的矿井摩擦总阻力比考虑漏风时所计算的矿井摩擦总阻力大约20%~25%。而矿井的局部阻力一般为矿井摩擦总阻力的20%~25%,二者的数值相当。如果矿井中局部阻力较大,且位于大风速区域内,则应将计算出的矿井摩擦总阻力加大10%~20%,得出矿井总通风阻力。

二、矿井通风总阻力的计算方法

1.计算各区段井巷的摩擦阻力

按所选定的矿井通风容易和困难两个时期的通风阻力最大的风流路线,用下式分别计算出各区段井巷的摩擦阻力,即:

$$h_{摩}=\frac{\alpha LU}{S^3}Q^2,\text{Pa} \tag{8-25}$$

式中α值应选用条件相似井巷的实测值,或从表3-1至3-8中查得。

计算时,应将计算参数和计算结果填入表8-5中,将各个时期风流路线中各段井巷(由入风井口至风硐入口)的摩擦阻力累加起来即得矿井两个时期的摩擦总阻力$h_{最小}$和$h_{最大}$。

表8-5 井巷摩擦阻力计算表

井巷区段序号	井巷名称	支架种类	α	L	U	S	S^3	$R_{摩}$	Q	Q^2	$h_{摩}$	v	备注
			$N\cdot s^2/m^4$	m	m	m^2		$N\cdot s^2/m^8$	m^3/s	$(m^3/s)^2$	Pa	m/s	
1~2													
2~3													
3~4													
…													
…													

2.确定风硐的通风阻力

对风硐的要求是,通风阻力一般不超过100~200Pa。故风硐的通风阻力$h_{硐}$可不必计算,直接取$h_{硐}$=200 Pa。

3.计算两个时期的通风阻力

(1)通风容易时期的通风阻力$h_{阻小}$为:

$$h_{阻小}=K_{局}\Sigma h_{摩小}+h_{硐},\text{Pa} \tag{8-26}$$

式中 $\Sigma h_{摩小}$——通风容易时期的摩擦总阻力,Pa;

$h_{硐}$——风硐的通风阻力,Pa;

$K_{局}$——考虑局部通风阻力的系数。当风路中局部阻力较大且位于大风速区域内时,$K_{局}$=1.1~1.2。计算$h_{阻小}$一般取$K_{局}$=1.20。

(2)通风困难时期的通风阻力$h_{阻大}$为:

$$h_{阻大}=K_{局}\Sigma h_{摩大}+h_{硐},\text{Pa} \tag{8-27}$$

式中 $\Sigma h_{摩}$——通风困难时期的摩擦总阻力,Pa;

计算$h_{阻大}$时一般取$K_{局}$=1.15。

(3)两个时期矿井通风系统的总风阻分别为:

$$R_{小}=\frac{h_{阻小}}{Q_{通}^2} \tag{8-28}$$

式中 $R_{小}$——通风容易时期的总风阻,$N·s^2/m^8$;

$Q_{通}$——通风容易时期的通风机风量,m^3/s。

$$R_{大}=\frac{h_{阻大}}{Q_{通}^2} \tag{8-29}$$

式中 $R_{大}$——通风困难时期的总风阻,$N·s^2/m^8$;

$Q_{通}$——通风困难时期的通风机风量,m^3/s。

由于存在外部漏风(即井口防爆门及风硐内闸门等处的漏风),通风机风量大于矿井总风量Q。$Q_{通}$可按下式计算:

$$Q_{通}=K_{外}Q \tag{8-30}$$

式中 $Q_{通}$——主要通风机的工作风量,m^3/s;

Q——矿井总风量,m^3/s;

$K_{外}$——外部漏风系数。对于有提升任务的风井,$K_{外}$=1.15;无提升任务的风井,$K_{外}$=1.05。

第四节 矿井通风设备的选择

选择矿井通风设备,即选择矿井主要通风机及其电动机。其具体步骤:①根据矿井所需总风量计算通风机的工作风量;②以矿井通风容易及困难时期的最大通风阻力为基础,在考虑自然风压的影响后,计算通风机的工作风压;③根据工作风量、工作风压及各种风机特性曲线,选择主要通风机,并确定其型号和技术参数;④根据选定风机的工况,计算应配电动机的型号及规格,对工况变化较大时,应根据矿井分期时间及节能情况,分期选择电动机。

一、主要通风机的选择

所选择的矿井主要通风机,必须满足在其服务期间的各个时期运转稳定、工况合理的要求。因此,一般根据矿井通风容易时期和通风困难时期通风机的风量、风压,按通风机个体特性曲线来选择。

1.计算各时期的通风机风量与风压

(1)各时期的通风机风量按式(8-30)计算。

(2)各时期的通风机风压:考虑到矿井通风自然风压h 自的作用,在通风容易时期取h 自的作用方向与通风机风压方向相同。通风困难时期取h 自与通风机风压方向相反。

因抽出式通风克服矿井通风阻力的机械风压是通风机的静压,压入式通风克服矿井通风阻力的机械风压是通风机的全压。故：

抽出式通风时，两个时期的主通风机静风压$h_{通静小}$、$h_{通静大}$分别为：

$$h_{通静小}=h_{阻小}-h_{自},Pa \tag{8-31}$$

$$h_{通静大}=h_{阻大}+h_{自},Pa \tag{8-32}$$

压入式通风时，两个时期的主通风机全风压$h_{通全小}$、$h_{通全大}$分别为：

$$h_{通全小}=h_{阻小}-h_{自},Pa \tag{8-33}$$

$$h_{通全大}=h_{阻大}+h_{自},Pa \tag{8-34}$$

上述式中的自然风压$h_{自}$，可根据设计矿井所在地的气象资料或邻近矿井的资料近似估算。当进、出风井井口的标高差在150m以上，或进、出风井井口标高大致相同，但井深400m以上时，应计算矿井的自然风压。

2.选择通风机

根据上述计算得到的数据及$Q_{通}$，从通风机个体特性曲线（见附录）中选择合适的通风机。所选择的通风机，在各时期内的工况点均应在合理的工作范围内，通风机的效率应尽量高，且有一定的余量。轴流式、对旋式通风机在最大风压和风量时的轮叶安装角度，至少比风机的动轮叶片最大允许安装角度小5°；离心式通风机的转速不应大于允许最大转速的90%。

通风机选定后，将选出的通风机型号、动轮直径、动轮叶片安装角度（轴流式、对旋式通风机）、转数、风压、风量、效率和输入功率等参数列表说明。

二、电动机的选择

选出通风机后，便可根据各时期通风机的输入功率计算出电动机的输出功率，选择电动机。

1.计算通风机输入功率

$$N_{通入小}=\frac{h_{通小}Q_{通}}{1000\eta_{通}} \tag{8-35}$$

$$N_{通入大}=\frac{h_{通大}Q_{通}}{1000\eta_{通}} \tag{8-36}$$

式中 $N_{通入小}$，$N_{通入大}$——分别为通风容易时期、通风困难时期的通风机输入功率，kW；

$h_{通小}$，$h_{通大}$——分别为通风容易时期、通风困难时期的通风机实际工作风压，Pa；

$Q_{通}$——通风机风量，m^3/s；

$\eta_{通}$——通风机工作效率，0.7～0.75。

2.计算电动机功率

如果选用异步电动机，且当$N_{通入小}$和$N_{通入大}$相差不大，即$N_{通入小}\geq 0.6N_{通入大}$时，则在两个时期都用同一台较大功率的电动机，其输出功率$N_{电出大}$与输入功率$N_{电入大}$分别用下述公式计算：

$$N_{电出大}=\frac{N_{通入大}}{\eta_{传}},kW \tag{8-37}$$

式中 $\eta_{传}$——传动效率，直接传动时$\eta_{传}=1$。

$$N_{电入大}=K\frac{N_{电出大}}{\eta_{电}},kW \tag{8-38}$$

式中 K——电动机容量系数，离心式通风机取1.15，轴流式通风机取1.10；

$\eta_{电}$——电动机效率，0.9~0.95(大型电动机取较大值)。

当$N_{通入小}<0.6N_{通入大}$时，则通风容易时期用一台较小的电动机，通风困难时期选用较大的电动机。通风困难时期的$N_{电出小}$，和$N_{电出大}$分别用下述公式计算：

$$N_{电出小}=\frac{\sqrt{N_{通入小}\cdot N_{通入大}}}{\eta_{传}},\text{kW} \tag{8-39}$$

$$N_{电入小}=K\frac{N_{电出小}}{\eta_{电}},\text{kW} \tag{8-40}$$

对于功率在400 ~ 500 kW以上的主通风机，宜选用同步电动机。同步电动机的优点是在通风容易时期低负载运转时，可改善矿井电网上的功率因数，使矿井经济用电；缺点是这种电动机的购置和安装费较大。

根据以上所得出的数据以及主通风机所要求的转数，选用合适的电动机。

三、对矿井主要通风设备的要求

根据矿井的瓦斯等级，规定主要通风设备应符合以下要求：

(1)所选用的通风机应满足在其服务年限内各时期通风阻力变化的要求。

(2)所选用的通风机能力应留有一定的富余量。

(3)装有矿井主通风机的风井，主要通风机必须安装在地面，必须安装2套同等能力的通风机装置，其中一套运转，另一套作备用，备用通风机必须能在10 min内开动。

(4)矿井的主通风机应采用双回路专用供电路线供电，线路上不应分接任何负载。

(5)主通风机要建立健全符合要求的防爆门、反风装置和扩散器等附属装置。

(6)主通风机和电动机的机座必须坚固耐用，要设置在不受采动影响的稳定地层上。

第五节　概算矿井通风费用

矿井通风费是通风设计和管理的重要经济指标，一般用吨煤通风成本，即矿井每采一吨煤的通风总费用表示。它包括吨煤通风电费和通风设计折旧费、材料消耗费、工作人员工资、专用通风巷道折旧与维护费、仪表购置与维修费等其他通风费用。

一、吨煤通风电费

吨煤通风电费为主要通风机年耗电费及井下辅通风机、局部通风机电费之和除以年产量。可用下式计算：

$$W_O=\frac{(E+E_A)}{T},\text{元/t} \tag{8-41}$$

式中　W_O——吨煤通风电费，元／t；

E——主要通风机年耗电量，(kW·h)/a；

通风容易时期和困难时期共选一台电动机时

$$E=\frac{8\ 760P_{电大}}{K_{电}\cdot\eta_{变}\cdot\eta_{缆}},(\text{kW}\cdot\text{h})/\text{a}$$

选两台电动机时

$$E=\frac{4\ 380(P_{电大}+P_{电小})}{K_{电}\cdot\eta_{变}\cdot\eta_{缆}},(\text{kW}\cdot\text{h})/\text{a}$$

式中　E_A——局部通风机和辅助通风机的年耗电量,(kW·h)/a

D——电价,元/(kW·h);

$\eta_{变}$——变压器效率,可取0.95;

$\eta_{缆}$——电缆输电效率,取决于电缆长度和每米电缆耗损,在0.90~0.95内选取。

二、其他吨煤通风费用

1.设备折旧费

通风设备折旧费与设备数量、成本及服务年限有关,可用表8-6计算。

吨煤通风设计折旧费W_1用下式计算:

$$W_1=\frac{G_1+G_2}{T},元/t \tag{8-42}$$

表8-6　通风成本计算表

序号	设备名称	计算单位	数量	单位成本	总成本			服务年限	每年的折旧费		备注
					设备费	运输及安装费	总计		基本设资折旧费(G_2)	大修理折旧费(G_2)	

2.材料消耗费

吨煤通风材料消耗费W_2按下式计算:

$$W_2=\frac{C}{T},元/t \tag{8-43}$$

式中　C——通风材料消耗总费用(包括各种通风构筑物的材料费、通风机和电动机润滑油料费等),元/a

3.通风工作人员工资费

吨煤通风工作人员工资费用W_3按下式计算:

$$W_3=\frac{A}{T},元/t \tag{8-44}$$

式中　A——矿井通风工作人员每年工资总额,元/a

4.专为通风服务的井巷工程折旧费和维护费

折算至吨煤的费用为W_4(元/t)。

5.通风仪表购置费和维修费

吨煤通风仪表购置费和维修费为W_5(元/t)。

吨煤通风成本(W)按下式计算:

$$W=W_0+W_1+W_2+W_3+W_4+W_5,元/t \tag{8-45}$$

第二部分　专业核心知识点

1.矿井通风设计的依据和要求。

2.矿井通风系统的拟定。

3.矿井总需风量、总通风阻力的计算。

4.采煤、掘进、硐室及其他用风地点的需风量的计算。

第三部分　专业技能训练

某生产矿井基本情况如下，试进行矿井通风设计。

井田走向长8600m，倾角$\alpha=12°\sim14°$，矿井绝对瓦斯涌出量为13 m^3/min，相对瓦斯涌出量为4 m^3/t，煤尘具有爆炸危险性。矿井生产能力为0.6Mt/a，服务年限34a。井下同时工作最多人数150人。

1.矿井采用立井单水平上下山分区式开拓。全矿井共划分8个采区，上山部分4个，下山部分4个。上山部分服务年限20年，下山部分服务年限14年，主、副井布置在井田的中央，通过主石门与东西向的运输大巷相连通。总回风巷布置在井田的上部边界，回风井分别布置在井田上部边界的两翼，形成两翼对角式通风系统。

2.采区巷道布置如图所示。矿井有2个上山采区同时生产，共3个采煤工作面，其中2个生产，1个备用；采煤方法为走向长壁普通机械化采煤。每个工作面长100m，采高2.1m，采用全部垮落法管理顶板，最大控顶距4.2m，最小控顶距3.2m；最大班工作人数26人；绝对瓦斯涌出量为2.6m^3/min。作业形式为两采一准。每个采区各有2个煤巷掘进工作面，采用打眼放炮破煤。每个掘进工作面均采用1台JBT—52型局部通风机通风，工作面最多工作人数为10人，绝对瓦斯涌出量为1.7m^3/min。一次爆破最大炸药消耗量为8kg。

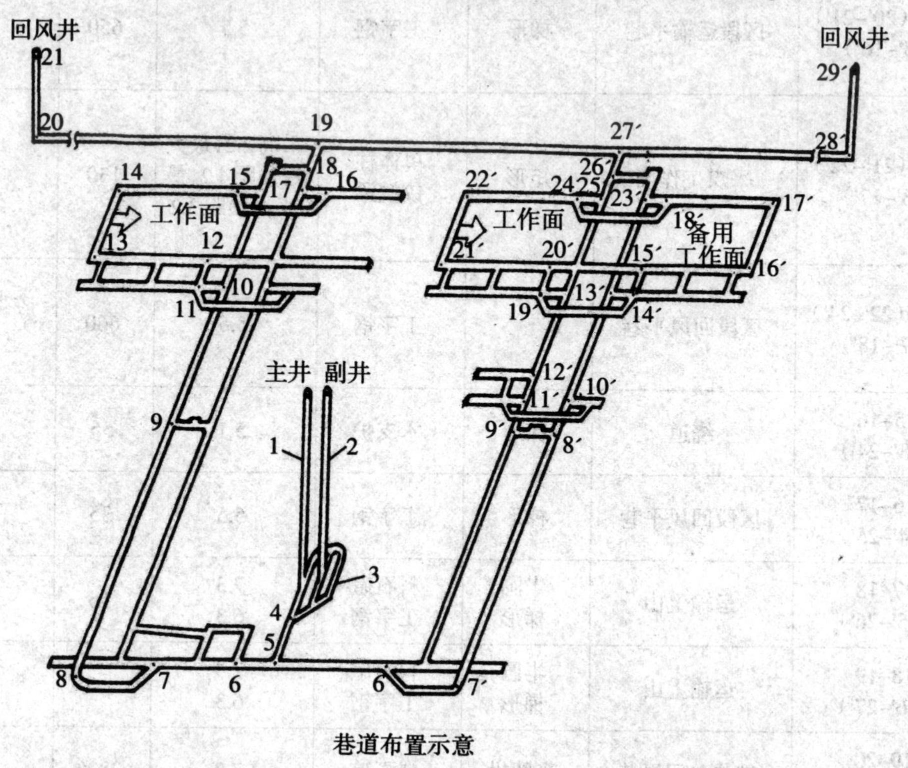

巷道布置示意

井巷尺寸及支护形式

区段	井巷名称	断面形状	支护形式	断面积(m)	长度(m)	备注
1–2	副井	圆形	混凝土碹	直径D=5	310	双罐笼提升设有梯子间
2–3	车场绕道	半圆拱	料石碹	9.7	55	
3–4	车场绕道	半圆拱	料石碹	9.7	77	
4–5	主石门	半圆拱	料石碹	11.0	82	
5–6	煤层运输大巷	半圆拱	料石碹	11.0	560	
6–7	煤层运输大巷	半圆拱	料石碹	11.0	130	
7–8(6'–7')	采区下部车场	半圆拱	锚喷	7.8	89	
8–9(7'–8')	采区轨道上山	梯形	工字钢	6.3	510	
9–10(8'–13')	采区轨道上山	梯形	工字钢	6.3	266	
10–11(13'–14')	下区段回风平巷	梯形	工字钢	5.5	35	
11–12(14'–15')	联络巷	梯形	木支护	5.1	12	
12–13(20'–21')(15'–16')	区段运输平巷	梯形	工字钢	5.5	650	
13–14(21'–22')(16'–17')	采煤工作面	矩形	单体柱铰接梁	采高2.2,最大控顶距4.2,最小控项距3.2	130	
14–15(22'–24')(17'–18')	区段回风平巷		工字钢	5.5	660	胶带输送机(落地)
15–16(18'–24')	绕道	梯形	木支护	5.1	55	
16–17(24'–25')	区段回风平巷	梯形	工字钢	5.5	35	
17–18(25'–26')	运输上山	半圆 梯形	料石碹 工字钢	7.3 6.3	16	
18–19(26'–27')	运输上山	半圆 梯形	料石碹 工字钢	7.3 6.3	16	
19–20(27'–28')	矿井总回风巷	半圆拱	料石碹	7.8	2820	

20-21(28'-29')	风井	圆形	料石碹	D=4	90	设有梯子间
9'-11'	运输上山	梯形	工字钢	6.3	113	落地胶带输送机
11'-12'	运输上山	梯形	工字钢	6.3	12	落地胶带输送机
12'-25'	运输上山	梯形	工字钢	6.3	285	落地胶带输送机

复习题

1.矿井通风设计的依据是什么?

2.矿井通风设计的要求是什么?

3.如何拟定矿井通风系统?

4.矿井需风量的计算原则和方法是什么?

5.怎样计算矿井通风总阻力?

6.怎样计算吨煤通风成本?

7.某炮采工作面绝对瓦斯涌出量为2.2m³/min,工作面采高2.0m,最大控顶距为3.6m,最小控顶距为2.8 m,温度20℃,工作面最大班工作人数为18 人,该工作面一次引爆炸药为9kg。试计算该工作面的需风量为多少。

8.某煤巷掘进工作面绝对瓦斯涌出量为1.6 m³/min,工作面最大班工作人数为18 人,一次起爆炸药为4kg,工作面最多工作人数为9 人,利用一台JBT—52型局部通风机压入式通风。试计算该掘进工作面的需风量为多少。

第九章 矿井通风新技术在生产中的应用

第一节 矿井通风系统合理性、稳定性和可靠性的评价

一、矿井通风系统合理性评价技术

1.造成重特大人员伤亡的事故,一般都与通风系统的不完善有关,或者是通风系统阻力分布不合理,或者是通风系统本身就没有完整地形成,导致矿井抗灾能力下降,一旦发生事故,现有系统无力将灾害降低至最小。因此,一套合理的通风系统对于保证煤矿安全生产极为重要。

2.一个合理的通风系统要满足以下的基本要求:

(1)能将足够的风量送往用风地点,通风效果好,风质好,有效风量率高,漏风少;

(2)运行可靠,系统简单,稳定性高;

(3)通风阻力小,分布合理,容易调节;

(4)抗灾能力强,平时易于防灾,灾变时能限制灾害扩大,易于控制,易于救灾,易于尽快恢复生产;

(5)经济合算,基建投资、维修和运转费用低;

(6)符合《煤矿安全规程》规定,满足对矿井通风系统的基本要求。

二、矿井通风系统稳定性和可靠性评价技术

矿井通风系统的稳定性是指矿井通风系统在运行过程中保持其正常工作参数值的能力。矿井通风系统风流不稳定表现为井巷中风流方向发生变化或风量大小发生变化,且其变化幅度超过了允许范围。可靠性是指一个元件、设备或系统在规定的时间内,在规定的条件下持续完成规定功能的能力。矿井通风系统的可靠性即通风系统在满足通风条件和要求的前提下,维持井下所必需的清洁空气的持续供给的能力。

(一)矿井通风系统稳定性和可靠性

矿井通风系统的稳定性与可靠性,其广义的内涵我们归纳为三个方面:

1.在一定条件下能保证各个采区及矿井的通风安全和创造良好的劳动环境:供风量和其他生产环节(采场、提升、运输、排水)的能力相适应才能为合理组织生产提供条件。

2.通风系统简单、串联风路少,通风设施布置合理、坚固可靠,已采区及其报废的巷道密闭严密,有利于防止自然发火和防尘,并能对矿井及工作面的风流实行连续监测,抗灾能力强。

3.主扇运行稳定，故障少，无喘振，多风井联合系统之间无严重干扰，工况合理，运行平均效率应在60%以上。直接的可靠性是要求设计的风量、负压、效率应与实际条件基本符合，即应达到预想的效果。

(二)通风系统风路稳定性评价

稳定性分析中，矿井通风系统是一种非线性动态变化系统，矿井通风系统的通风网络复杂程度是决定矿井通风系统风路稳定性的根本因素，而角联分支则是区分网络为简单网络还是复杂网络的标志(把含有角联分支的网络称为复杂网络，反之则为简单网络)。所以通风系统稳定性评价问题可以归结为通风系统网络复杂度判别问题，也就是说可以通过角联结构的判别评价矿井通风系统的稳定性。

1.角联风路的自动识别

人是很难判断或识别大型网络和复杂风路中的角联风路的。辽宁工程技术大学安全评价中心开发研制出了矿井通风网络角联风路自动识别系统(MVSS)，该系统基于θ法判别原理，利用通路集合运算法，不仅能够识别角联风路，而且能够给出影响角联风路的角联结构七元组。可以准确地、科学地判断复杂网络或风路中的角联风路，从而较好地解决复杂风路中角联风路的判断问题。

2.提高矿井合理通风系统稳定性的途径

(1)防止主要通风机工作不稳定；

(2)改善井下风网结构；

(3)灾变时及时掌握灾情，掌握灾变时风流动态变化，防止灾变不稳定风流涉及工作区域而使灾情扩大。

(三)通风系统风路可靠性评价

1.通风系统的风路可靠性可以用风路有效度指标来表示

风路的有效度可定义如下：在某一稳定状态$S(t)$下，在规定的时间内第i条风路的风量值q_i能够保持在一个合理区间范围之内即$q_{i1} \leqslant q_i \leqslant q_{i2}$的概率，称为这一分支的有效度。记为$R_i$。

2.模糊综合评价方法在矿井通风系统安全评价中的应用

对矿井通风系统安全进行模糊综合评价的可行性："安全"与"危险"之间没有明显的分界线，即安全与危险之间存在着一种中介过渡状态。这种中介过渡状态具有亦此亦彼的性质，也就是通常所说的模糊性。而模糊数学用"隶属度"来刻画这种模糊性，以达到定量精确的目的。

3.模糊综合评价方法在矿井通风系统安全评价中的应用

模糊综合评价是借助模糊综合评判以及采用价值工程和决策分析中的方法，对系统的安全现状做出综合评价，对矿井通风系统的安全评价是非常适用的。

4.煤矿矿井合理通风系统发展前景

由于矿井通风系统自身的复杂性，仅仅依靠人工凭借经验的手段来进行日常管理和事故救灾决策，实施起来难度非常大，而且可靠性不高，极易出错。因此，借助于现代化的信息管理技术，以计算机作为辅助手段来对矿井通风系统进行管理已是大势所趋。

使用计算机可以对井巷网络进行模拟，通过对巷道的断面、风速等参数进行赋值，可以实现通风系统的数字化、科学化和现代化，然后通过预先编制的程序对其进行处理、计算，输出正确的结果，从而为工程技术人员提供必要的参考，以辅助决策。

（四）煤矿矿井合理通风系统发展前景展望

（1）可视化；

（2）实现动态模拟；

（3）具有预测性。

通风系统安全可靠性评价与决策可视化软件：

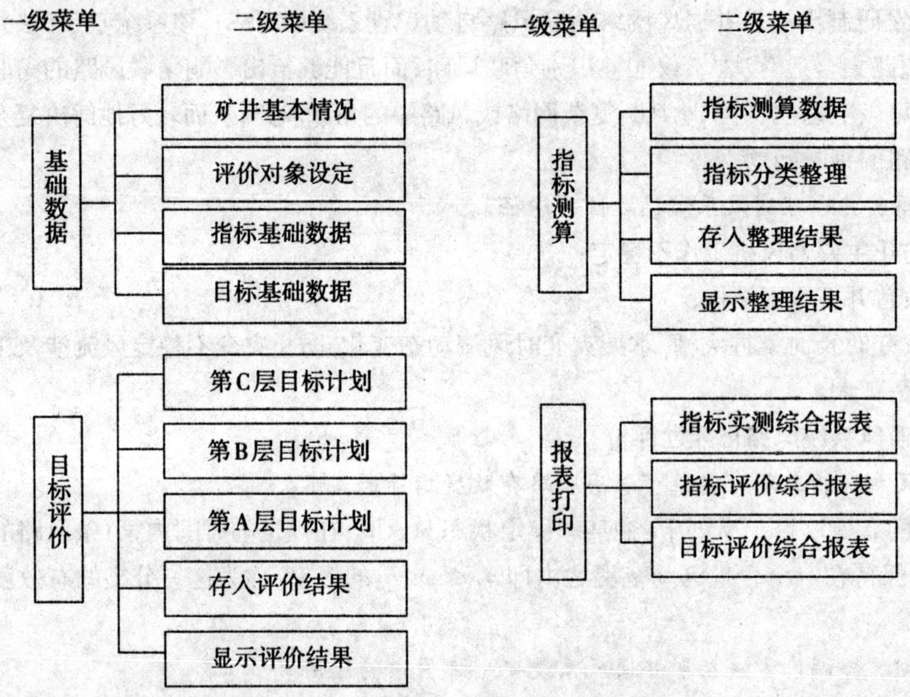

1.结合煤矿安全监测与控制系统，建立矿井通风系统实时闭环监测、分析、决策控制系统。国家在这方面的投入非常大，2008年的国家科技支撑计划在这方面投入了1.3亿。

2.基于GIS的通风管理信息系统：地理信息系统向矿业领域的渗透始于80年代后期，以美国为首的发达国家现已开发了像MineMAP、MineSOFT等具有代表性的矿业地理信息系统（MGIS）应用软件。目前，地理信息系统在矿业中的应用主要有以下6方面：①矿山设计；②编制生产计划；③日常生产管理；④矿山安全；⑤生产监督检查；⑥环境保护。

3.基于GIS的通风管理信息系统。

4.系统主要功能：

(1)通风安全日常管理子系统；

(2)通风阻力测定子系统；

(3)通风机性能子系统；

(4)风网解算子系统；

(5)安全监测子系统；

(6)报表打印功能。

(五)局部通风防治瓦斯积聚技术

脉动风扇：采用脉动风扇设备，增大采、掘工作面风流的紊流度，使瓦斯较好的混合于风流中，防止瓦斯积聚，避免出现层流。

主要技术经济指标：

(1)风量：40~90m³/min；

(2)脉动频率：0.2~5Hz，无级可调；

(3)扩散系数较常规风流提高2~4倍以上；

(4)有效作用范围：20m；

(5)高压乳化液的压力为20MPa，耗液量20L/min

1.无火花风机引排上隅角瓦斯技术及装置

自动调控进入通风机和压入端风筒的瓦斯浓度，确保瓦斯浓度不超过3%。主要技术经济指标：

瓦斯浓度监测范围：0～4%；

瓦斯浓度控制限量：≤3%；

瓦斯引排量：≤8m³/min；

瓦斯引排距离：≤1800m。

完成单位：煤科总院重庆分院。

2.小型液压风扇处理上隅角瓦斯积聚技术

(1)采用阻燃抗静电玻璃钢，液压马达，轴流式，风量60m³/min，风压500Pa，出口风速大于10m/s；

(2)配有瓦斯浓度传感器，实现报警、显示和适时监控等功能；

(3)采用独立的小型液压泵站驱动，吹排上隅角的积聚瓦斯。

完成单位：煤科总院抚顺分院。

3.全自动盲巷瓦斯排放自控装置

利用计算机和传感技术，实现盲巷瓦斯排放全部自动化。

4.利用FSWZ—11B型矿用防爆塑料抽出式局部通风机治理采煤工作面上隅角的瓦斯

(1)利用相邻采空区排加深煤工作面上隅角瓦斯；

(2)直接对采煤工作面上隅角瓦斯进行排放。

第二节　矿井通风系统信息化管理技术的应用

一、矿井通风系统选择专家咨询系统(MvssES)

在广泛收集、整理和归纳有关采场通风系统选择专家经验和知识的基础上,选取合理的知识表达和组织方式实现专家咨询功能,并生成技术上可行、经济上较为合理和安全可靠性高的通风系统方案。

二、矿井通风管理决策支持系统(MvsdmDSS)

将有关矿井通风系统设计与管理决策方面的专家经验、知识以合理的形式组织存入数据库,再在该领域专家的思维模式设计出的推理机构下,利用知识库已有的知识进行推理判断,从而完成各种设计、管理中的工程计算与决策任务。

三、矿井通风系统运行状态模拟技术

针对矿井通风系统运行状态进行模拟,同时可以进行主要通风机工况点优化调节和通风机优选。

四、矿井通风系统设计方案评价系统

矿井通风系统具有动态和发展特点,因此对设计方案的评价也应该考虑在所取的设计阶段内系统整个动态发展过程中的综合状况,采用动态综合分析法。

矿井通风系统分层动态优化模糊综合评价方法是建立在复杂的动态的矿井通风系统之上的。它与整体静态评价思想有本质区别,当进行矿井通风系统动态发展变化的综合评价时,整体静态评价方法明显不合理,只有采用分层动态评价方法。

五、生产矿井通风系统安全可靠性评价系统

针对当前系统状况,结合管理因素采用整体(分层)静态模糊综合评价方法,对生产矿井的安全可靠性进行评价,为决策提供合理依据。

第三节　矿井通风通用设备

一、高性能主要通风机

(一)FDⅡ型对旋式主要通风机

FDⅡ型对旋式主要通风机是在FDⅡ型对旋式局部通风机技术基础上发展起来的新一

代产品。它可用于中高压矿井的地面主要通风机或井下辅助通风机，亦可用于冶金、石化、电力、铁道、公路隧道等工业领域的通风换气。该风机更能适应矿井通风的阻力特性，能长久保持高效运行，调节范围比普通轴流式风机更宽，反转反风量大，安装方便。

（二）KXL型斜流式主要通风机

KXL型斜流式主要通风机是煤科总院重庆分院最近开发的新产品，已申请专利。它主要适用于中小型矿井作为地面主要通风机。其主要特点是：运行效率高；轴向尺寸只有普通轴流式的一半多一点，径向尺寸比离心式的小；电机可与风机分离，安装和维护方便；流量调节也十分方便。

（三）高效节能防爆矿用对旋式主通风机

1.采用三元流动理论和先进的CAD技术；

2.叶片采用机翼型中空扭曲结构；

3.结构优化设计，改善了电机轴承散热条件；

4.设计了高效专用电机，效率达到94.4%；

5.在带消音器条件下，最高静压效率达80.2%，高效区宽；噪声小于85dB。

二、新型局部通风机

近年来在压入式掘进通风作业中推广了对旋局部通风机；在瓦斯排放和掘进除尘方面又出现了新型抽出式局部通风机和多功能局部通风机；在风机材质方面采用了无摩擦火花和安全摩擦火花材料；在驱动方面，除了传统的防爆电动机外，还采用了气动马达；所有新型风机都设计了各种形式的消声结构。

（一）新型压入式局部通风机

1.FD系列对旋式局部通风机。

2.FDⅡ系列对旋式局部通风机。

3.KDZ型对旋式局部通风机。

（二）新型抽出式局部通风机

1.原理、结构及分类。

2.无摩擦火花型抽出式局部通风机。

（1）FSD-2×18.5型塑料叶轮抽出式局部通风机。

（2）FSWZ-11B型塑料叶轮外电机抽出式局部通风机。

3.安全摩擦火花型抽出式局部通风机，

FDC-1系列和KDZ型抽出式对旋局部通风机。

（三）FBDY系列结构一体化对旋局部通风机

风机的驱动电机与风机机壳合二为一，去除了安装电机的安装板及电机的散热筒、散热片，结构更为紧凑、流道更为畅通。因而其噪声更低、运行效率更高。同时，因其机、电一体式结构，解决了原DBKJ风机需办理电机煤安标志的需求。

(四)DBKJ系列多级对旋隔爆轴流式局部通风机

DBKJ系列隔爆型多级对旋轴流式局部通风机具有结构紧凑、送风距离长、效率高等特点。根据掘进工作面长度和巷道不同的通风要求,既可整机使用,又可分级使用,从而减少能耗,节约能源。

(五)高性能风筒

1.阻燃抗静电柔性PVC塑料风筒布

双抗柔性PVC塑料风筒布主要用于制作矿山采掘和隧道工程局部通风的导风筒,具有阻燃、抗静电性能,比橡胶风筒布质轻、价廉、柔软、风阻小。

2.煤矿用正压风筒和正压强力风筒

为满足大动率、高压头对旋式轴流风机的推广使用,技术特点:阻燃、抗静电、耐寒、耐热。

三、矿井通风参数检测仪表及风门开闭传感器

(一)CW-1型风速传感器(改进型)

不受通风巷道断面大小影响,能很方便地进行安装调校,并且还具有更好的信号远传功能。

(二)KDF9403-1型矿用电子计算式风速计

风速计集风速测量、计算、数据贮存调用和掉电数据保护功能于一体。其结构新颖,体积小,功能齐全,操作简便,抗干扰能力强,便于井下风速测量、风量计算和数据调用。

(三)KG92-1型风门开闭传感器

适用于连续检测煤矿井下通风系统风门的开闭状态,输出多种信号制,具有现场风门"开""闭"状态的指示。可与各类监控系统配套使用。

第四节　矿井通风新设备的应用

掘进工作面通风除尘系统是我国煤矿采装巷道掘进时,与综掘机组和掘进压入通风配套使用的湿式除尘系统。系统中使用了附壁风筒和高效湿式除尘器,使之具有高收尘效率和高除尘效率,总除尘效率达99.4%以上。

一、采空区瓦斯抽放新装备

轻质菱镁抽放管

(1)外观平整光洁且色彩丰富

(2)防火性能好

(3)耐水性好

(4)产品不易变形

(5)韧性好、不脆化

(6)不吸潮返卤

WCF-1型抽放瓦斯自动监控装备

二、KJF-05矿井主通风机在线监控系统

适于中小型煤矿使用的新型矿井通风安全监控及信息管理系统，该系统通过实时监测矿井风压、风量、通风机功率、轴承温度、电机绕组温度以及通风机开停、反风等状态信号及时发现矿井通风异常情况，发出报警信息，传送至信息管理中心，按相关预案使隐患得到及时有效处理。独立式智能通风安全检测仪表实际上是一个专用的微型计算机系统,它由硬件和软件两大部分组成。

三、智能仪表高级发展形式

虚拟仪器（Virtual Instrumentation）是指通过应用程序将通用计算机与必要的功能化硬件模块结合起来，用户可以通过友好的用户界面来操作这台计算机，虚拟仪器强调软件的作用，提出“软件就是仪器”的理念 。当用户的测控要求变化时，可以方便地由用户自己来增减软硬件模块，或重新配置现有系统以满足要求。

矿井通风检测主要是完成对重要通风参数——风阻的测定，伴随而来的是负压、温度和湿度的测量。

四、基于ARM的便携矿井通风参数检测仪

用以测量矿井通风重要参数，包括温度、湿度、静压和风阻，以及后续数据分析。可以实时存储、即时显示、数据通信、携带方便。该通风参数便携检测设备自身带有存储器，外带键盘、液晶屏和接口，可以实时采集风井巷道的温度、湿度、静压参数，然后根据通风理论计算通风风量和巷道风阻，并且可以存储大批量测量历史数据，通过接口上传到机中。采用电池供电，携带方便，利于长时间使用。该设备的出现改变了目前国内通风检测繁杂的现状，使所有参数的采集集中在一起，缩短了检测时间，方便了分析，并且有利于历史记录的存储。

第五节　煤矿安全光纤传感监测预警技术简介

一、概况

近两年国家安全总局“四个一批”项目围绕煤矿对灾害检测预警、应急通信、应急信息智能化应用需求，组织研发了光纤甲烷、一氧化碳、乙烯、氧气、二氧化碳、乙炔等光纤传感器，光纤顶板位移、微震、水文、采空区发火、机电设备运行状态等传感器及煤矿灾害智能检测技术研究和工程示范。单个光纤传感器井下分站可以实现对多达200余个光纤温度、水位、顶板、矿压等传感器的实时监测。除分站需要供电外，对工作面顶板、水文、采空区温度、水位，机电设备、皮带机、水泵等实现综合状态监测的光纤传感器都不需要供电。该技术既丰富了煤矿井下安全信息，又大大简化了监测系统的构成，在提升煤矿安全灾害检测及应急救援装备体系的智能化水平方面具有重要潜力。

光纤传感器以激光和光纤作为信息采集和传输的媒介，与传统的电子技术相比具有不带电、本质安全、抗电磁干扰、飘移小等突出优点，特别适合于煤矿采空区发火、顶板、机电设备等状态检测。针对矿山应急救援通信和指挥的需求，我们研制了基于无源光纤电话、光纤水位、甲烷传感器的矿井应急通信、应急信息系统。当井下发生灾情停止供电时，无源光纤电话可以保持井下对井上的语音通信依然畅通；光纤水位、甲烷传感器可以向应急救援指挥中心提供井下水位、有害气体等灾情信息，为快速、科学应急决策提供准确及时的灾情变化信息。煤矿安全光纤检测技术在兖矿集团鲍店、东滩、南屯等煤矿、山东能源集团、中煤集团大屯煤电、龙煤、平煤、贵州等50余个骨干煤矿企业成功地建立了典型单项应用安全检测工程示范，显示出广阔的应用前景。

二、煤矿灾害光纤检测技术及应用简介

瓦斯、顶板、冲击地压、采空区自然发火、水害、机电设备运行隐患等构成我国煤矿安全生产主要灾害。随着煤矿开采逐步向深度拓展，矿压、冲击地压、瓦斯突出等灾害愈加严重。随着煤矿机械化、自动化程度的逐步提升，由于机电设备运行故障引发的发火等安全隐患及次生灾害增加的趋势也不断凸显，因此对设备运行状态的在线监测十分必要。当前，煤矿重大灾害监测预警技术水平与安全生产要求之间还存在着较大差距，主要表现在：检测技术落后，传感器可靠性差、维护工作量大、监控系统在信号采集及传输线路中受电磁场干扰严重；由于现在的传感器都需要供电，对诸如煤矿采空区等危险源或密闭区域难以布设，造成煤矿安全监控盲区；煤矿各部门所使用的仪器种类繁多、相互独立，各种灾害监测子系统之间的数据没有充分融合，导致实现煤矿灾害隐患监控预警所需要的信息量不足，对矿山重大灾害隐患的预警能力差。当煤矿井下发生透水等灾情时，井下电源往往会中断，造成应急通信和对诸如水位、温度、有害气体等灾情信息的数据采集和传输系统瘫痪，难以保障应急救援的科学高效实施。因此有必要研究高可靠性的安全监控及应急信息系统。

煤矿安全监控及应急信息系统由传感器、数据传输、数据分析与控制三大部分构成，传感器是制约系统整体水平的技术瓶颈。研发新一代适合煤矿安全领域应用的先进传感器，并以此为基础构建新型煤矿安全灾害监测预警及应急信息系统，消除当前的监控盲区，提升系统的可靠性和应急状态连续监测能力，对于实现煤矿安全发展具有十分重要的意义。

光纤传感器以光波为信息载体，实现光纤信息采集与传输一体化。具有下列独特的优点：不带电本质安全，适用于煤矿井下易燃、易爆环境；光纤传输损耗小、距离远、不受电磁场干扰和温度湿度影响、传输可靠性高；光纤传感监测系统容量大、易于实现多点多参数在线监测，大大减少设备的种类和数量，系统配置简单，便于维护；光纤传感器具有分布式监测的独特优势，可以实现对光纤沿线各点的温度应变在线监测，在对较大空间范围的连续监测上具有独特的应用价值。

目前山东省科学院激光研究所、山东微感光电子有限公司开发的光纤安全监测类产品已经在兖矿集团、中煤集团、陕西煤化工集团、黑龙江龙煤集团、吉林通化煤业、山西同煤集团等十余个煤业集团50余家煤矿建立了工程示范，并在山能集团的淄矿集团、新汶矿业、临矿集团、肥矿集团等进行了技术推广。

1.采空区监测：煤矿采空区是自然发火、水害、有害气体、冲击地压等灾害的多发区域。对于自然发火，目前主要采用束管系统将井下采空区的气体抽送到井上，通过气相色谱仪对发火标志性气体进行检测。根据CO、乙烯等气体浓度变化趋势，实现火灾预警。然而束管弯曲、破损等常导致漏气、测量不准确，也难以确定发火位置。光纤分布式测温技术和光纤光栅温度检测技术，可以通过在采空区内布设测温光缆，沿顺槽方向温度空间分布及变化趋势实现连续监测，为采空区发火提供预警信息。因诸如河下开采需要在汛期停产，或因其他原因需要把设备密闭时，光纤温度、水位、瓦斯传感器由于不带电，可以布设在采空区内以提供宝贵的环境信息，以便及时采取措施，保障密闭区内的设备安全。

2.机电设备状态检测：煤矿机电设备、电缆、提升机、水泵、皮带机驱动等关键装备，运行异常时可能会导致过热、振动、起火、设备损毁或其他次生灾害。煤矿变电站开关柜、电缆主要采用红外测温仪和热成像仪对潜在发热点进行人工巡检。由于光纤是绝缘材料，光纤温度传感器可以安装在变电站设备、电缆接头等过热隐患点进行状态检测预警。光纤振动、温度传感器可以对水泵、提升机、皮带机减速箱等关键设备进行在线状态检测，当设备发生运行异常征兆时，即可产生报警，实现设备的状态维护。不但可以提升安全系数，减少设备损坏，也可提升生产效率。

3.煤矿光纤应急通信、应急信息系统：当煤矿井下发生突水、瓦斯等事故时，井下传感器分站、通信基站等将处于断电状态。井下灾情动态信息难以掌握，井上应急指挥部与井下被困人员的通信也将十分困难。光纤甲烷、水位、温度、振动传感器和光纤麦克风，属于无源器件。光纤传感器把井下信息通过光缆与地面的通信／监测仪相连接，在井下断电时依然可以通过光缆实现对井下有害气体、水位、温度等灾情变化信息进行实时监测，并且实现井下到井上的无源通信，为高效准确地组织煤矿应急救援提供宝贵的现场信息和通信手段。

4.顶板及冲击地压监测：顶板事故是由顶板冒顶造成人员伤亡，占我国煤矿总事故伤亡人数的1／3以上，主要发生在采掘工作面。随着井工煤矿采深增加，冲击地压灾害日益突出。冲击地压指煤岩体急剧破坏造成坍塌冒顶,大量岩石、煤、气体猛烈涌出的动力灾害,监测技术比较复杂,通常采用微震及矿压分布等综合性手段。

基于光纤光栅的光纤顶板位移、矿压以及微震传感器,由于不带电、长期飘移小,与电子技术相比,具有安装维护简单等技术优势。将来工程化技术进一步成熟后,将具有重要的技术创新潜力和应用前景。

第十章　山西省煤矿"六个标准"涉及内容

第一节　山西省煤矿建设标准

第98条　矿井通风系统必须符合现行《煤矿安全规程》《煤矿井工开采通风技术条件》《煤矿建设项目安全设施设计审查和竣工验收规范》的有关规定。矿井通风系统应经技术经济比较后确定，并应符合以下规定：

（一）高瓦斯矿井、具有煤（岩）与瓦斯（二氧化碳）突出危险性的矿井必须进行瓦斯涌出量预测，凡相邻矿井有煤（岩）与瓦斯（二氧化碳）突出危险性的矿井，必须进行矿井煤（岩）与瓦斯（二氧化碳）突出危险性鉴定，未鉴定之前，按煤（岩）与瓦斯（二氧化碳）突出矿井设计。新建矿井、生产矿井新水平、新开采煤层及无瓦斯涌出量资料的其他建设矿井也必须进行瓦斯涌出量预测；瓦斯涌出量预测应具有国家规定资质的专业机构和建设单位共同完成，预测结果经专家审定后以报告形式提供给建设单位，高瓦斯、煤（岩）与瓦斯（二氧化碳）突出矿井的瓦斯涌出量预测报告必须经主管部门审批，瓦斯矿井的瓦斯涌出量预测报告必须经主体企业批准。有煤（岩）与瓦斯（二氧化碳）突出危险的矿井、高瓦斯矿井、煤层容易自燃的矿井及有热害的矿井，应采用对角式或分区式通风；当井田面积较大时，初期可采用中央式通风，逐步过渡为对角式或分区式通风。矿井通风应保证简单、有效、安全的通风网络。

（二）矿井通风方式应采用抽出式，特殊情况可采用压入式通风。

第99条 矿井必须采用机械通风，必须有完整的独立通风系统。矿井必须设置专用回风巷。采区通风必须保证进、回风贯穿整个采区。掘进工作面必须采用矿井全风压通风或局部通风机通风。瓦斯喷出区域和煤(岩)与瓦斯(二氧化碳)突出煤层的掘进通风方式必须采用压入式。

第100条　高瓦斯矿井、开采有煤（岩）与瓦斯（二氧化碳）突出的矿井，宜积极推广地面打钻孔抽采瓦斯。

第101条　矿井的总进风量，应按井下同时工作最多人数所需总风量和按采煤、掘进、硐室、无轨胶轮车尾气稀释及其他地点实际需要风量的总和分别进行计算，并选取其中最大值。回采工作面应计算瓦斯预抽工作面或接替工作面的风量，掘进面应计算待掘头的风量。

按局部通风机的实际吸风量计算掘进面需风量时，必须按局部通风机的最大吸风量计算。

矿井通风容易时期的等积孔应不小于2.0m²，通风困难时期的等积孔不小于1.0m²。

高瓦斯矿井、煤（岩）与瓦斯（二氧化碳）突出矿井必须进行总风量验算。

第二节 煤矿安全质量标准化考核评级办法(试行)

煤矿通风安全质量标准化评分表

项目	项目内容	基本要求	标准分值	评分方法	得分
一、通风系统(100分)	完善系统	1.改变全矿井通风系统时(包括一翼或一个水平等)应编制通风设计及安全措施,按规定审批;巷道贯通应制定安全技术措施报矿技术负责人审批;井下爆炸材料库、充电硐室、采区变电所应有独立的通风系统	20	查资料和现场。改变通风系统(巷道贯通)无审批措施扣10分,其他1处不符合要求扣5分	
		2.实行分区通风,通风系统中没有不符合《煤矿安全规程》规定的串联通风、扩散通风、采空区通风和采煤工作面利用局部通风机通风	20	查资料和现场。1处不符合要求扣10分	
		3.高瓦斯和突出矿井的每个采区和开采有自燃煤层的采区应设置至少1条专用回风巷;瓦斯矿井开采煤层群和分层开采采用联合布置的应设置1条专用回风巷;采区进、回风巷应贯穿整个采区,不应一段为进风巷、一段为回风巷;突出煤层采掘工作面应有独立的回风系统	10	查资料和现场。1处不符合要求扣10分	
		4.矿技术负责人每月至少组织1次通风系统审查、每季度至少组织1次反风设施检查;防爆门应符合规定,每半年至少检查1次;每年进行1次反风演习,反风演习计划应按规定审批,反风效果符合《煤矿安全规程》的规定	10	查资料和现场。未进行反风演习的扣5分,其他1处不符合规定扣2分	
	风量配置	1.新安装的主要通风机投入使用前,要进行1次通风机性能测定和试运转工作,以后每5年至少进行1次性能测定;矿井通风阻力测定符合《煤矿安全规程》相关规定	5	查资料和现场。通风机性能或通风阻力未测定的不得分,其他1处不符合要求扣1分	
		2.矿井应按规定进行通风能力核定,不应超通风能力生产;采掘工作面、硐室和其他巷道的供风量符合《煤矿安全规程》的规定	10	查资料和现场。未进行通风能力核定的不得分,其他1处不符合要求扣5分	
		3.矿井有效风量率不低于85%	5	查资料和现场。每降低1个百分点扣1分	

		4.回风巷失修率不高于7%，严重失修率不高于3%；主要进回风巷道、采煤工作面回风巷实际断面不小于设计断面的2/3；矿井通风系统的阻力应满足《煤矿井工开采通风技术条件》的要求；矿井内各地点风速符合《煤矿安全规程》规定	10	查资料和现场。巷道失修率超过标准，每超过1个百分点扣1分；严重失修率每超过1个百分点扣2分；矿井通风系统阻力每超过1个百分点扣0.2分；局部通风机至掘进回风段风速不足的，1处扣5分；其他1处不符合要求扣1分
		5.矿井主要通风机装置外部漏风率每年至少测定1次，外部漏风率在无提升设备时不得超过5%，有提升设备时不得超过15%	5	查报告、记录。未测定的扣5分，其他1处不符合要求扣1分
		6.矿井（采区）主要通风机应安设监测系统，以监测主要通风机及电机的运转情况，并按规定安装正压计、负压计和全压计等监测仪器仪表	5	查资料和现场。未安设通风机监测系统的不得分，其他1处不符合要求扣1分
二、局部通风（100分）	装备和措施	1.局部通风机的安装、使用符合《煤矿安全规程》规定，不发生循环风；2台局部通风机同时向1个掘进工作面供风的，2台局部通风机应同时实现风电闭锁	15	查资料和现场。1处不符合要求扣5分
		2.瓦斯喷出区域和突出煤层的掘进通风方式应采用压入式；局部通风机设备齐全，应装消音器（低噪声局部通风机和除尘风机除外），吸风口有风罩和整流器，高压部位有衬垫；局部通风机及其启动装置应安设在进风巷道中，地点距回风口10 m以上，且支护完好、无淋水、无积水、无杂物；局部通风机离地面高度应大于0.3m；瓦斯浓度不应超过0.5%	15	查资料和现场。瓦斯浓度超过规定的不得分，其他1处不符合要求扣2分
		3.采用局部通风机供风的掘进巷道应安设2台同等能力的局部通风机，实现"三专两闭锁"，具备相互独立的两回路电源，并能实现自动切换	10	查资料和现场。1处不符合要求扣5分
		4.局部通风机应安装开停传感器，且与监测系统联网；专人负责，实行挂牌管理；定期进行自动切换试验和风电闭锁试验，并有记录；不应出现无计划停风，有计划停风前应制定专项通风安全技术措施	10	查资料和现场。1处不符合要求扣2分
	风筒敷设	1.风筒末端到工作面的距离和出风口的风量要符合作业规程规定，巷道中风速应符合《煤矿安全规程》的规定，并保证工作面和回风流的瓦斯浓度不超限	10	查资料和现场。1处不符合要求扣5分

		2.使用抗静电、阻燃风筒；炮掘工作面应使用硬质风筒，并采用防摩擦起火的材料吊挂；接头严密，无破口(末端20m除外)，无反接头；软质风筒接头应反压边，硬质风筒接头应加垫并拧紧螺钉	15	查资料和现场。未使用抗静电、阻燃风筒不得分，其他1处不符合要求扣0.5分	
		3.风筒吊挂应平、直、稳，软质风筒逢环必挂，硬质风筒每节至少吊挂两点；风筒不得被摩擦、挤压	15	查资料和现场。1处不符合要求扣0.5分	
		4.风筒拐弯处应用弯头或骨架风筒缓慢拐弯，不应拐死弯；异径风筒接头应用过渡过，不准花接	10	查资料和现场。1处不符合要求扣1分	
三、通风设施(100分)	密闭	1.用不燃性材料构筑，严密不漏风，墙体厚度不应小于0.5m	5	查资料和现场。1处不符合要求，该项不得分	
		2.密闭前无瓦斯积聚	5	查资料和现场。1处不符合要求，该项不得分	
		3.设有统一规格的瓦斯检查牌板、施工说明牌板、栅栏和警标	5	查资料和现场。1处不符合要求，该项不得分。	
		4.密闭前5m内支护完好，无片帮、漏顶、杂物、积水和淤泥。所有导电体不应进入密闭(正常的瓦斯抽采管路应采取绝缘措施进行处理)	5	查资料和现场。1处不符合要求，该项不得分	
		5.密闭内有水时应设反风池或反水管，有自然发火煤层的采空区密闭应设观测孔、措施孔，且孔口设置阀门	5	查资料和现场。1处不符合要求，该项不得分	
		6.密闭周边掏槽(岩巷、锚喷、砌碹巷道除外)，应掏至硬帮、硬底、硬顶，并与煤岩接实，四周要有不少于0.1m的裙边	5	查资料和现场。1处不符合要求，该项不得分	
		7.墙面要平整、无裂缝、重缝和空缝，并进行色缝抹面，每平方米内凹凸不应大于10mm	5	查资料和现场。1处不符合要求，该项不得分	
	风门风窗	1.每组风门不应少于2道，通车风门间距不应小于1列车长度，行人风门间距不应小于5m，主要进回风之间的风门应设反风门，其数量不少于2道，通车风门前要设置防撞装置，并正常使用。风门墙上设有规格、字体统一的施工说明牌；防突风门安设地点、质量须符合规定要求	5	查资料和现场。1处不符合要求，该项不得分	
		2.风门能自动关闭，并进行连锁，保证2道风门不能同时打开，主要风门应设置风门开关传感器	5	查资料和现场。1处不符合要求，该项不得分	
		3.风门墙要用不燃性材料建筑，厚度不应小于0.5m(防突风门不应小于0.8m)，周边应掏槽，掏槽深度符合规定要求，严密不漏风。墙面要平整、无裂缝、重缝和空缝，并进行勾缝或抹面，每平方米内凹凸深度不大于10mm	5	查资料和现场。1处不符合要求，该项不得分	

		4.门框应包边沿口,有衬垫,四周接触严密,门扇平整不漏风;调节风窗正规可靠	5	查资料和现场。1处不符合要求,该项不得分	
		5.风门水沟应设反水池或挡风帘,通车风门应设底槛,电缆、管路孔应堵严	5	查资料和现场。1处不符合要求,该项不得分	
		6.局部通风风筒穿过风门墙体时,应在墙上安装与胶质风筒直径匹配的硬质风筒	5	查资料和现场。1处不符合要求,该项不得分	
		7.风门前后5m范围内巷道支护完好,无淋水、杂物、积水和淤泥	5	查资料和现场。1处不符合要求,该项不得分	
	风桥	1.用不燃性材料建筑	5	查资料和现场。1处不符合要求,该项不得分	
		2.桥面平整不漏风	5	查资料和现场。1处不符合要求,该项不得分	
		3.风桥前后各5m范围内巷道支护完好,无杂物、积水和淤泥	5	查资料和现场。1处不符合要求,该项不得分	
		4.风桥通风断面不小于原巷道断面的4/5,呈流线型,坡度宜小于30°	5	查资料和现场。1处不符合要求,该项不得分	
		5.风桥两端接口严密,四周为实帮、实底,且用混凝土浇灌填实;风桥底部与下部巷道顶板的垂距应不小于1.5m	5	查资料和现场。1处不符合要求,该项不得分	
		6.风桥上、下不准设风门、调节风窗等	5	查资料和现场。1处不符合要求,该项不得分	
四、瓦斯防治(100分)	机构设置瓦斯管理	矿井应设立瓦斯工作防治领导小组和满足工作需要的瓦斯防治专业队伍			
		1.采掘工作面及其他地点的瓦斯浓度应符合《煤矿安全规程》的规定;瓦斯超限,应立即切断电源、撤出人员,并按照事故处理,查明瓦斯超限原因,落实防治措施	15	查资料和现场。瓦斯超限未比照事故处理的,1次扣5分;检查周期内瓦斯超限,1次扣1分;其他1处不符合要求扣0.5分	
		2.矿井应按《煤矿安全规程》的规定测定煤层的瓦斯、二氧化碳赋存参数,并按相关规定进行瓦斯等级鉴定	10	查资料。未进行瓦斯等级鉴定扣5分,其他1处不符合要求扣0.5分	
		3.矿井应编制年度瓦斯治理技术方案、安全措施计划,按规定备案并严格执行;高瓦斯和突出矿井的采掘工作面应制定瓦斯治理专项措施并严格落实,瓦斯治理效果应符合相关规定	10	查资料和现场。未编制的,1项扣5分;未备案的1项扣2分,其他1处不符合要求扣1分	

		4.井下瓦斯检查地点、瓦斯检查次数及瓦斯检查工交接班等瓦斯检查及管理应符合《煤矿安全规程》规定；无空班、漏检和假检；每月应编制瓦斯检查地点设置计划，报矿技术负责人审查、签字；采掘工作面按规定配备瓦斯检查工	10	查资料和现场。发现空班、漏检或假检的不得分；未按规定配备专职瓦斯检查工的1处扣2分；其他1处不符合要求扣1分	
		5.临时停风地点应立即停止作业、切断电源、撤出人员、设置栅栏和警示标志；长期停风区应在24小时内封闭完毕。停工区内瓦斯或二氧化碳浓度达到3.0%或其他有害气体浓度超过《煤矿安全规程》的规定不能立即处理时，应在24小时内予以封闭，并切断通往封闭区的电源、管路和轨道等	10	查资料和现场。1项未按规定执行的，不得分	
		6.瓦斯排放，应有经矿技术负责人批准的专门措施，并严格执行，且有记录	10	查资料和现场。无专门措施或未按措施执行的，不得分；其他1处不符合要求扣0.5分	
		7.瓦斯检查工应持证上岗，瓦斯检查做到井下记录牌、瓦检手册、瓦斯调度台账“三统一”；通风瓦斯日报、瓦斯监测日报每日上报矿长、矿技术负责人审阅签字，并有记录	15	查资料和现场。未持证上岗的，1人扣5分；其他1处不符合要求扣0.5分	
	仪器仪表	瓦斯检查仪器、仪表应完好，并按照规定进行校正和检定	10	查资料和现场。仪器、仪表1台不完好扣5分，其他1处不符合要求扣1分	
	机构设置	突出矿井应按规定设立防突工作领导小组和满足防突工作需要的专业防突队伍	10	查资料和现场。无机构的不得分，人员不足的扣5分	
	回风系统	突出矿井折每个采区应设置至少1条专用回风巷，突出煤层采掘工作面应有独立的回风系统	10	查资料和现场。采区无专用回风巷的不得分，其他1处不符合要求扣2分	
五、突出防治(100分)	突出管理	1.矿井应按规定对煤层的突出危险性进行鉴定。突出矿井应绘制矿井(采区)瓦斯地质图	10	查资料。未对煤层的突出危险性鉴定的，不得分(按突出煤层管理的不扣分)；其他1处不符合要求扣2分	
		2.突出矿井(采区)应编制专项防突设计、措施计划和事故应急预案，并按相关规定审批	10	查资料。设计、计划或预案缺1项扣5分，其他1处不符合要求扣1分	

		3.区域预测结果、区域防突措施应按规定审批,并严格执行;预抽煤层瓦斯区域防突措施效果检验结果应经矿技术负责人和主要负责人审批	15	查资料和现场。1处不符合要求扣分	
		4.突出煤层采掘工作面局部综合防突措施应经矿技术负责人审批,并严格执行	15	查资料和现场。1处不符合要求扣5分	
		5.石门、立井、斜井等揭穿突出煤层前应编制专项防突设计、区域及局部综合防突措施,应按规定审批,并严格执行	10	查资料。1处不符合要求扣5分	
	设备设施	压风自救装置、自救器、防突风门等安全防护设备设施应符合相关规定	10	查资料和现场。1处不符合要求扣2分	
	资料台帐	防突装备、仪器、仪表的管理、检定应符合相关要求;防突资料(各种记录、台账、牌板、效果检验报告等)管理应符合规定	10	查资料和现场。1处不符合要求扣2分	
六、瓦斯抽采(100分)	机构设置	瓦斯抽采矿井应有专门的瓦斯抽采队伍,人员配备满足瓦斯抽采要求	10	查资料和现场。无队伍不得分,人员不足扣5分	
	抽采系统	1.瓦斯抽采设施、抽采泵站应符合相关规定	15	查资料和现场。1处不符合要求扣2分	
		2.瓦斯抽采工程(包括钻场、钻孔、管路、抽采巷等)应编制设计并按计划施工	15	查资料和现场1处不符合要求扣2分	
	抽采效果	1.定期对瓦斯抽采系统瓦斯的浓度、压力、流量等参数进行测定。泵站每小时测定1次;主干、支管及抽采钻场每周至少测定1次,并根据实际测定情况对抽采系统进行及时调节	15	查资料和现场。未按规定测定,1次扣5分;其他1处不符合要求扣2分。	
		2.定期检查抽采系统,并有记录可查。确保抽采管路无破损、漏气、积水;抽采管路离地面高度不应小于0.3m(采面留管除外)。抽采检测装置、仪器、仪表齐全,定期校正,台账、记录齐全	10	查资料和现场。无记录可查的,不得分;其他1处不符合要求扣1分	
		3.抽采钻场及钻孔应按规定设置管理牌板,数据填写须及时、准确,并有记录和台账	10	查资料和现场。1处不符合要求扣0.5分	
		4.高瓦斯和突出矿井计划开采的煤量不应超出瓦斯抽采的达标煤量,生产安排应与瓦斯抽采的达标煤量相匹配,生产准备及回采煤量和抽采达标煤量应保持平衡	15	查资料和现场。1处不符合要求扣5分	
		5.瓦斯抽采与利用考核指标应符合《煤矿瓦斯抽放规范》《工业区瓦斯抽采基本指标》等相关规定	10	查资料和现场。1处不符合要求扣5分	

七、安全监控(100分)	机构、人员和制度	矿井应建立安全监控管理机构,配足管理人员,工程技术人员,作业人员持证上岗,建立健全安全监控人员责任制、操作规程、值班制度等	10	查资料和现场。无管理机构,不得分;无责任制或操作规程或值班制度,缺1项扣2分,人员不足,缺1人扣1分,其他1处不符合要求扣1分。	
	装备	1.矿井安全监控系统应具备“风电、瓦斯电、故障”闭锁和手动控制断电闭锁功能;传感器、分站等安全监控设备备用量不少于应配备数量的20%;矿井安全监控系统应与上级业务主管部门实行联网,并能正常运行	10	查资料和现场。无管理机构,不得分;无责任制或操作规程或值班制度,缺1项扣2分,人员不足,缺1人扣1分,其他1处不符合要求扣1分	
		2.安全监控系统安全装置的种类、数量、位置、报警点、断电点、断电范围、复电点、电缆敷设等都应符合相关规定,各种监控设备性能、仪器精度应符合要求,井下分站实行挂牌管理	10	查资料和现场。1处不符合要求扣2分	
		3.安全监控系统的主机应双机或多机备份,24小时不间断运行。当工作主机发生故障时,备份主机应在5分钟内投入工作。中心站应双回路供电,并配备不小于2小时在线式不间断电源。中心站设备应有可靠的接地装置和防雷装置。中心站应使用录音电话。井下分站应能实现地面中心站遥控断电	10	查资料和现场。1处不符合要求扣2分	
		4.矿长、矿技术负责人、爆破工、采掘区队长、通风区队长、工程技术人员、班长、流动电钳工、安全监测工下井时,应携带便携式甲烷检测报警仪或数字式甲烷检测报警矿灯。瓦斯检查工下井时应携带便携式甲烷检测报警仪和光学甲烷检测仪。有自然发火的矿井,按规定配备一氧化碳、氧气、温度等便携式检测仪	10	查资料和现场。仪器数量不足扣5分,其他1处不符合要求扣2分	
		5.分站、传感器等装置在井下连续使用6~12个月应升井全面检修,井下装置的完好率100%,装置的待修率不超过20%,并有检修记录	6	查资料和现场。未按规定升井检修1次(台)扣3分,其他1处不符合要求扣1分	
	检测试验	安全监测设备每月至少调试、校正1次,甲烷传感器、便携式甲烷检测报警仪等采用载体催化元件的甲烷检测设备,每10天应使用标准气样和空气样进行调校,并有调校记录,每10天应对甲烷超限断电功能进行试验,并有试验签字记录,安全监测仪器仪表按规定定期进行校验、检定	10	查资料和现场。1处不符合要求扣2分	

	监测装置	安全系统监测装置中断或出现异常情况，应查明原因，采取措施及时处理，传感器不能正常显示或中断期间，该范围应停止作业，并有记录可查	6	查资料和现场。1处不符合要求扣1分	
	资料管理	1.地面中心站值班应设置在矿调度室内，实行24小时值班制度。值班人员应认真监视监视器所显示的各种信息，详细记录系统运行状态，接收上一级网络中心下达的指令并及时进行处理，填写运行日志、打印安全监控日报表，报矿主要负责人和主要技术负责人审阅；建立监测系统、瓦斯抽采系统数据库，并有备份，其中安全监测、瓦斯抽采系统数据要保存2年以上，人员管理数据要保存1年以上	20	查资料和现场。数据无备份扣5分，数据库缺少1项数据扣5分，其他1处不符合要求扣2分	
		2.安全监控系统报表、账卡、图纸资料应符合相关规定	8	查资料和现场，缺少图纸扣5分，缺少1种台账、报表和记录扣2分，其他1处不符合要求扣1分	
八、防灭火(100分)	制度规程	矿井应建立、健全防灭火管理制度及相关人员的岗位责任制和操作规程，并建立火灾应急预案	10	查资料和现场。缺1项扣5分	
	防灭火措施	1.按规定进行煤层自然发火倾向性鉴定，并制定防灭火措施	10	查资料和现场。未鉴定或无措施的不得分	
		2.开采自燃、容易自燃煤层的矿井，应按相关规定建立防灭火系统和制定防治自然发炎的专门措施，采掘工作面作业规定应有防治自然发火的专项措施，并严格执行	10	查资料和现场。无防灭火系统或措施不得分，其他1处不符合要求扣2分	
		3.每1处火区都应建立符合《煤矿安全规程》规定的火区管理卡片，绘制火区位置关系图，并制定火区管理制度；启封火区应有计划和经批准的安全措施	10	查资料和现场。1处不符合要求扣5分	
	设施设备	1.井上、下应设置消防材料库，并符合《煤矿安全规程》的规定，且每季度至少检查1次	10	查资料和现场。未按标准设置消防材料库不得分，其他1处不符合规定扣1分	
		2.井下爆炸材料库、机电设备硐室、检修硐室、材料库、井底车场、使用带式输送机或液力耦合器的巷道以及采掘工作面附近的巷道中，应配备灭火器材，其数量、规格及存放地点，应在灾害预防和处理计划中明确规定	10	查资料和现场。1处不符合要求扣2分	

		3.矿井应设地面消防水池和井下消防管路系统，每隔100m设置专用支管和阀门，在安装带式输送机的巷道中应每隔50m设置支管和阀门，并保证使用。地面消防水池应经常保持不少于200m³的水量，每季度至少检查1次	15	查资料和现场。无消防水池扣10分；缺支管、阀门，1处扣2分；其他1处不符合要求扣0.5分	
		4.凡开采自然发火的煤层，均要开展火灾的预测预报工作，并建立监测系统。按规定观测预报，并确保数据准确、可靠。在开采设计中应明确选定自然发火观测站或观测点。发现异常，采取措施，立即处理	15	查资料和现场。无监测系统不得分，1处(次)预测预报不符合要求扣5分，其他1处不符合要求扣2分	
	控制指标	无一氧化碳超限作业和内、外因火灾事故。消除采空区密闭及其他地点超过35℃的高温点(因地温和水温影响除外)	5	查资料和现场。发现一氧化碳超限作业或明火或封闭区冒烟，该项不得分，发现1处温度超限扣2分	
	封闭时限	采煤工作面回采结束后，应在45天内进行永久性封闭	5	查资料和现场，发现一氧化碳超限作业或明火或封闭区冒烟，该项不得分，发现1处温度超限扣2分	
九、防治粉尘(100分)	制度措施	建立、健全综合防尘管理制度，配足防尘专业技术人员；按规定开展煤尘爆炸性鉴定；制定年度综合防尘措施，建立完善综合防尘系统，并有相关图纸、记录、台账	10	查资料和现场。无管理制度或未鉴定或无综合防尘措施，该项不得分，其他1处不符合要求扣2分	
	设备设施	1.按照《煤矿井下粉尘综合防治技术规定》的相关规定建立防尘供水系统，防尘管路吊挂平直，不漏水	15	查资料和现场，未建立系统不得分，缺管路1处扣5分，其他1处不符合要求扣2分	
		2.所有运煤转载点应有完善的喷雾装置，采煤工作面进、回风巷及掘进工作面回风流应按规定至少设置两道净化水幕，其他地点的喷雾装置和净化水幕按规定设置	15	查资料和现场。缺设施1处扣5分，其他1处不符合要求扣1分	
		3.按要求安设隔爆设施，且每周至少检查1次，隔爆设施安装的地点、数量、水量及质量应符合相关规定	10	查资料和现场，未按规定安设隔爆设施，1处扣5分，其他1处不符合规定扣2分	

		4.采掘工作面的采掘机械应有内外喷雾装置，喷雾压力应符合要求，且能正常使用，爆破时掘进工作面及回风水幕应开启，综采工作面和放顶煤采煤工作面放煤口应安设喷雾装置，降柱、移架或放炮时设自动同步喷雾，喷雾压力应符合要求，破碎机应安装防尘罩和喷雾装置或除尘器，爆破前后洒水和冲洗巷帮，炮掘工作面应安设移动喷雾装置	10	查资料和现场。缺设备1处扣5分，其他1处不符合要求扣2分	
	消尘措施	1.采煤工作面应按规定采取煤层注水防尘措施，注水设计及效果应符合《煤矿安全规程》相关规定	10	查资料和现场，1个工作面未注水扣5分，其他1处不符合要求扣2分	
	消尘措施	2.矿井应编制洗尘计划，定期冲刷巷道积尘。主要大巷、主要进回风巷每月至少冲刷1次积尘，其他巷道清扫积尘周期由各矿技术负责人确定，并有记录可查。井下巷道不应有连续长5m、厚度超过2mm的煤尘堆积	10	查资料和现场。未编制洗尘计划扣5分，其他1处不符合要求扣2分	
	消尘措施	3.矿井应按《煤矿安全规程》和《煤矿井下粉尘综合防治技术规范》的相关规定测定粉尘浓度、游离二氧化硅含量及分散度等	10	查资料和现场。1处不符合要求扣1分	
	仪器仪表	测尘仪器、仪表齐全，并定期进行校正、检定	10	查资料和现场。1处不符合要求扣1分	
十、井下爆破(100分)	爆炸材料管理	1.井下爆炸材料库应符合《煤矿安全规程》规定	10	查资料和现场。1处不符合规定扣5分	
	爆炸材料管理	2.爆炸材料领退、电雷管编号、材料丢失及材料销毁等制度健全，贮存符合《煤矿安全规程》要求	10	查资料和现场。1处不符合规定扣5分	
	爆炸材料管理	3.电雷管在发放前应进行导通试验	10	查资料和现场。电雷管未进行导通试验不得分	
	爆炸材料管理	4.爆炸材料运输应符合《煤矿安全规程》规定	10	查资料和现场。1处不符合规定扣5分	
	爆破管理	1.爆破作业地点应执行"一炮三检"和"三人连锁"爆破制度	10	查资料和现场。1处不符合规定扣5分	
	爆破管理	2.爆破作业应编制爆破作业说明书，现场设置爆破图牌板，并按说明书进行爆破作业	10	查资料和现场。无爆破说明书不得分，其他1处不符合要求扣2分	
	爆破管理	3.采掘工作面爆破应按规定执行停送电制度及撤人、设岗警戒制度	10	查资料和现场。1处不符合规定扣2分	
	爆破管理	4.实行爆破作业的采掘工作面，应采用湿式打眼(由于地质构造条件所限不能湿式打眼的，要制定专门措施)和使用水炮泥	10	查资料和现场。没有湿式打眼或无措施或未使用水炮泥，1处扣5分；其他1处不符合要求扣2分	

		5.矿井配有满足生产需要的爆破专业人员，且持证上岗；现场爆炸材料存放、引药制作应符合有关规定	10	查资料和现场。未持证上岗不得分。其他1项不符合要求扣2分	
		6.特殊情况下爆破作业，应严格执行相关规定	10	查资料和现场。1处不符合要求扣2分	
十一、管理制度(100分)	机构设置	矿井通风管理机构设置及人员配备应满足安全需要，并符合有关规定	10	查资料和现场。机构未设置不得分，其他1处不符合要求扣2分	
	工作职责	1.矿井应建立、健全各级领导和各业务部门的通风管理工作责任制，并严格落实	10	查资料和现场。无责任制扣10分，执行不严1处扣5分	
		2.每月由矿技术负责人至少组织1次通风隐患排查，并有排查记录；由矿工主持召开至少1次通风工作例会，并有记录可查	10	查资料和现场。1处不符合要求扣2分	
	制度资料	1.通风区(队)应有完整的管理制度，各工种要有岗位责任制和操作规程，并严格执行	10	查资料和现场。缺责任制或操作规程，扣10分，其他1处不符合要求扣2分	
		2.矿井应编制年、季、月通风工作计划及总结，建立健全矿、区领导值班记录	10	查资料和现场。缺1项计划或总结扣5分，其他1处不符合要求扣2分	
		3.矿井应编制无计划停电、停风等应急预案，贯彻落实通风相关措施，并有贯彻签字记录	10	查资料和现场。缺1项预案扣5分，其他1项不符合要求扣1分	
		4.有通风系统立体示意图、通风系统图、分层通风系统图、通风网络图、瓦斯抽采系统图、安全监控系统图、防尘系统图、防灭火系统图等；有通风调度值班记录、通风(反风)设施检查及维修记录、防灭火检查记录、测风记录，有瓦斯调度台账、密闭管理台账、煤层注水台账、瓦斯抽采台账等，并与现场实际相符	20	查资料和现场，缺1种图纸或记录或台账，扣5分，1处与现场实际不符，扣2分，其他1处不符合要求扣0.5分	
	仪器表	制定通风仪器、仪表保管、维修和保养制度	10	查资料和现场。缺1项制度扣5分	
	职工培训	瓦斯检查工、防突工、通风监测工、瓦斯抽采工、瓦斯抽采泵司机等人员应按要求定期培训(每次培训应考核，有记录可查)，证件应按时复审，做到持证上岗	10	查资料和现场。1处不符合要求扣2分	

第三节 山西省煤炭工业厅

关于在全省煤矿推行“人人都是通风员”理念的指导意见

晋煤安发〔2013〕350号

通风管理是煤矿安全生产的关键环节。为有效防范和坚决遏制煤矿生产安全事故，省煤炭厅决定，在全省煤矿推行“人人都是通风员”理念，现提出以下指导意见：

一、推行“人人都是通风员”理念的重要意义

“人人都是通风员”理念的精神实质是以人为本、安全发展，本质内涵是人人有责、齐抓共管，核心要素是通风管理、全员参与，根本要求是过程控制、超前预防。这一理念不仅强调“通风”是煤矿安全生产的重要内容，而且突出“人人”在煤矿安全工作中的主体地位，是对新时期煤矿通风管理客观规律的科学认识和准确把握，是对新时期煤矿通风管理实践经验的基本概括和高度总结。在全省煤矿推行“人人都是通风员”理念，是着眼于煤矿瓦斯等级管理的新要求，加强通风管理和瓦斯防治的重要举措，是着眼于提升员工素质预防事故的新需要，增强全员通风知识和管理能力的有效手段，是着眼于当前建设现代化矿井的新形势，强化安全责任全员化和现场管理标准化的根本措施，对于加强煤矿安全生产工作具有现实意义。

二、推行“人人都是通风员”理念的目标要求

推行“人人都是通风员”理念，重点要围绕人人都懂通风知识、人人都会通风管理、人人都抓通风安全的工作目标，按照人人都懂通风基础知识、懂瓦斯基本常识、懂瓦斯防治标准，人人都会使用瓦检仪器、会识别瓦斯隐患、会采取避灾措施和人人都能做到无风微风不作业、做到瓦斯超限不作业、做到粉尘超标不作业的岗位标准，以井下作业人员为重点，全面覆盖从业人员，具体达到以下要求：

(一)普及通风知识，提高全员安全素质。将《人人都是通风员·煤矿安全新论》和《煤矿安全规程》作为基本教材，把煤矿“一通三防”的系统理论、管理规定、专业技能、岗位责任、瓦检仪器使用、瓦斯治理技术、典型事故案例、事故防范措施和井下电气知识等作为基础内容，开展通风知识大培训。

(二)主动排查隐患，解决现场安全问题。坚持把隐患排查治理作为安全生产的有效手段，运用所学知识，能主动识别瓦斯隐患，采取安全防范措施，及时消除事故隐患，自觉做到不安全不生产，预防和减少事故发生。

(三)强化责任落实，构建齐抓共管格局。紧紧抓住责任落实这个关键环节，建立健全各项政策规定和规章制度，使管安全、抓落实成为员工的行为准则和自觉行动，构建起以“专人专管”为基础、“全员参与”为导向的安全工作大格局。

(四)形成长效机制,促进企业安全发展。始终坚持用“人人都是通风员”理念指导安全生产工作,形成人人有责、人人负责、人人尽责的安全生产长效机制,促进煤矿企业健康可持续发展,加快实现煤矿安全生产形势根本好转。

三、推行“人人都是通风员”理念的途径步骤

推行“人人都是通风员”理念的具体途径是宣传认知、培训教育、现场实践和拓展延伸。从2013年4月起开始,按照统一组织、分步实施原则,积极稳妥地开展理念实践活动。

各市煤炭局和国有重点煤炭集团要在3月底前制定实施方案,在12月底前形成总结报告,按期分别上报省煤炭厅。

第一步:宣传认知(4月)。集中1个月时间,对“人人都是通风员”理念进行广泛宣传阐释,让煤矿员工熟知理念的主要内容和现实意义,引导员工加深对理念的理解和认同,激发员工参与的积极性和主动性,能做到自觉自愿。

第二步:培训教育(5~10月)。按照“干什么学什么、缺什么补什么”的原则,分培训主体、分培训层次、分培训内容开展全员培训,重点要突出岗位操作技能、瓦检仪器使用、隐患识别排查和自救互救能力等内容的培训,真正学懂弄通。

第三步:现场实践(7~12月)。要把理念运用于实践,自觉以查隐患为手段、促整改为重点、防事故为目标,做到人人主动工作、人人行为规范、人人超前预防,在现场实践中解决问题,及时消除事故隐患,发挥好实践作用。

第四步:拓展延伸(12月)。认真总结理念实践活动的做法和成果,分析存在的问题和差距,有针对性地提出实践活动的拓展专业和延伸内容,将理念根植在全员心中,贯穿于安全工作的全方位,体现到安全生产的全过程,建立起长效机制。

各级煤炭部门和煤矿企业要大力推行和积极实践“人人都是通风员”理念,成立领导小组,精心组织安排,强化督促检查,务必取得实效。省煤炭厅将适时召开研讨会,分步骤开展专项检查,防止只喊口号、杜绝形式主义,切实通过推行“人人都是通风员”理念,把我省煤矿安全生产工作推向新阶段。

附录一　离心式通风机性能曲线

一、K₄-73-01型矿井离心式风机性能曲线

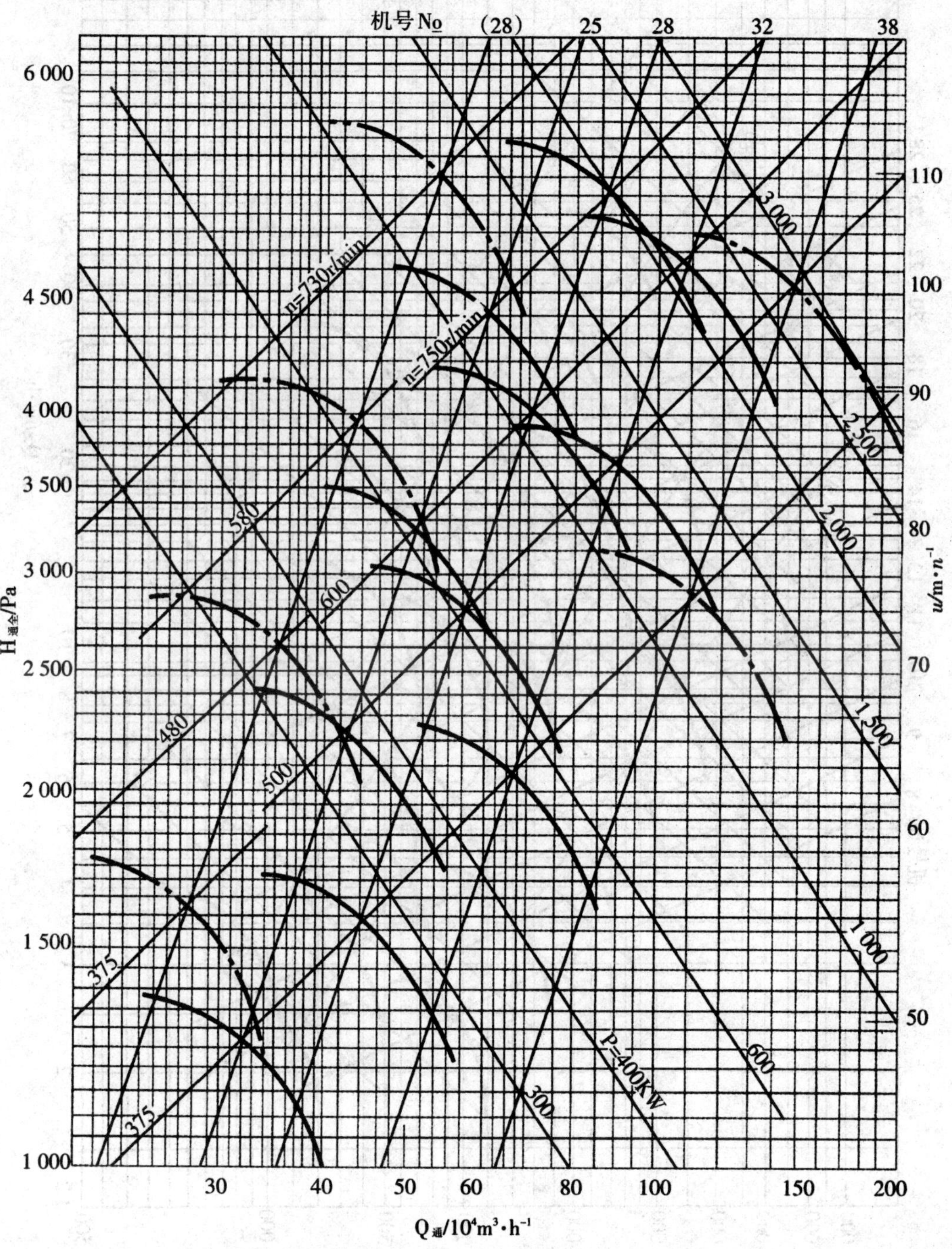

注：括号内机号为T4-73-12No28型。

二、G_4–73–11型离心式通风机性能曲线

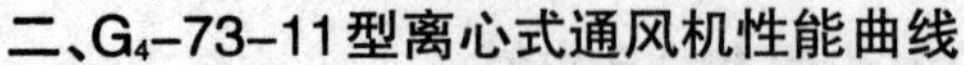

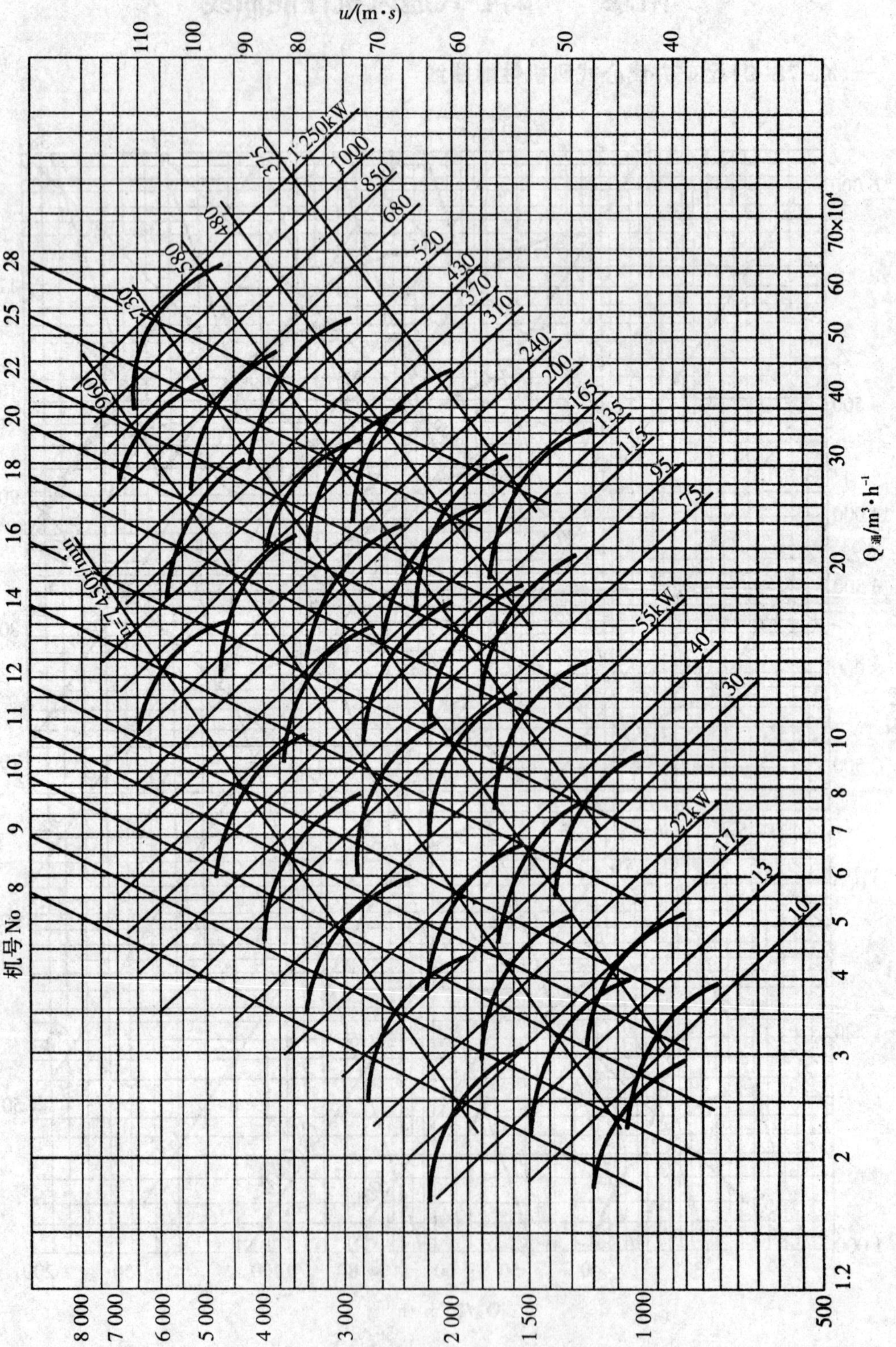

附录二 轴流式通风机特性曲线

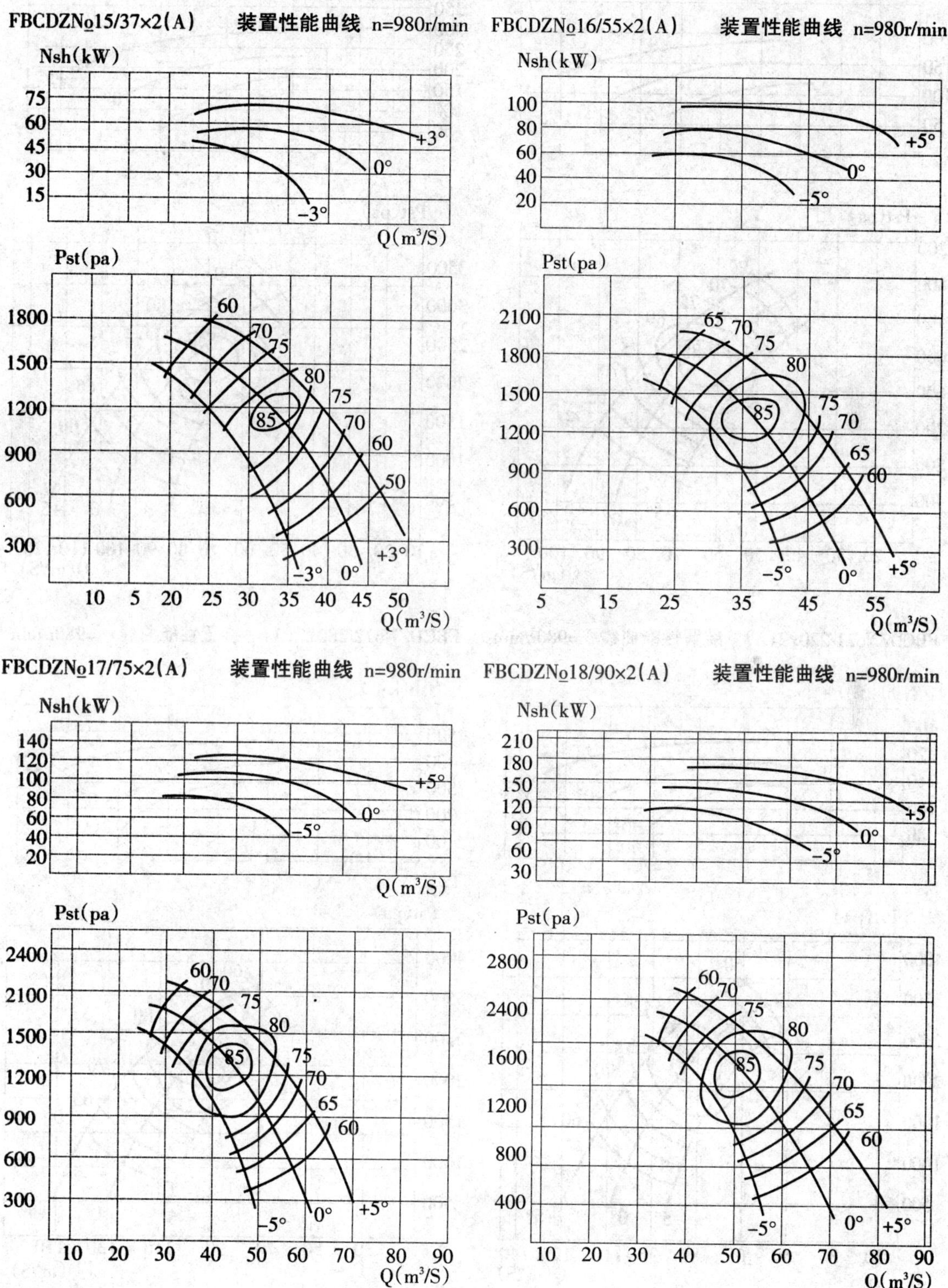

FBCDZNo19/110×2(A) 装置性能曲线 n=980r/min

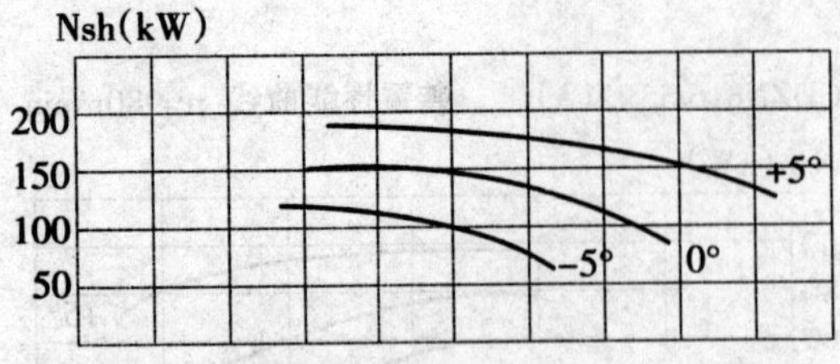

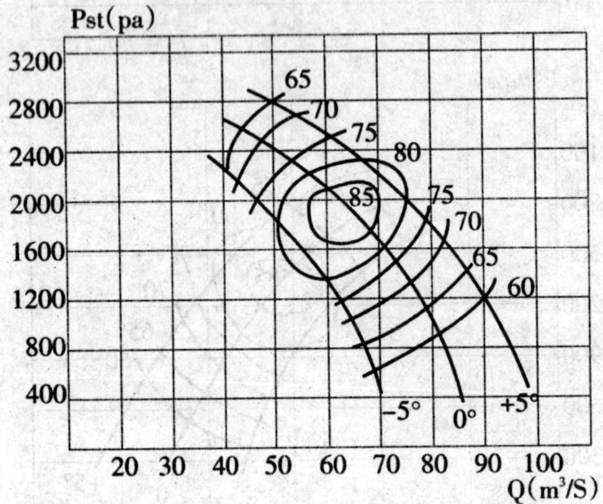

FBCDZNo20/160×2(A) 装置性能曲线 n=980r/min

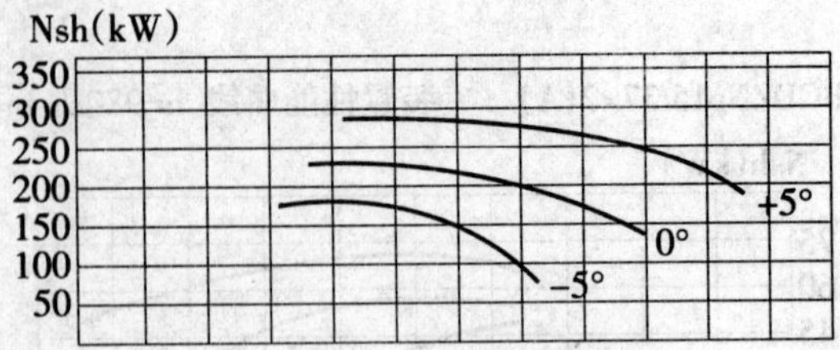

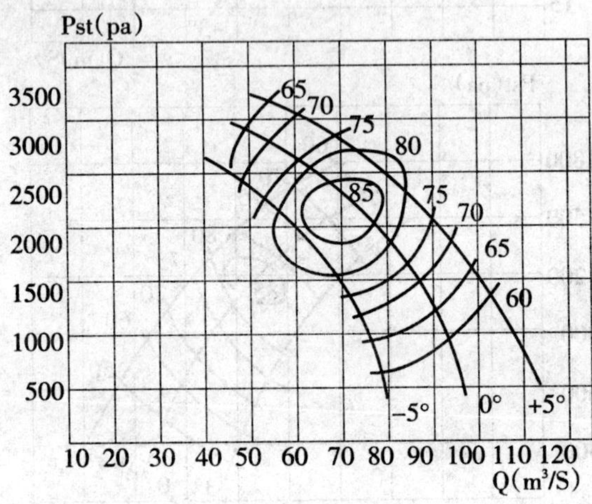

FBCDZNo21/220×2(A) 装置性能曲线 n=980r/min

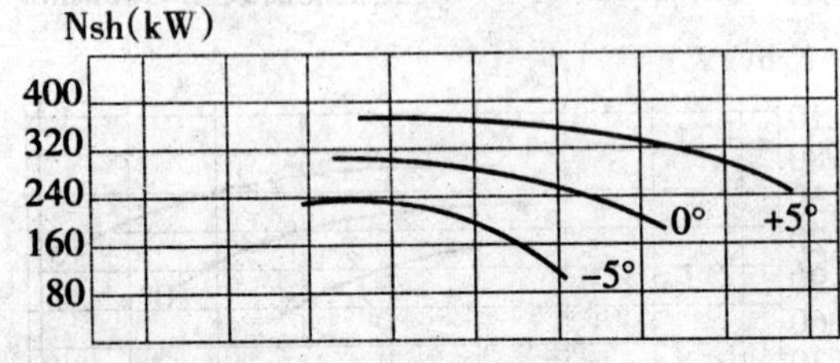

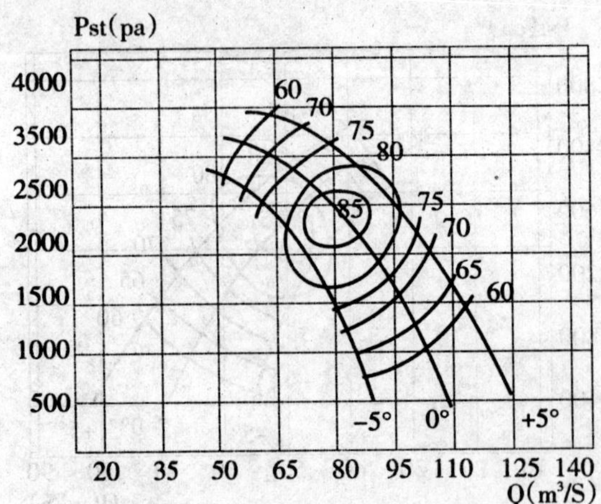

FBCDZNo22/280×2(A) 装置性能曲线 n=980r/min

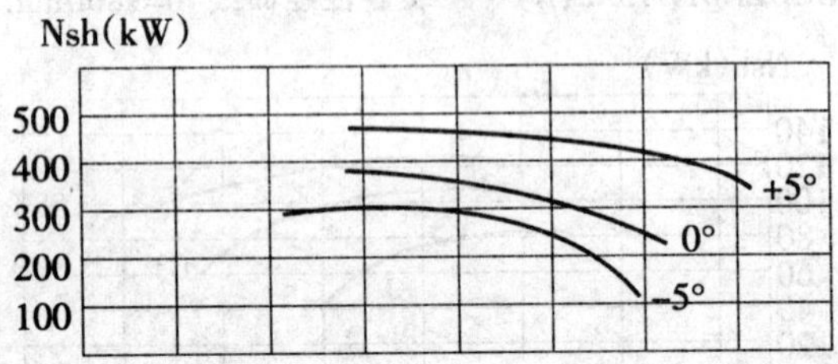

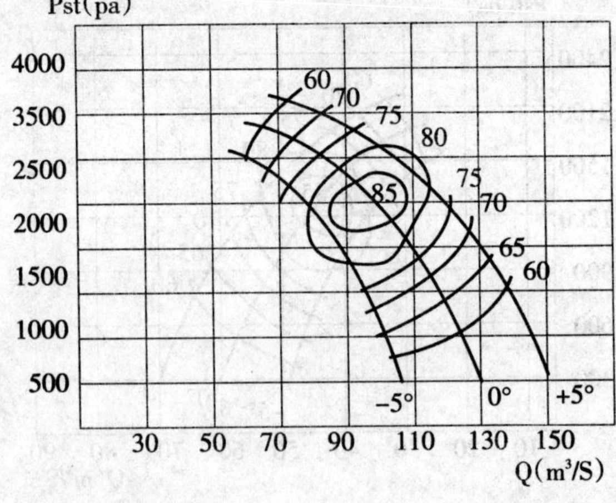

FBCDZNo18/45×2(A) 装置性能曲线 n=740r/min

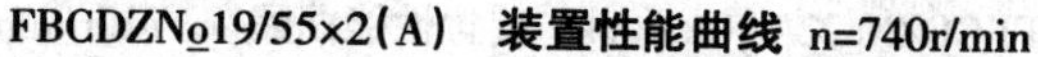

FBCDZNo19/55×2(A) 装置性能曲线 n=740r/min

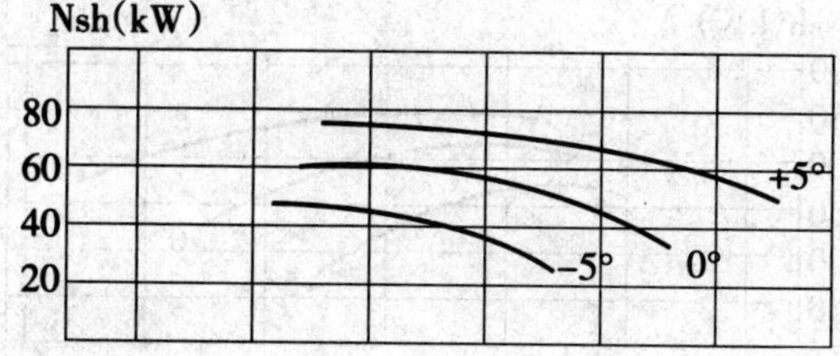

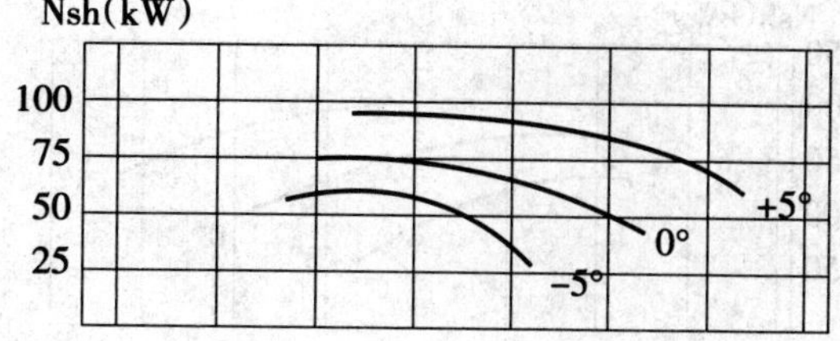

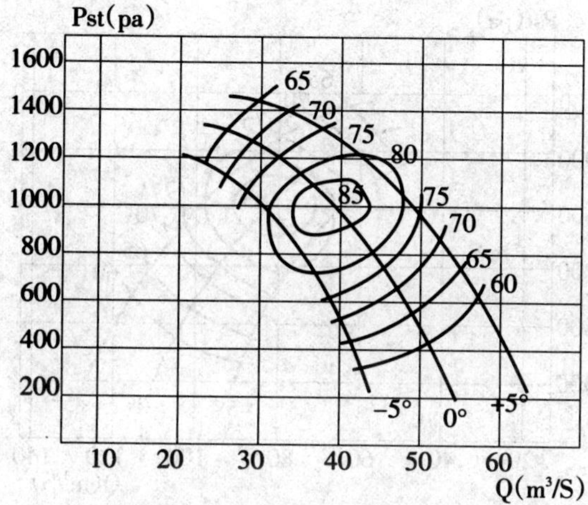

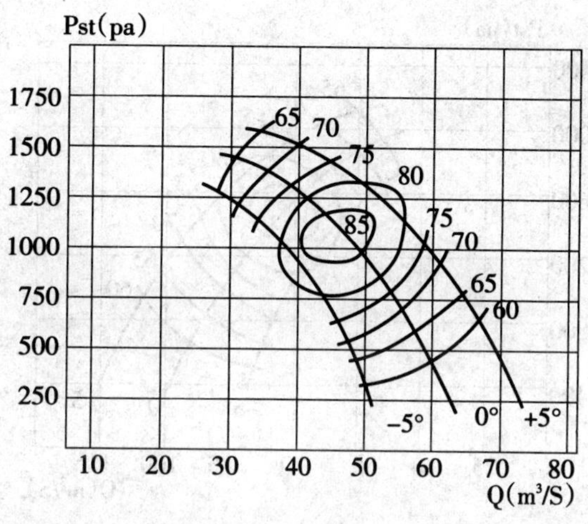

FBCDZNo20/75×2(A) 装置性能曲线 n=740r/min

FBCDZNo21/90×2(A) 装置性能曲线 n=740r/min

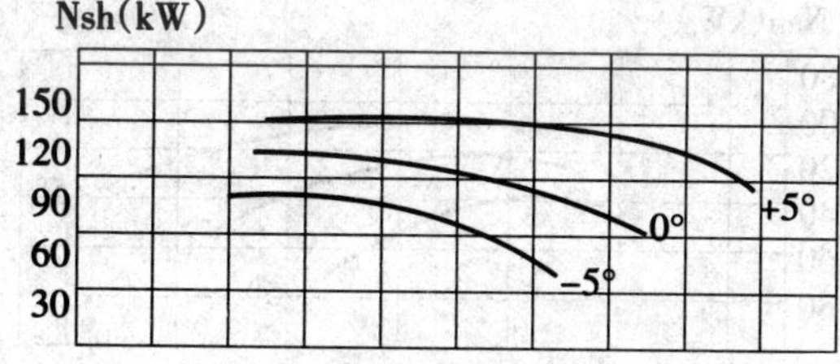

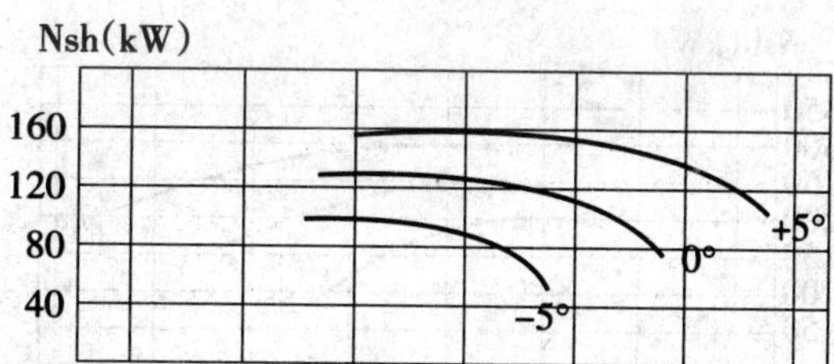

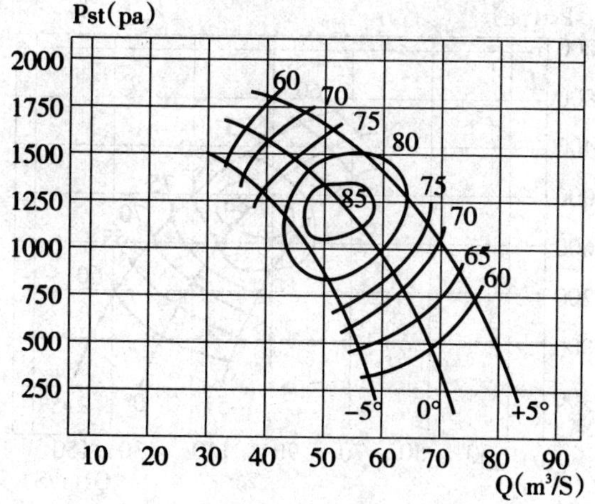

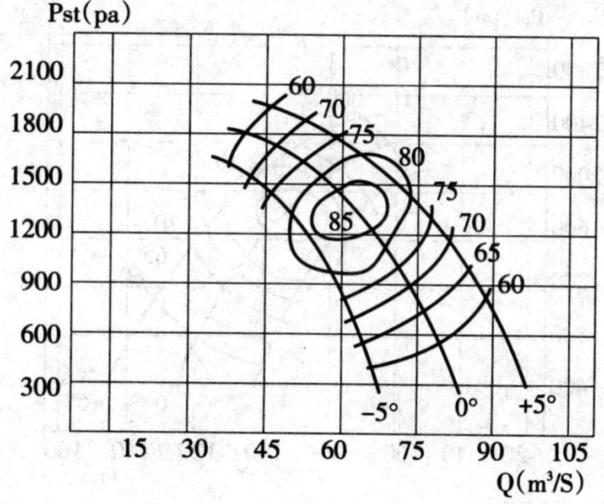

FBCDZNo22/110×2(A) **装置性能曲线** n=740r/min

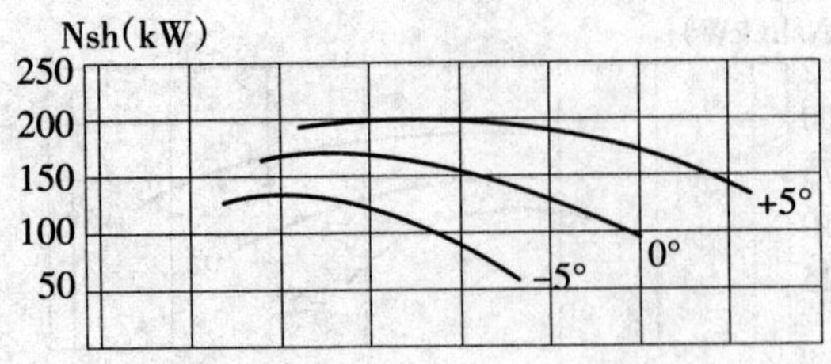

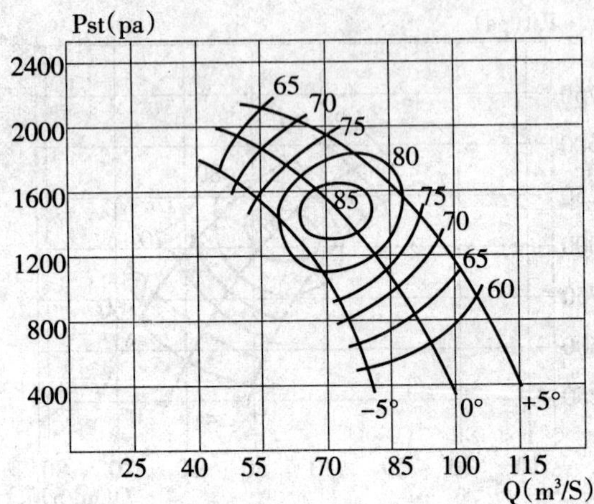

FBCDZNo23/132×2(A) **装置性能曲线** n=740r/min

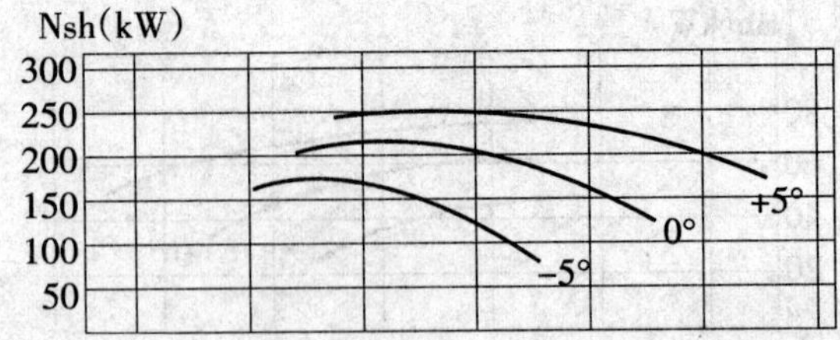

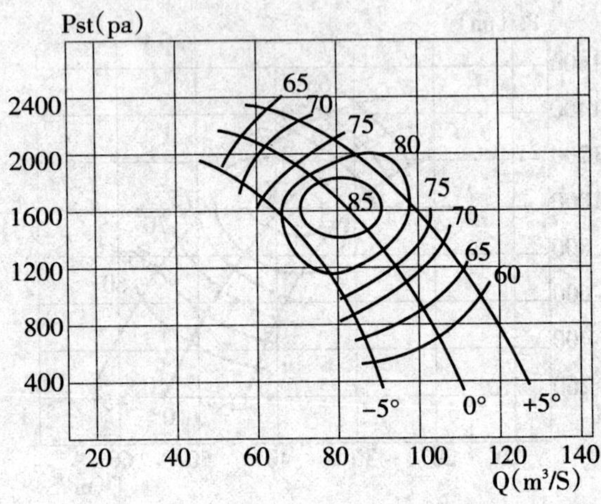

FBCDZNo24/185×2(A) **装置性能曲线** n=740r/min

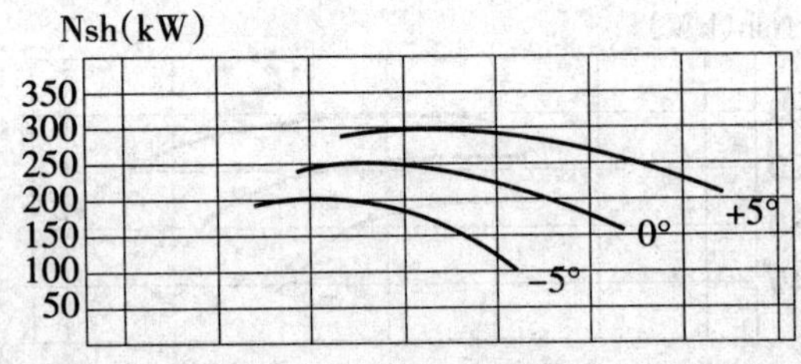

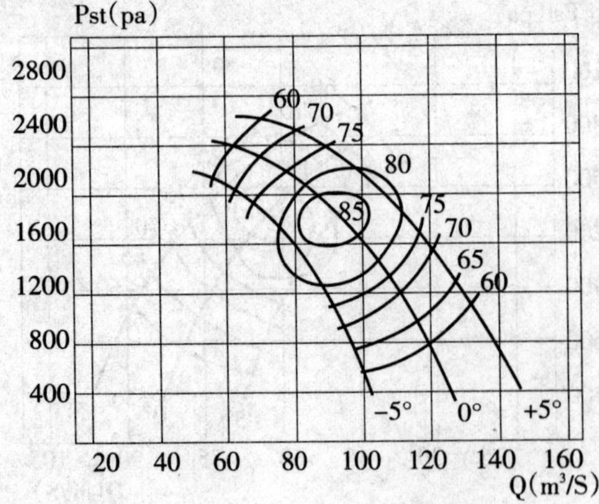

FBCDZNo25/220×2(A) **装置性能曲线** n=740r/min

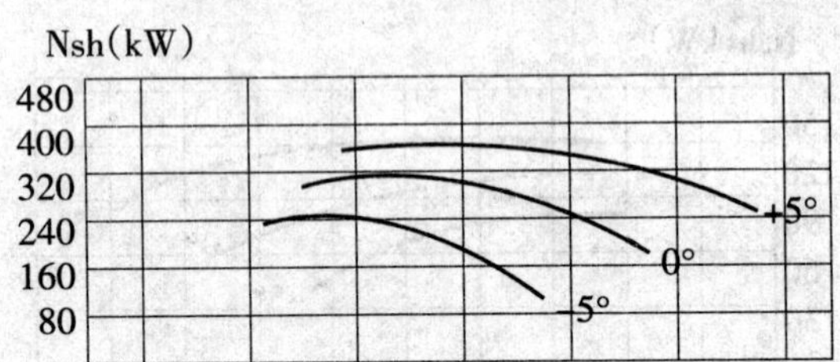

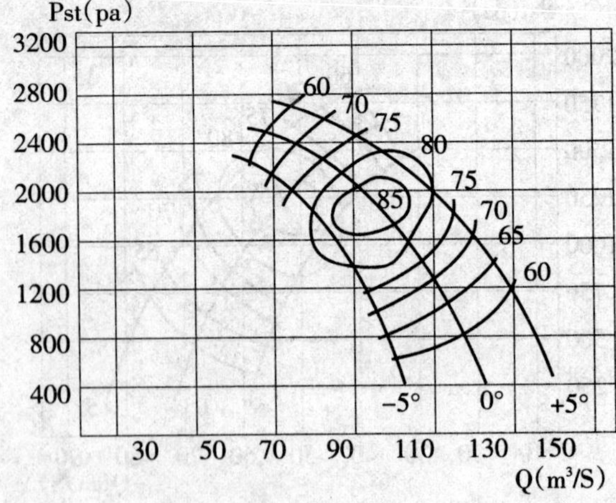

FBCDZN№26/250×2(A) 装置性能曲线 n=740r/min

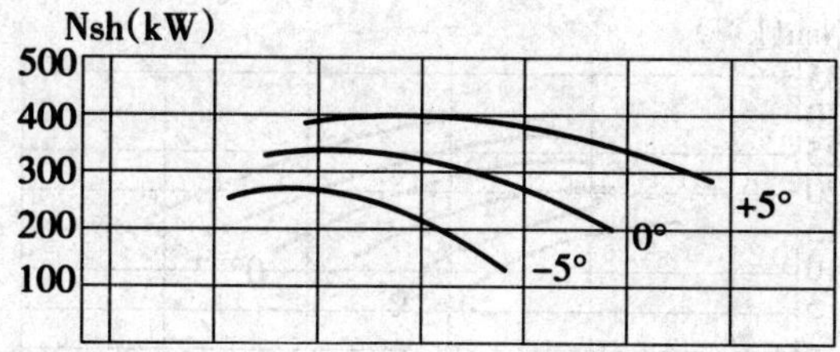

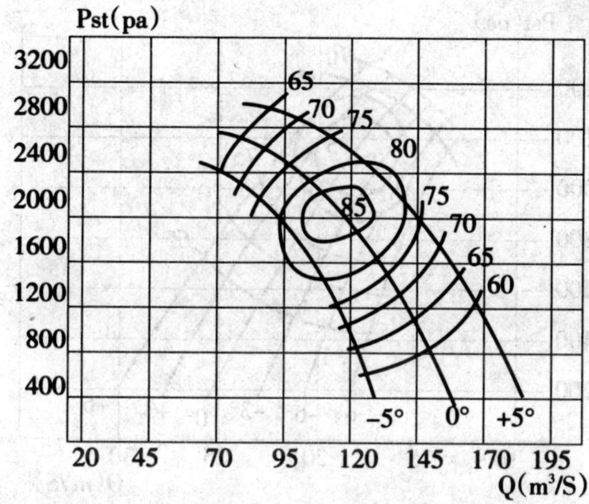

FBCDZN№11/45×2(B) 装置性能曲线 n=1480r/min

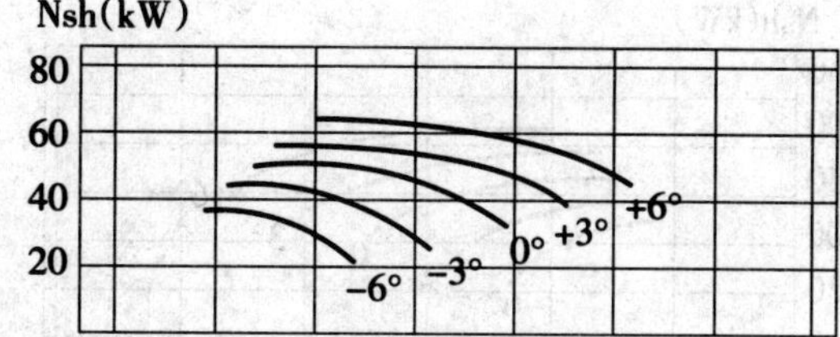

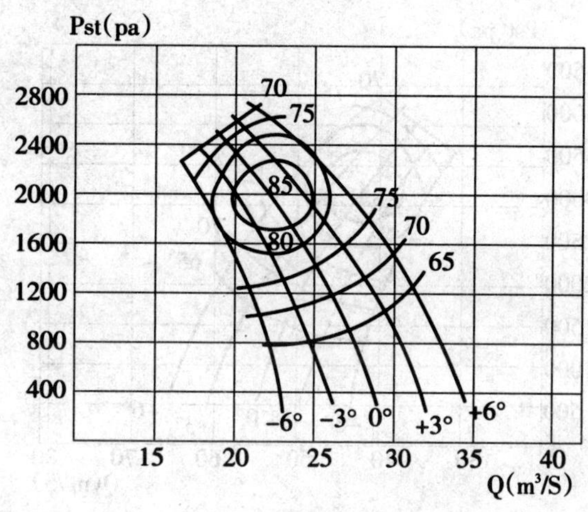

FBCDZN№10/55×2(B) 装置性能曲线 n=1480r/min

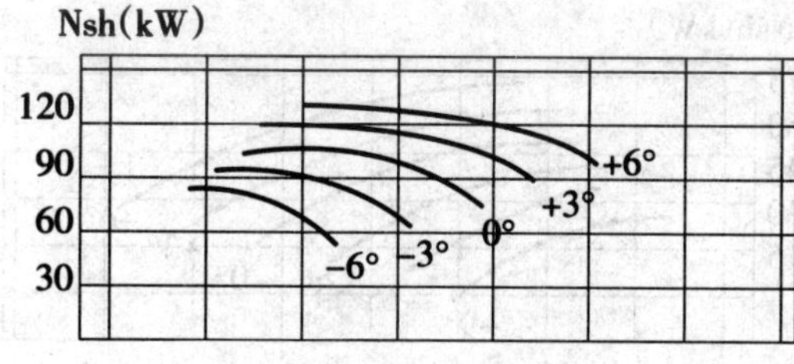

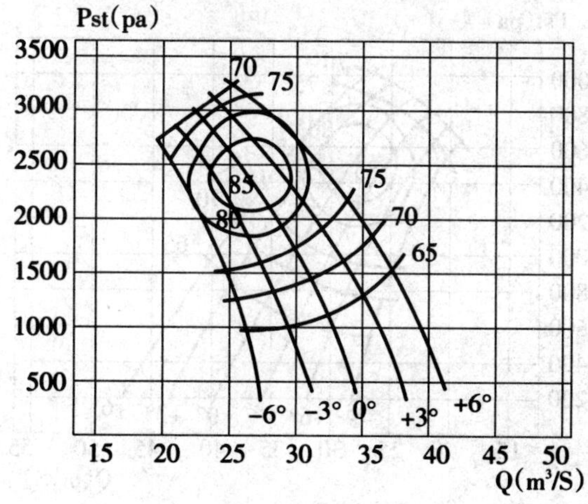

FBCDZN№13/75×2(B) 装置性能曲线 n=1480r/min

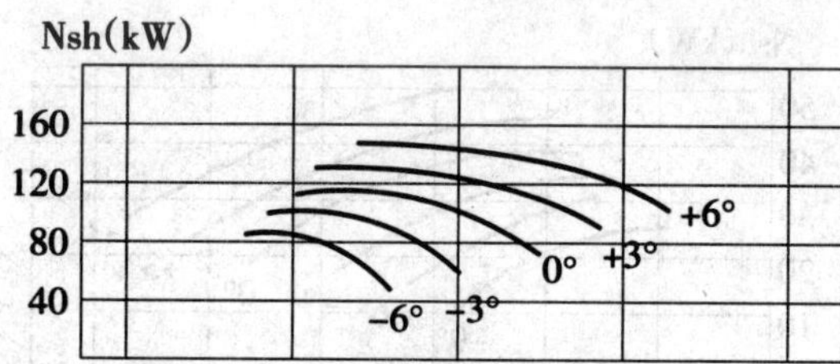

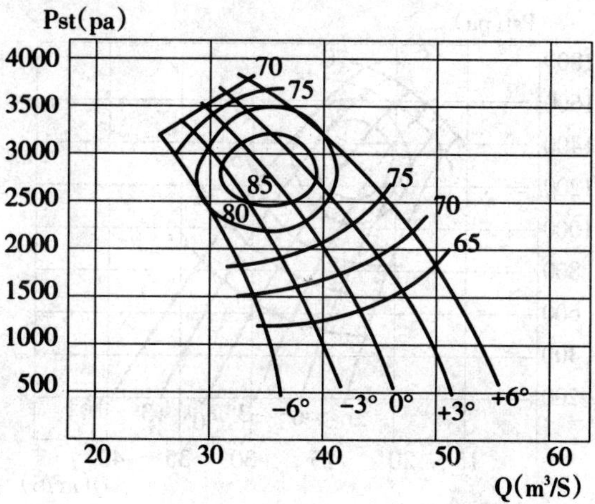

FBCDZNo14/110×2(B) 装置性能曲线 n=1480r/min

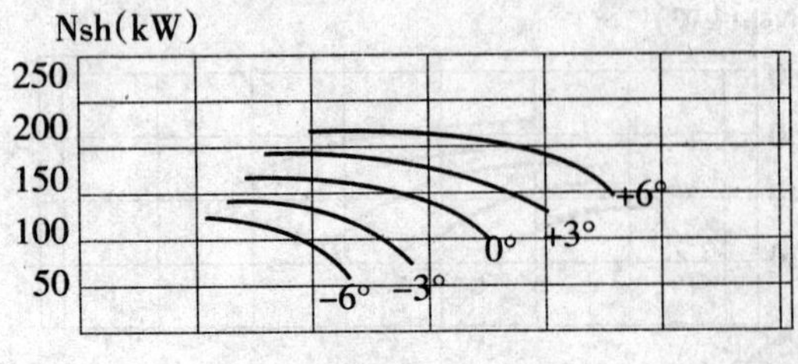

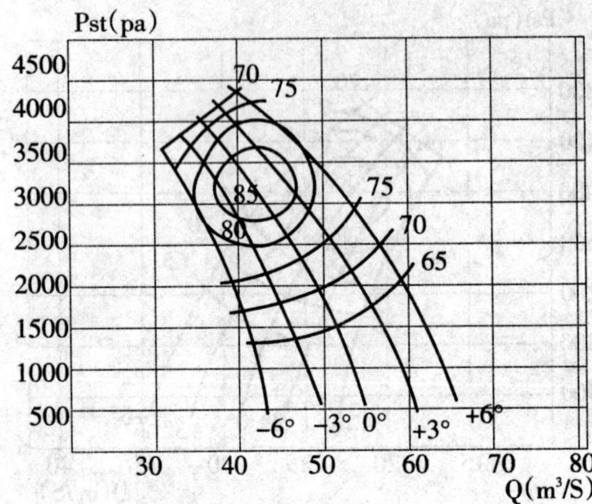

FBCDZNo12/18.5×2(B) 装置性能曲线 n=980r/min

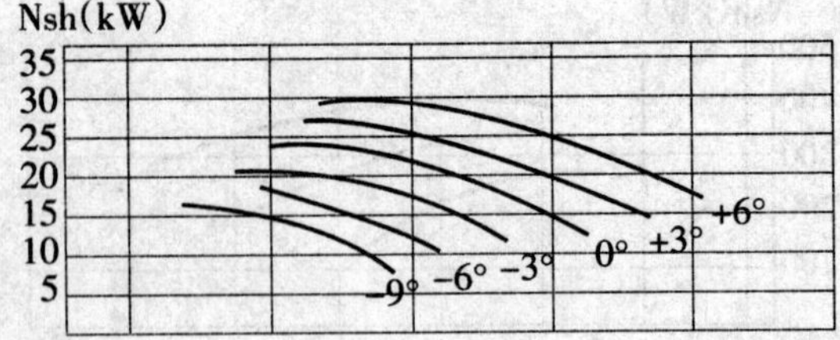

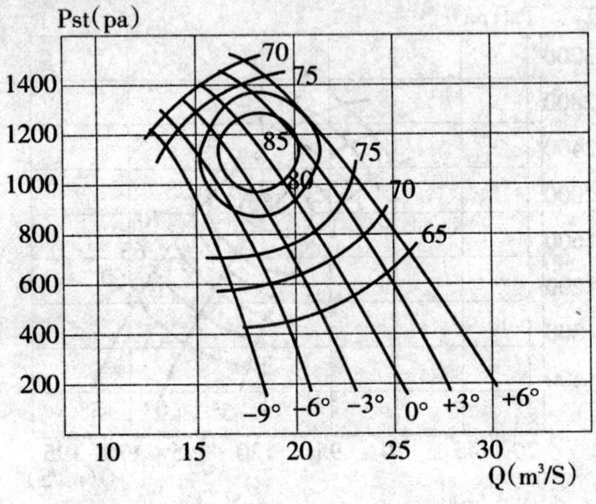

FBCDZNo13/30×2(B) 装置性能曲线 n=980r/min

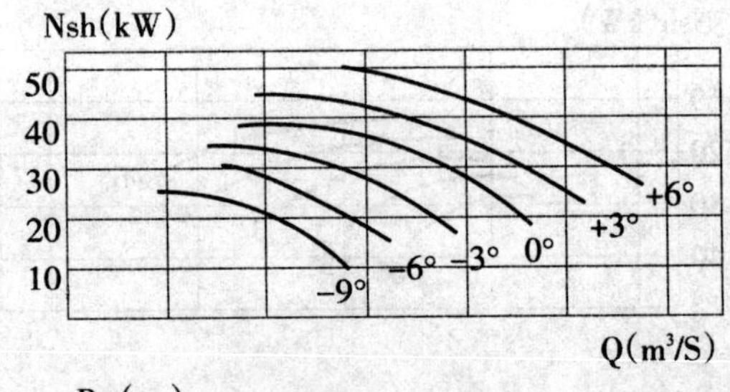

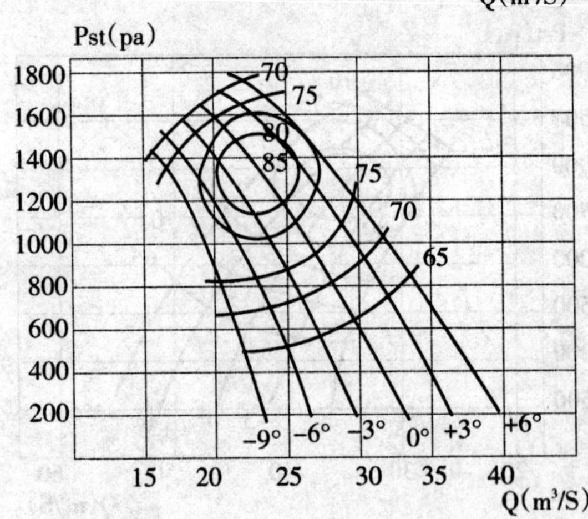

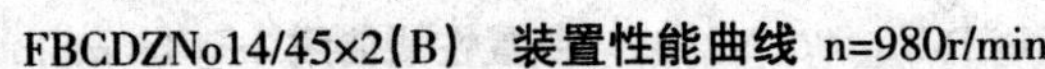
FBCDZNo14/45×2(B) 装置性能曲线 n=980r/min

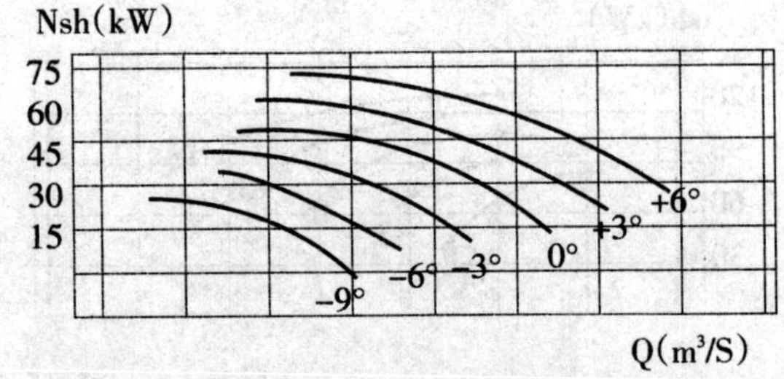

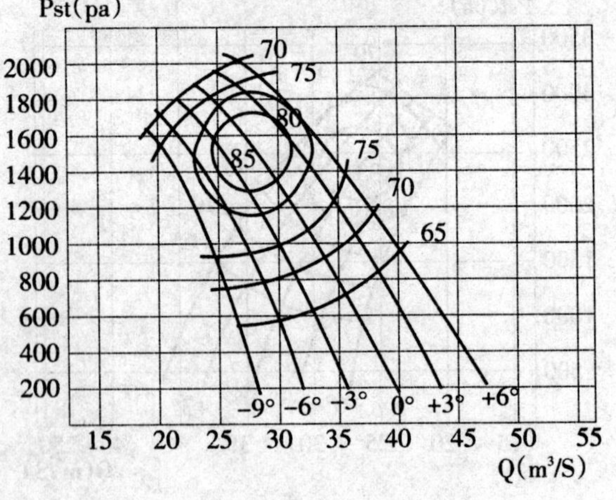

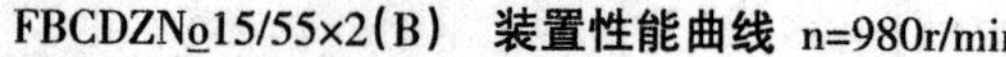

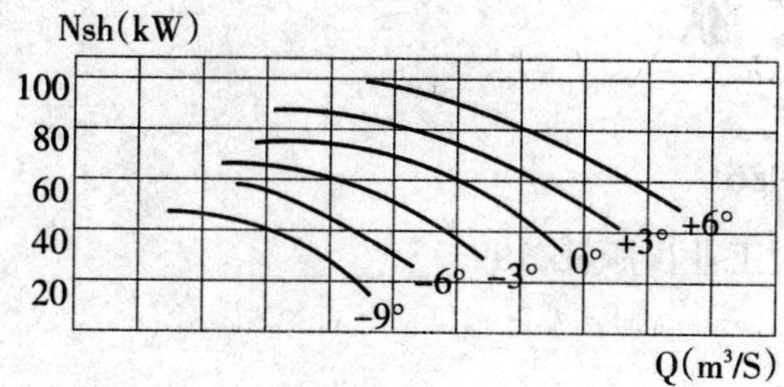

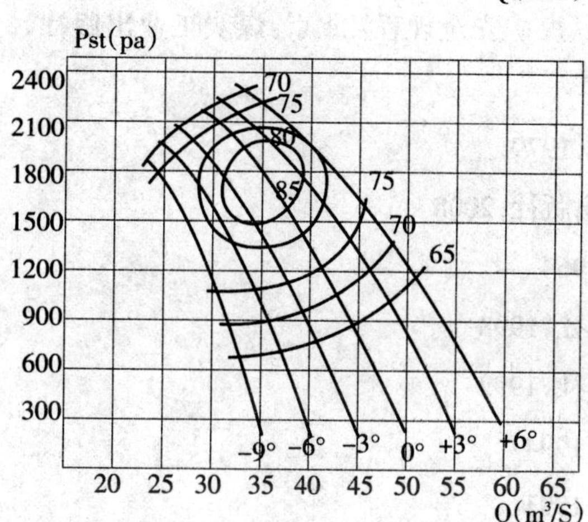

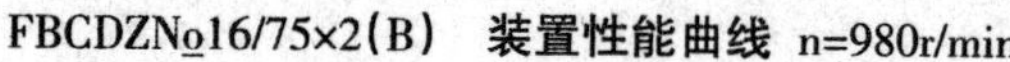

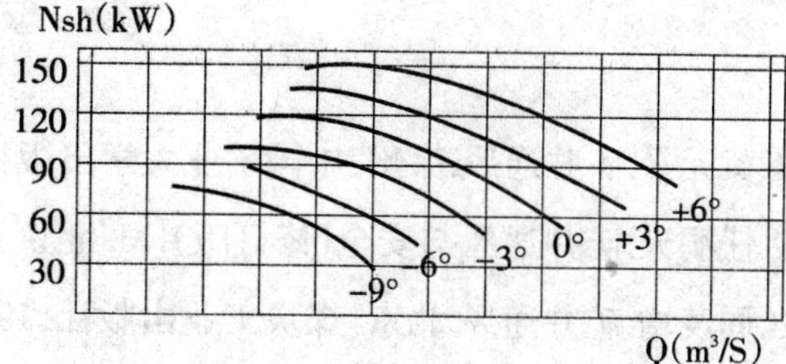

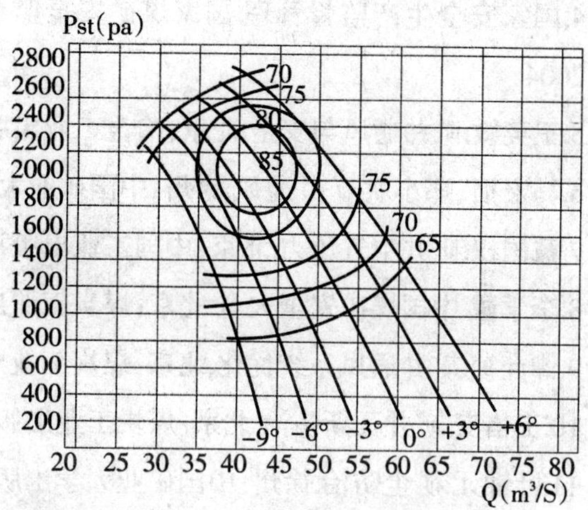

FBCDZNo17/110×2(B) 装置性能曲线 n=980r/min

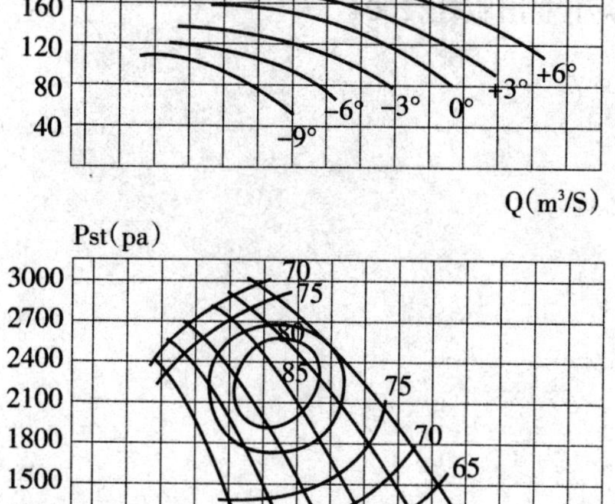

FBCDZNo18/132×2(B) 装置性能曲线 n=980r/min

Nsh(kW)
250
200
150
100
50
−9°
−6°
−3°
0°
+3°
+6°
Q(m³/S)

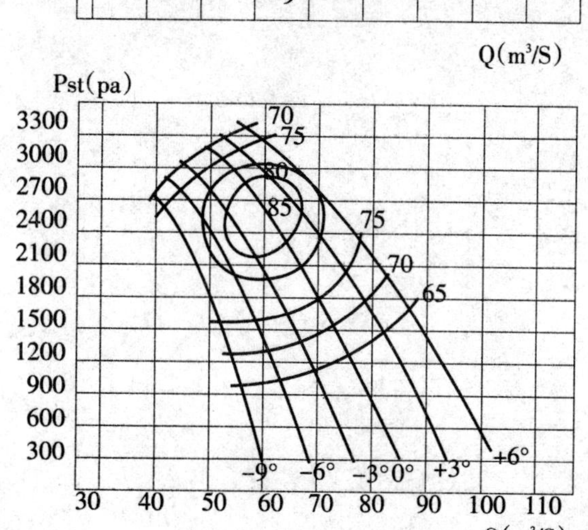

参考文献

1.黄元平.矿井通风.徐州:中国矿业大学出版社,1986

2.任洞天.矿井通风与安全(修订版)[M]北京:煤炭工业出版社,1993

3.周茂增.矿井通风.北京:煤炭工业出版社,1993

4.国家安全生产监督管理.国家煤矿安全监察局《煤矿安全规程》.北京:煤炭工业出版社,2004

5.王英敏.矿井通风与安全.北京:冶金工业出版社,1979

6.马宏福,郑小欢.矿井通风.徐州:中国矿业大学出版社,2008

7.戴国权.矿井空气压力.北京:中国工业出版社,1964

8.李学诚.中国煤矿安全大全.北京:煤炭工业出版社,1998

9.谭允祯.矿井通风系统优化.北京:煤炭工业出版社,1992

10.王佑安.矿井瓦斯防治.北京:煤炭工业出版社,1994

11.叶钟元.矿尘防治.徐州:中国矿业大学出版社,1991

12.俞启香.矿井瓦斯防治.徐州:中国矿业大学出版社,1990

13.王德明.矿井通风与安全.徐州:中国矿业大学出版社,2007

14.胡献任.矿井通风与安全检测仪器仪表. 北京:煤炭工业出版社,2007

15.王永安,李永怀,李开学,胡创义.矿井通风.煤炭工业出版社,2004